口絵 1　アルハンブラ宮殿のタイリングの例．著者は，数時間の滞在で数百枚の写真を撮った．　☞p.19 図 2.6 参照

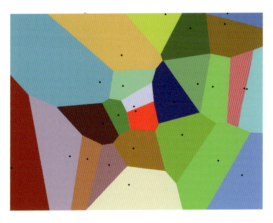

口絵 2　ボロノイ図の例　☞p.136 図 6.4 参照

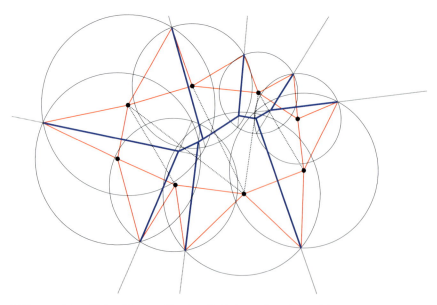

口絵 3　パワーダイアグラムの例：赤い線が元々の底 B とその周囲のペタルたち．ペタルのそれぞれの辺を半径とする円を描き，それに基づくパワーダイアグラムを構成する（青い線）．するとペタルの頂点の軌跡はパワーダイアグラムに沿って動く．そこから底面の 3 角形分割，すなわち底面の折り線が得られる（点線）．☞p.147 図 6.9 参照

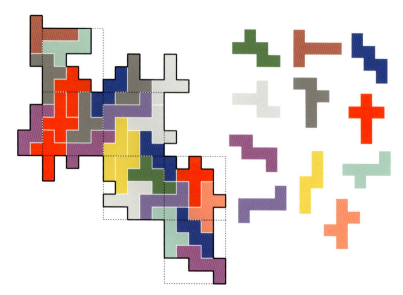

口絵 4　次数 $k = 25$ のレプ・キューブ．11 種類の展開図がすべて使われている ☞p.166 図 8.4 参照

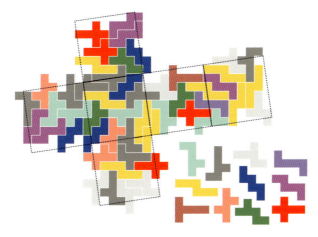

口絵 5　次数 $k=50$ のレプ・キューブの例
11 種類の展開図がすべて使われている．　☞**p.167 図 8.6** 参照

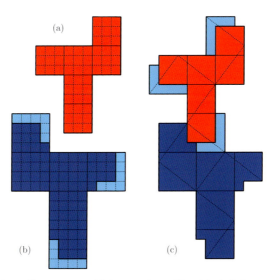

口絵 6　ピタゴラス数 $(3,4,5)$ に対する 5 ピース解．(a) 大きさ $3\times 3\times 3$ の立方体の展開図・(b) 大きさ $4\times 4\times 4$ の立方体の展開図・(c) 大きさ $5\times 5\times 5$ の立方体の展開図．　☞**p.181 図 8.17** 参照

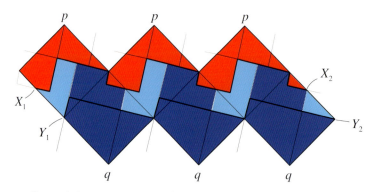

口絵 7　大きさ $c \times c \times c$ の立方体の展開図　☞p.183 図 8.19 参照

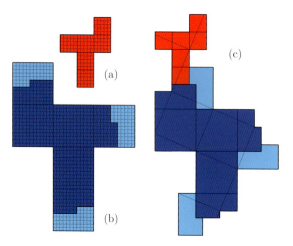

口絵 8　ピタゴラス数 $(5, 12, 13)$ に対する 5 ピース解．(a) 大きさ $5 \times 5 \times 5$ の立方体の展開図・(b) 大きさ $12 \times 12 \times 12$ の立方体の展開図・(c) 大きさ $13 \times 13 \times 13$ の立方体の展開図．　☞p.186 図 8.22 参照

計算折り紙入門

―あたらしい計算幾何学の世界

上原 隆平 著

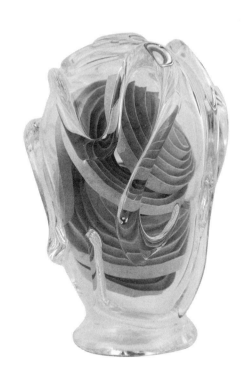

近代科学社

◆ 読者の皆さまへ◆

　平素より，小社の出版物をご愛読くださいまして，まことに有り難うございます．

　㈱近代科学社は 1959 年の創立以来，微力ながら出版の立場から科学・工学の発展に寄与すべく尽力してきております．それも，ひとえに皆さまの温かいご支援があってのものと存じ，ここに衷心より御礼申し上げます．

　なお，小社では，全出版物に対して HCD（人間中心設計）のコンセプトに基づき，そのユーザビリティを追求しております．本書を通じまして何かお気づきの事柄がございましたら，ぜひ以下の「お問合せ先」までご一報くださいますよう，お願いいたします．

　　お問合せ先：reader@kindaikagaku.co.jp

なお，本書の制作には，以下が各プロセスに関与いたしました：

企画：小山　透
編集：安原悦子
組版：藤原印刷 (LaTeX)
印刷：藤原印刷
製本：藤原印刷 (PUR)
資材管理：藤原印刷
カバー・表紙デザイン：安原悦子
広報宣伝・営業：山口幸治，東條風太

- 本書に記載されている会社名・製品名等は，一般に各社の登録商標または商標です．本文中の©，®，™ 等の表示は省略しています．

・本書の複製権・翻訳権・譲渡権は株式会社近代科学社が保有します．
・ JCOPY 〈（社）出版者著作権管理機構 委託出版物〉
本書の無断複写は著作権法上での例外を除き禁じられています．
複写される場合は，そのつど事前に(社)出版者著作権管理機構
(https://www.jcopy.or.jp，e-mail: info@jcopy.or.jp) の許諾を得てください．

刊行にあたって

　日本では「折り紙」というと，子供の遊びの1つと考えられることが多い．このイメージの影響か，折り紙がサイエンスとして語られるシーンは，日本ではまだまだ限定的である．「折り紙」はすでに英語でも "Origami" で通用するが，海外の書店の "Origami" コーナーに行って，そこに並んだ本を眺めてみると，従来の私たちが思う「折り紙」よりも幅広い分野の本が並んでいることに気づく．どうやら英語の "Origami" は，私たちがイメージする折り紙よりも，もう少し広い範囲のクラフトを意味しているようで，その意味するところは，どんどん広がっているようだ．

　工学的な視点に立つと，広い意味での「折り紙」の応用範囲は確実に広がっている．例えば宇宙ステーションにおける太陽電池パネルの折り畳み構造である「ミウラ折り」は，三浦公亮氏の発案による折り紙の応用として有名であるが，これを建築に使えるような拡張が行われている．あるいは吉村パターンとして知られる，チューハイ缶やコーヒー缶に使われている折りパターンは，強度を保ちながら材料を削減することに役立っている．またステントと呼ばれる人工血管の一種にも，形状記憶合金に折り紙のテクニックを活用したものの開発が進められている．他にもロボットや自動車のシャーシ，DNAの折り畳み構造の研究など，すぐにそれとは気づかないところで「折り」の利用は広まっているのである．単なる子供の遊びであった日本語の「折り紙」は，英語の "Origami" のもつ広がりを受けて，いまや世界的に科学の対象としてのオリガミ，すなわち「オリガミサイエンス」へと変貌を遂げつつある．

　こうした「オリガミサイエンス」の発展を背景に，1989年以来，「折り紙の科学・数学・教育」をテーマとする国際会議が数年に一度の割合で開催されている．具体的にはこれまで，イタリア（1989年12月），滋賀県大津市（1994年11月），アメリカ（2001年3月），アメリカ（2006年9月），シンガポール（2010年7月），東京都文京区（2014年8月）と回を重ねてきた．本書執筆時点での最近の会議は6OSME(http://origami.gr.jp/6osme/)と呼ばれるもので，2014年8月に東京大学で開催された．また，2018年8月には

7OSME (http://osme.info/7osme/) がイギリスで開催される．この会議は科学と数学と教育が3本柱として挙げられているが，近年は全体的に「オリガミサイエンス」の存在感が強く，また特に，コンピュータをさまざまな形で用いた研究が活発に行われていることが印象的である．

こうした流れを受けて，コンピュータサイエンスのソサエティからのオリガミに対する関心も高まっている．近年「計算折り紙」という用語を聞く機会が増えた．これは "Computational Origami" という英語の和訳であり，コンピュータサイエンス，中でも特に計算幾何学 (Computational Geometry) の一分野として活発な研究が行われている研究領域である．最近では北米やヨーロッパの計算幾何学の国際会議に行くと，計算折り紙の研究発表に出くわすことが増えてきている．

本書は「計算折り紙」の手引き書である．そもそも計算折り紙は非常に新しい学問分野である．1990年代に「多面体と，それを折れる展開図」の研究が始まったことがきっかけとなり，こうした研究領域に「計算折り紙」という名前がつけられた．「折り」を基本操作とする問題全般が研究対象であると考えると，守備範囲はとてつもなく広く，応用もたくさんある．そのわりには研究者人口はまだまだ少ないので，未完成な部分も多く，それだけにチャンスも多い．「何をやっても論文になる」と豪語する研究者もいるくらいだ．こうした現状を踏まえて，本書は計算折り紙の最前線を学べることを狙った．大学や大学院の教科書として使うこともできるし，あるいは折り紙の工学利用を考えている技術者や，コンピュータサイエンスの応用に興味がある一般の読者にも楽しめるように工夫している．前提知識はあまり必要ではなく，高校生程度の初等的な数学しか必要としない部分が多い．むしろ展開図とそこから折れる立体など，小学校で習ったようなことを思い出さないといけないようなテーマも多い．ところが実は「小学校で習ったようなこと」が想像以上に奥が深く，そこにまずは驚くかもしれない．例えば展開図の問題では，現状では最終的にコンピュータですべての場合を調べ尽くす以外には解法がないものもあるが，そうした問題の解答自体は，見れば誰でもわかるものも多く，こうしたギャップも興味深い点の1つである．この種のパズル的な展開図に関心がある人は，結果を眺めたり確かめたりするだけでも十分に楽しめるだろう．ともかく，本書を読めば，今の「計算折り紙」分野の研究者が，どんな問題に取り組んでいるのかを概観できるだろう．自分で計算折り紙の研究を始めてみようという学生なら，自分でも取り組めそうなテーマが見つけられるかもしれない．「計算折り紙」の分野では，学生（大学院生や大学生，時

には高校生!）が活躍している例があちこちにある．本書がそうした野心的な学生の活躍を促す一助となれば，著者としては望外の喜びである．

2018 年 5 月
上原隆平

目 次

刊行にあたって

序章　この本について

第 I 部　展開図入門　　　　　　　　　　　　　　　　　7

1　展開図と辺展開図

2　展開図の基礎知識

    2.1　展開図の基本的な性質 12
    2.2　辺展開図の個数 14
    2.3　秋山・奈良の定理 17
        2.3.1　回転ベルトによる無限種類の折り 21
        2.3.2　秋山・奈良の定理の拡張 24

第 II 部　展開図のアルゴリズム　　　　　　　　　　　25

3　複数の直方体が折れる展開図

    3.1　いくつかの準備 28
    3.2　2つの直方体が折れる展開図 32
        3.2.1　全域木をランダムに生成する方法 32
        3.2.2　共通の展開図を直接探すアルゴリズム 35
        3.2.3　力ワザで全探索するアルゴリズム 38
    3.3　数々の興味深い展開図 39

		3.3.1	タイリング展開図	40
		3.3.2	折り線が交差しない展開図	41
		3.3.3	折り線が独立な展開図	41
		3.3.4	無限種類の展開図	41
		3.3.5	発展問題	42
	3.4	3つの直方体が折れる展開図		46
		3.4.1	特殊な面積 30 の探索	48
		3.4.2	まったく新たなアイデアに基づく方法	54
	3.5	本章のまとめと未解決問題		58
		3.5.1	回転対称展開図	59
	3.6	おまけ問題		60

4 （正）多面体の共通な展開図

	4.1	正多面体の分類		61
		4.1.1	整凸面多面体	62
	4.2	正多面体の共通の辺展開の不可能性		65
	4.3	正4面体と立方体との共通の展開図		70
		4.3.1	共通の展開図の生成手順	71
		4.3.2	本節のまとめと課題	76
		4.3.3	おまけ	77

第III部　折りのアルゴリズムと計算量　　　　　　　　　79

5 折りのアルゴリズムや計算量とはなにか

	5.1	1次元等間隔折り紙モデル		83
		5.1.1	基本的な定理	84
	5.2	単純折りモデルと等間隔モデルにおける万能性		85
	5.3	切手折り問題		91
		5.3.1	上界の証明	93
		5.3.2	下界の証明	94
	5.4	切手折り問題の折り計算量		96
		5.4.1	折り計算量の基本的な性質	98

	5.4.2 じゃばら折りに対するアルゴリズム	100
	5.4.3 一般のパターンに対するアルゴリズムと下界	107
5.5	切手折り問題の折り目幅問題	111
	5.5.1 最適化問題と計算量	113
	5.5.2 最大値の最小化問題のNP完全性	116
	5.5.3 固定パラメータ容易性	122

第IV部　発展問題　　127

6　ペタル型の紙で折れるピラミッド型

6.1	多角形から折れる凸多面体	129
6.2	ペタル折り問題とは	130
6.3	3角形分割・ボロノイ図・パワーダイアグラム	134
6.4	ペタルピラミッド折りの準備	137
6.5	ピラミッドを折る	139
6.6	4頂点の凸凹ピラミッド折り	141
6.7	凸ピラミッドを折る問題	145
6.8	体積最大の凸凹ピラミッド	149
6.9	残された問題	151

7　ジッパー展開 (zipper unfolding)

7.1	辺展開できる凸多面体たち	153
7.2	ハミルトン展開	154
	7.2.1 ハミルトン展開できない凸多面体	155
7.3	辺展開やハミルトン展開できる凸多面体の現状のまとめ	162

8　レプ・キューブ

8.1	レプ・キューブの歴史と準備	164
8.2	正則なレプ・キューブ	165
	8.2.1 正則なレプ・キューブの全列挙	170
8.3	正則なレプ・キューブが存在しない場合	174

    8.3.1 正則なレプ・キューブが存在しそうな場合と存在しなさそうな場合 176
  8.4 正則でないレプ・キューブとピタゴラス数への拡張 177
    8.4.1 正則でないレプ・キューブを構成する方法 177
    8.4.2 ピタゴラス数 179
    8.4.3 ピタゴラス数に対する 5 ピース解 181
  8.5 未解決問題 187
  8.6 2 重被覆正方形と正 4 面体への拡張 189

9 正 4 面体とジョンソン=ザルガラー立体との共通の展開図

  9.1 整凸面多面体への拡張 192
    9.1.1 p2 タイリングを作れない整凸面多面体 194
    9.1.2 p2 タイリングを作れる整凸面多面体 194
    9.1.3 正 4 面体と共通の展開図をもつ整凸面多面体 199
  9.2 与えられた凸多面体のすべての辺展開図の列挙 200
  9.3 与えられた多角形から折れる凸多面体を調べる方法 203
    9.3.1 正 4 面体の場合 203
    9.3.2 直方体の場合 204
    9.3.3 一般の凸多面体の場合 205

10 折りの判定不可能性

  10.1 対角線論法 209
  10.2 停止性判定問題の判定不能性 211
  10.3 折り紙の折り判定問題の判定不能性 216

11 演習問題の解答

参考文献 231

英語和訳対応表 242

索 引 243

Column

1. 凸多面体の展開図の難しさ（パズル出題編） 11
2. 折り紙における計算量 82
3. 紙の重なりと厚み 97
4. 凸多面体の展開図の難しさ（解答編） 129
5. 4面体の体積の計算式 142
6. ベクトルの強力さ 199
7. 対称性のチェック 201
8. 万能デバッガは作れないのか？ 213
9. 組合せの数の近似 229

序章　この本について

はじめに

　これは，コンピュータサイエンス，特に最近の計算幾何学の一つの潮流である「計算折り紙」に関する本である．コンピュータサイエンスの研究対象として折り紙が語られる機会は，日本では，まだまだごく限られている．しかし広い視点から眺めると，何かの素材を「折る」という操作は，世の中のありとあらゆるところに日常的に溢れている．「折る」または「畳む」という行為を普段の生活の中でまったくしないという人はいないだろう．こうした身近なものを数理的な研究対象として考えるという視点は，新鮮かもしれない．

　そもそもコンピュータサイエンスとは，突き詰めていえば計算のプロセスを扱う学問であり，平たく言えば「うまい計算方法(アルゴリズム)」を考える学問である．例えば同じ解答を得るためのプログラムを作っても，上手いプログラマと下手なプログラマとでは，実行速度や使用メモリに雲泥の差があることが日常茶飯事である．こうした善し悪しを決めるものこそ「アルゴリズム」，つまり計算方法である．

　折り紙はいまや，Origami でそのまま英語として通用する，れっきとした国際語である．そのオリガミにおける基本操作とは，いうまでもなく「折り(folding)」である．コンピュータサイエンスの視点から見たオリガミサイエンスである「計算折り紙」は，この「折り」を基本操作とする，アルゴリズムの研究と考えてよいだろう．目的とする形や模様を折るには，どういう折り目をどのような順序でつければよいだろう．また，折り紙を折るときには，紙をうまく重ねて折れば，折る回数が減らせるだろう．とはいえ，重ねて折ったとき，折り目の山や谷を思った通りにするのは，単純な問題ではなさそうだ．また，あまりたくさん重ねて折ると，誤差も出るだろう．基本操作とし

ての「折り」を少し考えると，そこにはさまざまな問題が見え隠れする．

本書では，こうしたコンピュータサイエンスとしての折り紙に焦点を当て，基礎的な結果から最新の結果までを紹介しよう．

この本の構成

本書では「計算折り紙」に関する多くのテーマから，大きく2つのトピックを選び，最近までに得られている研究成果をまとめた．

1つ目のトピックは「展開図」である．展開図と言えば小学生のときに習ったという読者も多いであろう．しかしあれは，豊潤な世界のほんの入口にすぎない．ここには数多くの未解決問題が隠れている．例えば日本の小学校では「立方体の展開図は11種類」と習う．実は正8面体にも，こうした展開図は11種類あり，正4面体には2種類しかない．ここまでは知っている人もいるかもしれない．しかし正20面体や正12面体の展開図の個数を習った覚えがある人はいないだろう．実はこれらはどちらも43,380種類もの展開図があるのだ．より正確に言おう．展開のやり方がどちらも43,380種類あることは，かなり古くから知られていた．しかし，これらを切り広げたときに，本当に重なりのない展開図になっていることが確認されたのは，実は2011年になってからなのである．これは驚きではないだろうか．それだけ展開図についてわかっていることは少ないのだ．またこうした「展開図」の個数は，辺しか切っていないことにも注意しよう．本書では，辺しか切ってはいけないという制約は忘れてしまおう．すると，立方体や正4面体ですら，無限通りの展開図があることがわかる．

こうした無限通りの展開図において，正4面体には，タイリングという概念を使った美しい数理的な特徴づけが知られている．しかしそれ以外の立体と展開図の関係については，わかっていることは非常に少ない．上記の正20面体・正12面体の展開の方法がどちらも43,380種類あることは，数理的な結果であるが，これらがどれも，広げたときに実際に重ならないかどうかは，コンピュータの助けなくしては確かめることはできない．このあたりの研究分野は，数理的な特徴づけと，コンピュータによる効率的なアルゴリズムの開発とが，研究の両輪となっている．まさにコンピュータサイエンスの面目躍如といったところである．

2つ目のトピックは，「折り畳みのモデルと計算量」である．コンピュータ

サイエンスの観点から見た「計算折り紙」は，かなり新しい研究分野であり，共通の議論のもととなる計算モデルも，確立されたものはない．そのとき扱っている問題に応じて，適切なモデルを考案し，その上で妥当性を吟味しながら研究を進めているのが現状である．

例えば一番素朴な折り紙モデルとして「1次元の等間隔の折り紙」が考えられよう．つまり，細長い1本のリボン状の折り紙に，等間隔に折り目があるというモデルである．こんな素朴なモデルでも，未解決問題は数多く残されている．例えば「長さnの1次元の折り紙に，等間隔な折り目をつけて，最小単位に折り畳もう．本質的に異なる方法は何通りあるだろうか」という問題は，切手折り問題と呼ばれる問題であり，具体的な関数はわかっていない．

素朴なモデルに，例えば通常の2次元平面に広がる折り紙や，折り目が等間隔でない場合，さらには折り目を斜めに入れた場合などを考えると，数多くの問題が考えられるが，まさにわかっていないことだらけである．ここでは紙の厚みをまったく考慮していなかったが，例えば厚みのある素材を「うまく」畳む方法を考えるといった，日常に無数の応用がありそうなテーマも，現状は非常に基本的なことしかわかっていない．

こうした基本的な折り畳みのモデルを1つ固定したとき，その上で考える「折りの効率」は，まさにコンピュータサイエンスの研究そのものである．困難である場合は計算量理論的な複雑さがあり，逆に効率のよい折り畳み方があるのであれば，それは良いアルゴリズムを提唱することになるからである．コンピュータサイエンスと折り紙は，かなり相性が良い．

上記2つのトピックを紹介したあと，発展問題として，これら2つのトピックの近辺にある最新の研究トピックを紹介する．2つのトピックと深く関係のある問題と，それに関する最新の研究成果を紹介し，わかっていることと未解決問題を紹介しよう．

最後の章では，演習問題の解説と，詳しい文献紹介を載せた．本書で物足りなくなった読者には，こうした専門書も楽しめると思う．また，ところどころに関連のある折り紙パズルなどを載せておいた．これらも併せて楽しんでもらえればと思う．

この本の想定する読者像

本書では，コンピュータサイエンスの観点から見た折り紙サイエンスの，最

新の研究成果を中心に紹介している．情報系のトピックが多いため，ところどころで計算量の理論やアルゴリズム理論に関する知識を前提として話をしているところもあるが，ほとんどのところは，特段の知識を前提にはしていない．本書の前半の基礎的なところを読めば，大学生や意欲的な高校生でも，多くの部分は理解できるだろう．後半は，最新の研究成果と，それにまつわる未解決問題も多く紹介しているので，特に情報系の大学生や大学院生であれば，あちこちに研究テーマを見つけることができるだろう．

また，どうやって見つけたかはともかくとして，本書に収めたさまざまな展開図を実際に折って立体を作ってみるだけでも，そこにある数理の不思議さを味わうことができるだろう．本書には，これまで誰も見たことがないような，直感に反する，奇妙な展開図が多数出てくるので，それだけでも試してみる価値はある．

計算折り紙という研究分野は，まだ歴史が浅く，従来の枠組みでは，あまり研究されてこなかったトピックが多い．こうした分野では，例えば大学生や，場合によっては高校生など，若い柔軟な発想が，ときにはすばらしい結果を生むことがある．それを期待して，本書では演習問題や未解決問題を数多く紹介した．柔軟な気持ちの読者の，鋭い洞察ですぐに解ける問題もあるかもしれない．

この本の構成と読み方

本書は，大きく4つの部分に分かれている．

第 I 部は展開図の幾何についての基礎知識である．日本では展開図といえば，小学校で習ってそれっきりであるが，そこにはさまざまな興味深い性質や数理的な特徴がある．こうした展開図の性質について，改めて考えてみよう．

第 II 部で実際の展開図に関するさまざまな成果を知る．特に，ある多角形から折れる立体について，さまざまな視点から学ぶ．図形，特に展開図に興味がある場合は，この第 II 部を読むと良いだろう．特に小学校のとき以来，展開図について考えたこともなかった場合は，この部分は，大きな驚きに満ちていると思う．

第 III 部は，単純な折り紙モデルの上での，計算量とアルゴリズムがトピックである．これは上記の展開図とはかなり独立した話題なので，特に計算折り紙のコンピュータサイエンス的側面に興味のある読者にお勧めである．

第IV部は，関連するトピックを順不同に集めたものであるが，それまでの部分と関連しているものも多い．以下，少し詳しく見よう．

　第6章では，ペタル型の紙を折ってピラミッド型を折るという話である．第I部の展開図の基礎的な部分がわかれば，この章は独立して読める．一見すると関連があまり明確でない計算幾何に関する話題，例えばボロノイ図などの概念が，かなり巧妙に使われているので，計算幾何に興味がある読者には楽しめるだろう．

　第7章では，立体を展開するときの辺が途中で枝分かれせず，ひと続きになる展開図を扱っている．ここで扱っている立体と展開図の関係は，例えばジッパーで展開や折りが実現できるようなモデルであり，実際にそういうクラフトも見かける．この章も独立性は比較的高い．

　第8章は，展開図を展開図で敷き詰めるという話題であり，ほとんどパズルに近い．いわゆるポリオミノと呼ばれるパズルに親しんでいる人であれば，誰でも楽しめる話題であろう．

　第9章は，第II部の発展的な話題であり，特にジョンソン＝ザルガラー立体など，従来はあまり扱われてこなかった，幅広い多面体の展開図を扱っている章である．特に正多面体や，それに準じる多面体が好きな人には楽しめるだろう．また，こうした立体の展開図を扱うためのさまざまな技法についても，かなり発展的な話題も含めて紹介している．例えば天文学的に大量にある展開図を効率良く扱う技法に興味があれば，さまざまな有用な情報が手に入るだろう．

　第10章は，第III部の発展系である．本書で扱う「計算折り紙」は，ほぼすべて，自然数の世界で扱えるものであった．しかし紙は2次元平面であり，本来は実数の世界にあるものと考えられる．この「違い」を注意深く考えてみると，非常に本質的な計算モデルのギャップにたどり着く．このギャップは，例えば「ゲーデルの不完全性定理」や「可算無限と非可算無限」や「計算できる関数と一般の関数」といった，理論計算機科学の非常に奥深いテーマと関係している．この議論の鍵になるのは「対角線論法」である．こうした話題に興味がある読者は，この章をじっくりと味わってもらいたい．

サポートサイト

　本書には，実際に切り取って組み立てないとなかなかわからない展開図や，

実際に作ってみるととても楽しい驚きに満ちた展開図など，数多くの展開図が載っている．そのうちの一部は，色をつけたほうが視認性が良くなるものもある．こうした展開図を実際に切り取って楽しめるように，補足ページを作った．以下の URL で，最新情報や補足情報を適宜追加していく予定である．

$$\text{http://www.jaist.ac.jp/~uehara/books/NewGeometry/}$$

また，本書で用いた各種の多面体データは筑波大学の三谷純氏が Web ページ，

$$\text{http://mitani.cs.tsukuba.ac.jp/polyhedron/}$$

で公開しているデータを用いた．感謝します．

第 I 部

展開図入門

1 展開図と辺展開図

　第I部と第II部で展開図に関するさまざまな結果を紹介しよう．まず「展開図」とは何だろう．多くの人が図1.1のようなものを想像するだろう．実は小学校のとき，私たちは「立方体を辺で切り開いた展開図は11種類ある」と習う．では，この逆を考えたことはあるだろうか．この11種類の形を折って得られる立体は立方体だけだろうか．図1.2は，図1.1の立方体を切り開いたもののうちの1つである．

　これを図中に示した通りに折ると，驚いたことに，尖った4面体ができあ

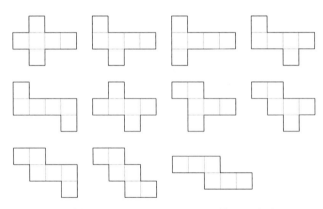

図 1.1　立方体を辺で切り開いた形：11種類の（辺）展開図

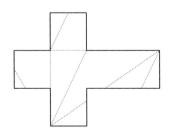

図 1.2　ラテンクロスから折れる立体の1つ

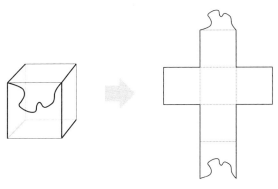

図 1.3　立方体の無数の展開図の例

がる[1]．4つの面はどれも3角形だ．本書では，こうした関係も「立体」とそれを開いてできる「展開図」と考える．ポイントは「立体の面の中も切ってよい」ということである．こうした前提で考えると，例えば立方体の展開図は無数にあることがすぐにわかる（図1.3）．

まとめておくと，本書で扱う展開図は次のような多角形である：

定義 1.0.1　各面が多角形である立体 Q に対して，辺や面に切り込みを入れて平坦に開いた多角形 P を **展開図** (development/net) と言う．ただしここで，P は **連結** で，**重なりがない** ものとする．

本書では，立体の面は平坦で，多角形の辺は直線であるとしよう（もちろん曲がった面や，曲線をもつ立体や展開図もあるが，本書の範囲では，とても手に負えない難題である）．ここで注意すべきは，連結であるという点と，重ならないという点である．前者については，直感的には明らかであろう．いくらでもバラバラにしてよければ，どんな多面体でも簡単に平坦に切り開くことができる．後者は当たり前に思えるかもしれないが，ここには直感に大きく反する落とし穴がある．例えば立方体をとっても，適当に面に切り込みを入れて開くと，重なることがある．単純な例を図1.4に示した[2]．図形の連結性は比較的容易に判定できるが，こうした面の重なり判定は，一般にはかなり難しい．展開図の研究におけるポイントのひとつである．

さて，本書で展開図というと，面の中も切ってよいものであった．通常私達が考える展開図は辺に沿って切ったものが多い．こうした展開図は，本書では特に **辺展開図** と呼ぼう．例えば図1.1に示した11個の展開図は，立方体の辺展開図のすべてである．辺展開図に対して，計算折り紙の最大の未解決

[1] なお，このラテンクロスと呼ばれる多角形からは，85通りの折り方で，23種類もの異なる凸多面体が折れる [DO07]．立方体や，この尖った4面体以外に，あと21種類も折れるのだ．これは驚きではないだろうか．

[2] それほど単純ではないかもしれない．納得のいかない読者は，ぜひ実作してみてもらいたい．各面を3×3の正方形にしておくと作りやすいので，図右の展開図には基準となる線を描いておいた．

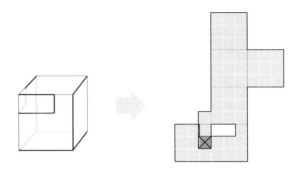

図 1.4 重なりをもつ立方体の切り開き：左の線でカットすると，右の [×] のところで重なってしまう．

問題がある：

問題 1 （辺展開予想）どんな凸多面体でも，必ず辺展開図をもつ．

現在は，この予想に対して直接わかっていることはあまりない．間接的には，例えば次の事実が知られている（詳細は文献 [DO07]）．

- 凸でなければ反例がある．ある種の多面体（直感的にはウニのように尖った部分がたくさんある立体）は，どんな辺展開も重なってしまう．
- 辺展開でなく，一般の展開なら可能（一般の点から各頂点に最短路を描き，それに沿って切れば，重ならないという定理が知られている）．
- ランダムに凸多面体を生成してランダムに辺展開すると，実験的には確率 1 で重なってしまう．

どれも未解決問題に直接関係するわけではなく，予想が成立しそうな傍証も，成立しなさそうな傍証もあるため，どちらに転んでも不思議はないという状況である．

現在は，多面体や展開図に制限を加えた場合についての結果がいくつか知られている．限定されたところから出発して，多面体と展開図との関係を少しずつ明らかにしていこうというわけだ．本書では，こうした結果をいくつか紹介する．

Column 1　凸多面体の展開図の難しさ（パズル出題編）

読者によっては，凸多面体の展開図なんて，ごく簡単な問題なのではないかと思うかもしれない．そういう読者は，例えば「正方形6個でできている立方体の展開図」で，図1.1に掲載されていないものを考えてみてもらいたい．「そんなものがあるのか？」と最初は思うかもしれない．しかし「正方形の大きさは1種類とは限らない」という可能性に気づけば，驚くような解が存在する．また「正方形の大きさはすべて同じ」としても，無限に解が存在することも知られている．これは著者の知る限りではパズル作家の岩井政佳氏が最初に考案したパズルである．解答は本書のどこかに出ているが，まずは読者にじっくりと考えてみてもらいたい．

2 展開図の基礎知識

まず基礎知識として，展開図が全域木によって特徴付けられることを学び，グラフ理論との関連を指摘する．つぎに秋山・奈良の定理を示す．これは4面体の展開図とタイリングとの関係を示した美しい数学の定理である．

2.1 展開図の基本的な性質

グラフ理論における**木** (tree) とは，閉路を持たない連結なグラフのことを指す．与えられた任意の連結グラフにおいて，そのグラフの頂点をすべてつなぐ木を**全域木** (spanning tree) と呼ぶ．立体の展開図は，この全域木という概念と密接な関係がある．

まず凸多面体 Q の一般の展開を考えよう．凸多面体 Q を切り開いたときのカット線の集合を C として，開いて得られた展開図が P だったとき，Q，C，P について次のことがわかる．

定理 2.1.1 カット線の集合 C は，Q 上のすべての頂点をつなぐ全域木である．また P の外周の長さは C の長さの 2 倍である．

証明 凸多面体 Q のそれぞれの頂点を考えると，この頂点の周囲に集まっている多角形の角度の和は，頂点部分が平坦ではないため，360 度未満である．したがって平面上に展開するためには，この頂点を必ずカットしなければならない．よって C はすべての頂点を通っていなければならない．もし C が閉路を持てば，P はその閉路の中の部分と外の部分に分かれてしまうため，展開図にならない．したがって C は閉路を持たない．あとは C が連結であることを示せばよい．ここで C が 2 つ以上の成分に分かれていたと仮定する．その 1 つを C_1 とし，残りを C_2 とする．すると図 2.1 のように，Q 上に C_1 と C_2 を分離する面の輪状の列が存在するはずである．これが平坦に開ける

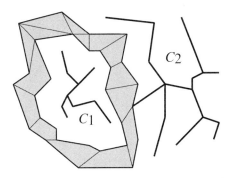

図 2.1 カット線が 2 つ以上の集合に分かれる場合．C_1 と C_2 を分断する面の列（図中グレー）があると，この列は単体で平面上に広げられることになり，矛盾する．

のは，C_1 か C_2 のどちらかが平面上になければならず，その場合，そもそもそちら側のカットは不要となり，矛盾である．したがって C はひとつながりの全域木である．

C をカットすると，C のある直線は P の上で 2 つの直線に分かれる．このことから，明らかに P の外周の長さは C の長さの 2 倍である．　　□

定理 2.1.1 は，辺展開でも有効である．つまり凸多面体 Q の辺展開を与えるカット線の集合 C は，Q の頂点と辺で作られるグラフの全域木となる．グラフ理論の結果によると，n 頂点のグラフの木は，どんなものでも必ず $n-1$ 本の辺を持つ．したがって，次の系が得られる．

系 2.1.2 すべての辺が単位長の正多面体 Q の頂点数を n とすれば，展開図の外周は，すべて $2n-2$ である．

例えば図 1.1 の展開図の外周は，すべて $2 \times 8 - 2 = 14$ である．つまり正多面体では，辺展開図にこだわっている限り，カット線を節約することはできない．例えば正 4 面体には 2 つの辺展開図があることが知られているが，どちらも外周は 6 である．

しかし辺展開にこだわらなければ，もっと短いカット線で展開することができる．

演習問題 2.1.1 正 4 面体の展開図で，カットする線の長さが最小のものを見つけよ．

この演習問題の解答である「カット線最短の正 4 面体の展開図」は，なか

なか興味深い形をしている．読者は自力で見つけられるだろうか．

次の単純な定理も，展開図に関する議論の中ではときに非常に有用である．

定理 2.1.3 凸多面体 Q の展開図が P であったとき，Q で頂点だった点は，P の外周上にある．

証明 凸多面体 Q 上の任意の頂点を p としよう．このとき p の周囲の紙は 360 度分よりも少ない．したがってそのままでは平面に開くことはできない．つまり展開するときのカットは必ず p を通らなければならない．そのため，p は P の外周上の点になる（複数の点に分かれることもあることに注意する）．□

2.2 辺展開図の個数

さてここで，代表的な立体として，正多面体の展開図を考えてみよう．**正多面体** (regular polyheda) とは，すべての面が合同で，各頂点の周囲に同じ数の正多角形が集まった立体である．具体的には正 4 面体，立方体，正 8 面体，正 12 面体，正 20 面体の合計 5 種類である．

演習問題 2.2.1 正多面体が 5 種類であることを証明せよ．

この 5 種類の多面体は，**プラトン立体** (Plato solid) とも呼ばれ，古来よりあらゆる角度から，よく研究されてきた．しかし展開図についてはどうだろう．一般の展開図を考えると，図 1.3 でも示した通り，無数の展開図が存在する．しかし辺展開図であれば，数は有限である．正 4 面体では 2 個，立方体は 11 個の辺展開図があることはすでに紹介した通りだ．では正 8 面体ではどうだろう．これは実は 11 個の辺展開図を持つ．そして驚くなかれ，正 20 面体はなんと 43,380 種類，正 12 面体も 43,380 種類の辺展開図を持つ．

正 4 面体が 2 個の辺展開図を持ち，立方体や正 8 面体がそれぞれ 11 個の辺展開図を持つことは，試行錯誤でも確認することができる．しかし正 20 面体や正 12 面体が 43,380 種類もの辺展開図を持つと聞くと，かなり驚きではなかろうか．そもそも，展開して，重なりを持たないことは，いつ誰がどうやって確認したのだろう．実はかなり古くから，それぞれの立体の展開方法の個数そのものはわかっていた．具体的には定理 2.1.1 に基づいてグラフ上の全域木を列挙すればよく，それ自体はそれほど新しい結果ではない．しかし各辺

展開が本当に重なりを持たないかどうかは，ごく最近までわかっていなかった．2011 年になって初めて，実際にすべての辺展開が重ならず，どれも確かに辺展開図になっていることがコンピュータ上で確認された [HS11]．これは直観的には，自明な結果を単に確認しただけに見えるかもしれないが，そうではない．例えば身近なサッカーボールと同じ構造の多面体は切頂 20 面体と呼ばれる（p. 62 参照）が，これを辺に沿って切り開くと，重なることがあることが知られている．しかもそれは，直観に反して，かなり多い．切頂 20 面体には，異なる辺展開の方法が全部で 3,127,432,220,939,473,920 種類もあり [HS13]，この数があまりにも大きいため，重なりを持たない辺展開図がいくつあるのかは，今でもわかっていない．

ところで，立方体と正 8 面体の展開図の個数が同じ 11 であることに気づいただろうか．これくらいは偶然に思えるかもしれないが，正 12 面体と正 20 面体のそれがどちらも同じ数 43,380 であるという事実は，とても偶然には見えない．もちろんこれは偶然ではない．展開図に関する興味深い性質なので，この事実に対して，もう少しきちんとした考察をしておこう．

まず立体の**双対** (dual) という概念を導入する．ある立体に対する双対とは，直感的には立体の頂点と面とを入れ換えたものである．もう少し正確にいうと，それぞれの面の中心を新たな頂点とみなし，辺で接する面の中心同士を辺で結ぶ（したがって元の立体と辺の数は変わらない）．こうして得られる立体が双対立体である[1]．元の立体の各頂点は，新しく作られる面の中心に対応づけることができるため，双対の双対は，元の立体に戻る．正多面体に関して双対立体を考えると，正 4 面体の双対は自分自身であり，立方体の双対は正 8 面体であり（逆も言える），正 12 面体の双対は正 20 面体である．

[1] p. 134 に出てくるグラフの双対も参照のこと．

演習問題 2.2.2 上記の双対関係を自分で確認してみよう．

定理 2.2.1 正多面体において，双対同士の辺展開の個数は同じである．

証明　互いの展開図に 1 対 1 対応があることを示せばよい．構成的に証明しよう．例えば立方体 Q とし，双対である正 8 面体を Q' とする．これらは互いに双対である[2]．さて立方体の辺展開図を 1 つ考えて，これを与えるカットを C として，得られた展開図を P としよう（図 2.2(1)(2)）．Q の頂点と辺で導出されるグラフの上で，C は全域木であった．このとき P の面のつながり具合を，双対グラフの上で考えてみる（図 2.2(3)）．すると，C が Q 上で全域木であると同時に，双対グラフ上の P のつながり関係を表すグラフ $G(P)$（図 2.2(3) の太い実線）も全域木である．まずこの事実を証明しよう．P は

[2] 図ではわかりやすいように，立方体の各面に名前をつけた．これは T (Top:フタ)，Bo (Bottom:底)，F (Front:前)，Ba (Back:後)，R (Right:右)，L (Left:左) のつもりである．これらの面は双対の正 8 面体では，頂点に対応する．向きは変わらないので，相対的な位置関係は変わらない．

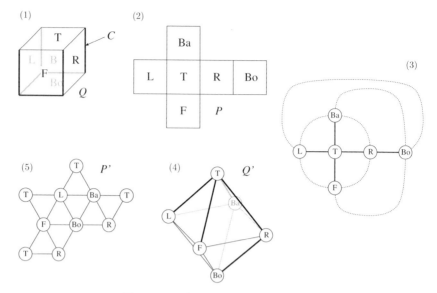

図 2.2 双対における辺展開図の関係.

ひとつながりの展開図であるから，$G(P)$ も連結である．一方，もし双対グラフ上の $G(P)$ が閉路を持つと，定理 2.1.1 の証明と同じ議論で C が 2 つに分割されてしまう．したがって $G(P)$ は閉路を持たない．よって $G(P)$ は双対グラフの上では必ず全域木である．

ところで Q の双対グラフは Q' の辺を表すものであった．このグラフ上で $G(P)$ が全域木であった．したがって Q' 上の $G(P)$ は Q' を辺展開する方法を 1 つ与えている．例えば，図 2.2(3) の全域木は実際の正 8 面体の上では図 2.2(4) のようなカットを与えており，実際にこれを切り開くと図 2.2(5) の展開図が得られる．したがって Q の展開図と Q' の展開図は 1 対 1 対応がつけられる．よって辺展開の個数は同じである． □

定理 2.2.1 の証明の中の議論そのものは双対立体同士の間でいつでも成立するが，この議論はあくまで展開の方法だけを考えていることに注意が必要である．つまりここでは重なりについては一切考慮していない．そのため立体によっては，実際に切り開いてみると，紙が重なって辺展開図にならないこともある．正多面体においては，すべての辺展開が重ならないことがすでに確認されているため，確かに 1 対 1 対応が成り立つのである．

2.3 秋山・奈良の定理

序章で最初に述べた通り，一般の展開図についてわかっていることは，ほとんどない．その中で1つだけ，極めて美しい定理がある．具体的には，ある特別な4面体の展開図と，ある種のタイリングとの間の非常に美しい関係である．

まずタイリングの基本をまとめておこう．ある平面図形 P が**タイリング** (tiling) であるとは，P のコピーを大量に用意したとき，これで平面を埋めつくせることをいう．例えば次の定理は簡単に示せる．

定理 2.3.1 任意の3角形はタイリングである．また，任意の4角形はタイリングである．

証明 任意の3角形 P の3辺の長さを a, b, c として，それぞれの辺の反対側の角の角度を A, B, C とする．ここで $A + B + C = 180°$ であることに注意すれば，図2.3のように P のコピーで平面を埋めつくせることが簡単にわかる．次に任意の4角形 P' を考えよう．4角形には凸なものと凹なものが存在することに注意しよう．いずれも内角の和は $360°$ である（どちらも対角線をうまく選べば2つの3角形に分割できるので）．この点に注意すれば，4角形 P' が凸であるときは図2.4(a)のようにコピーで平面を埋めつくせることがわかる．凹であるときは少し想像するのが難しいが，実際には凸の場合と同様の方法で平面を埋めつくせる（図2.4(b)）． □

任意の3角形に対して上記の方法でタイリングを行うと，$A + B + C = 180°$ であることから，得られたタイリングは両端のない無数の直線で描かれていることがわかる．この直線群で描かれた図形を本書では**一般3角格子** (general

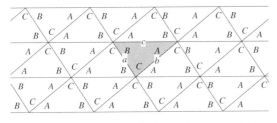

図 2.3 任意の3角形によるタイリング．任意の3辺 a, b, c に対して，対応する辺を貼りつつ，かつ角度が $A + B + C = 180$ 度になるように合わせていけばタイリングになる．

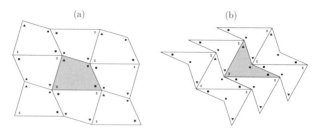

図 2.4 任意の4角形によるタイリング．凸な場合 (a) と凹な場合 (b)．やはり対応する辺を貼りつつ，角度が合計 360 度になるように合わせていけばタイリングになる．

triangular grid) と呼ぼう．普通は元の3角形が正3角形のときのパターンを **3角格子** (regular triangular grid) と呼ぶ．つまり通常は正3角形が単位の3角格子を，一般の3角形に一般化したわけだ．同様の方法で正方形を敷き詰めて得られる格子を**正方格子** (regular grid) と呼ぶ[3]．

さてここで，一般3角格子からうまく3角形を4つ選ぶと，元の3角形と相似な，一回り大きな3角形を見つけることができる．もう少し正確に言うと，これは元の3角形の辺の長さを2倍，面積を4倍にしたものだ．これを切り抜いて，対応する辺同士を張り合わせると，元の3角形が鋭角3角形のときは，興味深いことに必ず4面体ができる．当然のことながら，すべての面は合同である．一般の鋭角3角形からは，いつでもこの手順でその3角形を面とする4面体を作ることができる．こうした合同な面を4つ持つ4面体のことを **4単面体** (tetramonohedron) と呼ぶ．

さて定理 2.3.1 では，平面図形 P のコピーが $180°$ ずつ反転して平面を敷き詰めている．こうした「コピーを $180°$ 反転して敷き詰める」という操作で得られるタイリングを特に **p2 タイリング** (p2 tiling) と呼ぶ[4]．また，反転するときの中心点を**回転中心** (rotation center) と呼ぶ．タイリングが無限に広がっていると仮定して，2つの回転中心を重ねたとき，タイリングがぴったり重なるなら，この2つの回転中心は**同値** (equivalent) であるという．

ではここで4単面体の展開図の特徴づけを示そう（図 2.5）．

定理 2.3.2（秋山・奈良の定理 [AN07]） 多角形 P が以下の4つの条件を満たすとき，P は4単面体の展開図である．

1. P は p2 タイリングである．
2. P によるタイリングには，同値な回転中心が4種類ある．

---

[3] 3角格子と正方格子以外に6角格子があるが，本書では出番はない．

[4] こうした繰り返しパターンによるタイリングは，完全な分類があり，全部で 17 種類あることがわかっている．[p2] というのはこの分類による名前である．例えば [伏安中 10] を見れば分類の詳細がわかる．なおスペインのアルハンブラ宮殿（図 2.6）には，この 17 種類のタイリングパターンがすべて使われているそうだ．

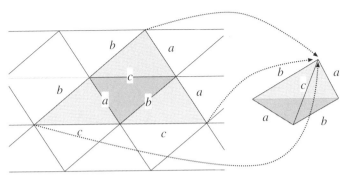

図 2.5　4 単面体とその展開図

図 2.6　アルハンブラ宮殿のタイリングの例．著者は，数時間の滞在で数百枚の写真を撮った．(☞口絵参照)

3. 回転中心はすべて一般 3 角格子上の交点であり，逆に一般 3 角格子上の交点は，どれもこの $p2$ タイリングの回転中心である．

なお，この P を 4 単面体の展開図と見たとき，一般 3 角格子上の点（回転中心）は，P から折れる 4 単面体の 4 つの頂点となる．

本書では [Aki07] の証明を簡略化した「説明」に近い証明を与えておこう．

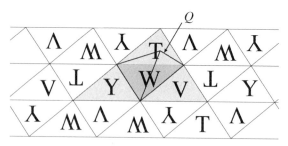

図 2.7 4単面体とタイリングの関係．グレーの4枚の3角形を折ると図中の4単面体 Q になる．各面に区別のためのアルファベットが書いてある．4単面体をどう転がしても，以前あった場所に戻ってきたときは，必ず前と同じ面が同じ向きに重なる．

正確な証明は原論文 [Aki07, AN07] をあたってもらいたい．

証明 適当な4単面体 Q を考える．これを対応する $p2$ タイリングの上に乗せたところを想像してみよう（図 2.7）．この Q をタイリングの上で転がしていく．このとき，どんな経路を転がしたとしても，最初の位置に戻したときには，Q は元と同じ位置にぴったりと収まる（サイコロなどの立方体ではこうならず，別の面を上にすることができる）．ここで Q の適当な展開図 P を考えて，Q の上に P でカットする線，つまり P の輪郭線を描いておく．この線の部分をスタンプだと思って，タイリングの上を転がしていき，タイリングの上に Q の上の P の輪郭線を「印刷」していこう．すると P のコピーが一般3角格子の上に無限に印刷されるだろう．ある3角形に注目すると，Q をどんな風に転がして，何度この3角形を訪れても，Q が4単面体であれば，いつでも P の輪郭線の同じ部分がここに印刷される．したがって P は一般3角格子上に重ねて描かれたタイリングとなる．一般3角格子の頂点が4単面体の頂点に対応することを見て取ることも，それほど難しくはないだろう．□

4単面体をどんな具合に転がしても，いつでも元のところに同じ位置関係で戻ってこられるという性質がポイントである．立方体の展開図も同様の議論ができればよいが，立方体は適当に転がして元の位置に戻すと，そこに来る面や向きは変わってしまうため，こうした議論は成立しない．

定理 2.3.2 により，4単面体の展開図は，タイリングと美しい対応づけがあることがわかった．これに基づいた興味深い展開図を図 2.8 に示す．いくつか実作すると面白く，また理解が深まるだろう．

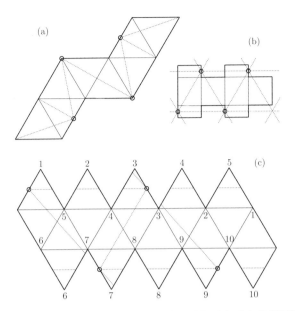

図 2.8 どれも p2 タイリングになっている展開図の例．それぞれ○が回転中心．(a) 正 8 面体と 4 単面体がどちらも折れる多角形（Joseph O'Rourke による．2000 年ごろ？）．(b) 正 4 面体と直方体が折れる多角形（平田浩一，2004 年）．(c) 正 20 面体と 4 単面体が折れる多角形（上原隆平，2010 年）．実線で折るとそれぞれ，正 8 面体・直方体・正 20 面体が折れるが，点線で折るとそれぞれ，4 単面体・正 4 面体・4 単面体が折れる．(c) では同じ数字同士を合わせて接着する．

演習問題 2.3.1 図 2.8(a) と図 2.8(c) の 4 単面体の辺の長さを求めよ．また図 2.8(b) の直方体の辺の長さを求めよ．

2.3.1 回転ベルトによる無限種類の折り

本項では定理 2.3.2 の例として，4 単面体が無限に折れる展開図を示そう．ここで紹介する展開図に現れる「回転ベルト」という特性は，一般の展開図を考えるときにも有用なことがある．とはいえ，定理そのものは非常に単純である．

定理 2.3.3 任意の長方形から，無限に多くの異なる 4 単面体が折れる．

証明 長方形の大きさを $a \times b$ とする．このときこれを図 2.9 のようにすれば，p2 タイリングができあがる．もう少し正確に記そう．まず長方形を 1 つ置く．上の辺の左半分に点 p を任意にとる．この p から右に $a/2$ だけ離れた

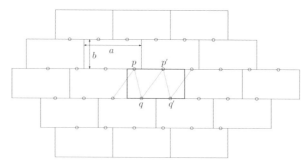

図 2.9 任意の長方形から無限に多くの種類の 4 単面体を折る．○が回転中心である．

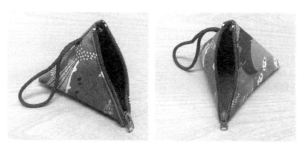

図 2.10 長方形から作れる 4 単面体を用いた容器の例．著者が沖縄の土産物屋で見つけたもの．

点を p' とする．この p と p' を交互に回転の中心として使いながら，長方形のコピーを 180° ずつ回転させて張り付けていく．同様に下の辺の左半分に点 q を任意にとり，q から右に $a/2$ だけ離れた点を q' として，コピーを張り付けていく．$p \cdot p'$ と $q \cdot q'$ についてこれを交互に繰り返せば，平面全体を埋めつくすことができる．これは 4 点 p, p', q, q' を回転の中心とするタイリングであり，定理 2.3.2 の条件を満たす．したがってこの 4 点を通る 4 単面体が折れる．p と q は任意の位置だったので，この方法で無限（いわゆる非可算無限）に多くの種類の 4 単面体が折れる．

なお $b \ll a$ のときは，p, q の位置によって 4 単面体が立体として成立しない場合もあるが，非可算無限種類の 4 単面体が折れるという結論は変わらない．□

かつて，いわゆる「テトラパック」や「三角パック」と呼ばれる牛乳などの飲物の紙容器があった[5]．今でもこうした 4 単面体の容器をときどき見かけることがある（図 2.10）．これを知っている人には，ある意味で当り前の話かもしれない．馴染みのない人は，具体的に次のように実作すれば定理 2.3.3

---

[5] 現在，テトラパック (Tetra Pak) は国際企業の名前で，「テトラパック」や「Tetra Pak」は登録商標である．いわゆる容器としてのテトラパックは今は「テトラ・クラシック」という商品名で呼ばれているようだ．

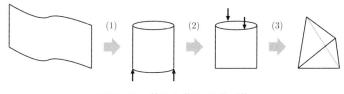

図 2.11 筒から作る 4 単面体

を簡単に実感できるだろう（図 2.11）．

1. 長方形から筒を作る．
2. 筒の下部分を閉じる（あるいは封筒の底の部分を切れば，最初から「下を閉じた筒」が得られる）．
3. 筒の上の部分を同様に閉じる．このとき，下の閉じた部分と上の閉じた部分をずらすと，どこで閉じても立体が得られる．

最後のステップで「ずらす」といつでも 4 単面体ができあがる．しかし「ずらさない」と，2 つの長方形を重ねただけの形になってしまう．この 2 つの長方形を重ねたものを「体積 0 の立体」と定義しておくと，いろいろなところで議論が簡単になる．そこで今後はこれを**二重被覆長方形** (doubly covered rectangle) という名前の体積 0 の立体と考えることにしよう．

演習問題 2.3.2 長方形の紙か，いらない封筒を用意して，実際に 4 単面体を作ってみよう．

　ここで，下の閉じた部分の両端点と，上の閉じた部分の両端点が最終的にできあがる 4 単面体の頂点になることに注意する．つまり 4 単面体の 6 本の辺は，この 4 頂点を 2 つずつ選んで結んだ直線であり，「閉じた部分」で 2 本，それ以外のところで 4 本の折り目がつく．「閉じた部分」の 2 本の長さは最初に用意した長方形の大きさで決まる値であり，定理の証明中で出てきた長さ $a/2$ に相当する．

　さてこの最後に閉じた，長さ $a/2$ の辺になる部分をもう少し考えてみる．この辺は閉じる前はループ状になっていて，どこで潰して折っても正しく辺を構成できる．また折った結果としてできあがる頂点の周囲に集まっている紙がちょうど 180° である点も重要である．これが別の角度だと，こうしたループを作ることはできない．こうした特別な状況のとき，無限に多くの折り方ができる．今後，このループのことを**回転ベルト** (rolling belt) と呼ぶことにしよう．もう少し正確に定義すると，回転ベルトとは，紙の端がループ

状の輪になっていて，あらゆる点において，その部分の紙が 180°になっているものである．ある展開図から立体を折るときに，途中でこの回転ベルトができると，無限の折り方が許されてしまう．つまり，この輪のどこか好きなところに頂点（周りの紙の角度は当然 180°である）を作り，そのちょうど反対側に同じく角度 180°の頂点を作り，輪の全長の半分の辺を 2 本作って糊付けするわけである．これはかなり特殊な折り方と糊付けであり，展開図の証明においては注意すべき状況である．

2.3.2　秋山・奈良の定理の拡張

普段の生活の中では，4 面体よりも箱を目にする機会のほうが多い．そこで定理 2.3.2 を箱に拡張することを考えよう．著者の知る限り，この定理を明示的に記述した論文は見つけられなかったが，本書で後ほど出てくる箱の展開図を考えるときには便利である．

定理 2.3.4　大きさ $a \times b \times c$ の箱 Q の任意の展開図 P を考える．ただしここで a, b, c はどれも自然数とする（つまりある単位長の自然数倍の長さとする）．このとき P を正方格子上にうまく配置すると，Q の頂点をすべて格子点上に置くことができる．

定理 2.1.3 より，Q の頂点はどれも P の外周上にあることに注意しよう．
証明　証明は，[Aki07] の証明と同じアイデアを使う．まず箱 Q を正方格子上にぴったりと合わせる．つまり箱 Q のある長方形の面 R の 4 つの頂点がどれも格子点に載るようにする．この Q を正方格子の上で転がしていく．このとき，転がす経路によって，Q の面の配置は次々と変わっていくが，a, b, c が自然数であることから，Q のどの頂点も，必ず格子点に載っている．以下，定理 2.3.2 と同じく証明できる．ここで Q の適当な展開図 P を考えて，Q の上に P でカットする線，つまり P の輪郭線を描いておく．この線の部分をスタンプだと思って，うまく Q を転がすことで P を展開図として正方格子上に「印刷」していく．すると Q の頂点はいつでも格子点の上に載るため，P の印刷が終わった時点で，Q のすべての頂点は格子点の上に印刷されることとなる．　□

第 II 部

展開図のアルゴリズム

第 II 部では展開図に関するさまざまな結果を紹介しよう．展開図とは，直観的には立体にはさみを入れて切り開いた多角形であるが，以下の 3 つの条件を満たさなくてはならないのであった．

- 展開図は，ひとつながりの多角形である．つまりバラバラになってはいけない．
- 立体の各頂点は，必ず切り開かれている．つまり，展開図は平たんである．
- 展開図は，重なっていてはいけない．つまり，1 枚の紙から切り抜いて作れる多角形でなくてはならない．

逆に，(私達が小学校で習ったように) 必ずしも立体の辺に沿って切る必要はない．

多面体を折ることのできる多角形に関する研究は，1996 年の Lubiw と O'Rourke による研究 [LO96] に端を発する．しかし数理的な面でいうと，定理 2.3.2 のタイリング以外には，あまり特徴づけが見つかっていないのが現状である．逆にいえば，コンピュータで実際に計算してみなければ解決しない問題がたくさんあるということであり，そこにはアルゴリズムの工夫の余地がたくさん残されている．Demaine と O'Rourke の総括的な本 [DO07, 25 章] には，こうした多角形で折れる立体に関する結果が多数収められている．中でも「複数の多面体を折ることができる 1 つの展開図」は，直感があまり効かない興味深い問題である．図 2.8 で見たように，一般には，1 つの多角形からいろいろな多面体が折れるが，現時点では数理的な特徴はそれほど多くは知られていない．いくつかの事実を手がかりに，結局は「残りの可能な方法をすべて試して折れるかどうか確認する」というプロセスが必要になることが多い．

3 複数の直方体が折れる展開図

本章では，まずコンピュータで扱いやすい問題を考えてみよう．実数座標系を扱うのは大変そうなので，正方格子上の多角形がよいだろう．正方格子上の多角形から折れる多面体といえば，真っ先に思い付くのが直方体，平たく言えば「箱」である．正方格子上の1つの多角形で複数の直方体が折れるものなど存在するのだろうか？ 答は [Yes] である．Biedl らは 1999 年に「2 種類の直方体が折れる1つの直交な展開図」を実際に 2 つ見つけることに成功した [BCD+99][1]．著者が見つけた例を図 3.1 に示す．この例は（著者の主観では）最もわかりやすいものの 1 つだ．

[1] この 2 つの例は [DO07, Figure 25.53] に実物が掲載されている．この 2 つの例を見ても，そこから直方体が折れることは，なかなかわからない．ちなみに彼女たちはコンピュータを使わずに，試行錯誤でなんとか見つけ出したそうだ．

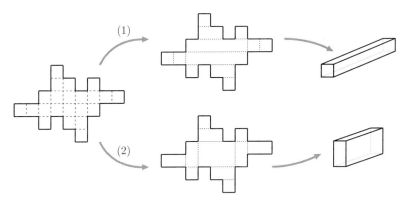

図 3.1 2 つの箱が折れる 1 つの展開図．(1) の折り目で折ると大きさ $1 \times 1 \times 5$ の箱が，(2) の折り目で折ると大きさ $1 \times 2 \times 3$ の箱が折れる．

こうした多角形は，ほんの少ししかない「例外的」なのであろうか？ 実はそうではない．本書では，こうした複数の直方体が折れる展開図に関する最新の結果を紹介しよう．数学とアルゴリズムの組合せがもたらした，興味深い展開図が数多く登場する．プログラミングが得意な読者は，自分でも作っ

3.1 いくつかの準備

ここで扱う展開図（および多面体の各面）はすべて単位正方形からなるとしよう[2]．単位正方形の境界以外では，切ることも折ることも許さない．さて，ここでは直方体を考えるのであった．直方体の3辺の長さを a, b, c として，一般性を失うことなく $0 < a \leq b \leq c$ を仮定する．このとき，直方体の表面積は $2(ab+bc+ca)$ である．そこで正整数 S に対し，$0 < a \leq b \leq c$ と $ab+bc+ca = S$ を満たす3つの整数の組 (a,b,c) の集合を $P(S)$ と書くことにする．つまり $P(S) = \{(a,b,c) \mid ab+bc+ca = S\}$ である．直方体の面積は $2S$ で表現できる．ここで表面積 $2S$ の直方体を作ろうと思うと，当然のことながら3辺の長さ (a,b,c) は $P(S)$ の要素でなければならない．つまり1つの展開図で表面積 $2S$ の異なる直方体を k 個作ろうと思ったら，$|P(S)| \geq k$ は必要条件である（もちろん実際にあるかどうかは別問題として）．例えば [BCD+99] の2つの結果は $P(11) = \{(1,1,5), (1,2,3)\}$ と $P(17) = \{(1,1,8), (1,2,5)\}$ に対応する．例えば $1 \leq a \leq b \leq c \leq 50$ を満たすそれぞれの a, b, c について $ab+bc+ca$ を計算して出力し，表にして，同じ値を探すプログラムは，簡単に作れる[3]．それによると，

$$\begin{aligned}
P(11) &= \{(1,1,5), (1,2,3)\}, \\
P(15) &= \{(1,1,7), (1,3,3)\}, \\
P(17) &= \{(1,1,8), (1,2,5)\}, \\
P(19) &= \{(1,1,9), (1,3,4)\}, \\
P(23) &= \{(1,1,11), (1,2,7), (1,3,5)\}, \\
P(27) &= \{(1,1,13), (1,3,6), (3,3,3)\}, \\
P(29) &= \{(1,1,14), (1,2,9), (1,4,5)\}, \\
P(31) &= \{(1,1,15), (1,3,7), (2,3,5)\}, \\
P(32) &= \{(1,2,10), (2,2,7), (2,4,4)\}, \\
P(35) &= \{(1,1,17), (1,2,11), (1,3,8), (1,5,5)\}, \\
P(44) &= \{(1,2,14), (1,4,8), (2,2,10), (2,4,6)\},
\end{aligned}$$

[2] 単位正方形の辺同士を接着して得られる多角形をポリオミノ (polyomino) という．これは Golomb が名付け親である．特に大きさが決まっているものは，モノミノ（大きさ1，つまり単位正方形そのもの）・ドミノ（大きさ2）・トロミノ（大きさ3）・テトロミノ（大きさ4）・ペントミノ（大きさ5）といい，さらに一般の大きさ n のものは n オミノという．詳しくは [Gol94, Gar08] を参照されたい．

[3] 著者の場合，具体的には，$1 \leq a \leq b \leq c \leq 50$ を満たす a, b, c に対して $ab+bc+ca$ を計算して，$a, b, c, ab+bc+ca$ という4つの値を出力し，これを $ab+bc+ca$ の値でソートして数え上げた．これくらいの処理なら，最近のコンピュータは瞬時に終えることができる．

$$P(45) = \{(1,1,22),(2,5,5),(3,3,6)\},$$
$$P(47) = \{(1,1,23),(1,2,15),(1,3,11),(1,5,7),(3,4,5)\},$$
$$P(56) = \{(1,2,18),(2,2,13),(2,3,10),(2,4,8),(4,4,5)\},$$
$$P(59) = \{(1,1,29),(1,2,19),(1,3,14),(1,4,11),(1,5,9),(2,5,7)\},$$
$$P(68) = \{(1,2,22),(2,2,16),(2,4,10),(2,6,7),(3,4,8)\},$$
$$P(75) = \{(1,1,37),(1,3,18),(3,3,11),(3,4,9),(5,5,5)\}$$

といった結果を得ることができる．例えば2つの直方体を折れる展開図は，あるとすれば面積22以上であり，3つの直方体を折れる展開図は，あるとすれば面積46以上であるといった具合である．ところで，2つの直方体の大きさが (a,b,c) と (a',b',c') であったとき，$a \neq a'$ か $b \neq b'$ か $c \neq c'$ が成立するなら，これらの直方体は<u>異なる</u>と定義しておこう．

一般に，値をどんどん増やしていくと，可能な組合せを数多くもつ表面積が現れてくるように思える．上記のデータもそれを裏付けているように見える．この直感は正しい．やや技巧的だが，次の定理を示しておこう[4]．

定理 3.1.1 任意の自然数 p に対して，p 種類の異なる直方体に共通となる面積が存在する．

証明　与えられた p と，それぞれの自然数 $i = 1, 2, \ldots, p$ に対して，$a_i = 2^i - 1$，$b_i = 2^{2p-i} - 1$，$c_i = 1$ とする．すると，どの i に対しても $a_i b_i + b_i c_i + c_i a_i = (2^{2p} - 2^i - 2^{2p-i} + 1) + (2^{2p-i} - 1) + (2^i - 1) = 2^{2p} - 1$ となる．また任意の $1 \leq i \leq j \leq p$ に対して，(a_i, b_i, c_i) と (a_j, b_j, c_j) は明らかに異なる． □

この定理 3.1.1 から，面積だけを考えた場合には，どんなに多くの種類の直方体に対しても，共通の展開図が存在する可能性は否定できない．

さて，3辺の長さが a, b, c である直方体を B とする．すると B には大きさ $a \times b$，$b \times c$，$c \times a$ の長方形の面がそれぞれ2枚ずつ存在する．それぞれの長方形は単位正方形の集まりであると考える．つまり B は $2(ab+bc+ca)$ 個の単位正方形で構成される．このとき B の<u>双対グラフ</u> $G(B) = (V, E)$ を次のように定義する．頂点集合 V の要素は単位正方形とする．つまり V には $2(ab+bc+ca)$ 個の要素がある．そして単位正方形 u と v が辺 $\{u,v\} \in E$ でつながれている必要十分条件は，u と v が B 上で辺を共有する，つまり B 上で隣接していることである．それぞれの単位正方形は，必ず4個の別の単位正方形に隣接しているので，$G(B)$ は $2(ab+bc+ca)$ 頂点からなる4正則グ

[4] この定理と証明は，2014年当時，著者の研究室に所属していた奥村俊文氏による．なかなか巧妙なアイデアである．

ラフである．したがって $|E| = 4(ab+bc+ca)$ が成立する．このグラフ $G(B)$ に関して次の補題が得られる．

補題 3.1.2 与えられた B に対して，$G(B)$ の全域木を T とする．T に入らない辺 $\{u,v\}$ のそれぞれに対して，B 上の単位正方形 u と v の間の辺を切る．すると B の T に対応する展開 P が得られる．

証明 T は連結なので，辺を切り開いた結果，P が非連結になることはない．また B の角の部分は $G(B)$ 上では長さ 3 の閉路であるが，T は閉路を含まないので，P では角が切り開かれているはずである．したがって P は B の展開である． □

ここで補題 3.1.2 に出てくる P は「展開図」だろうか．一般には Yes であるが，注意すべき点が 2 つある．

まず，P が重なりを持った場合である．これは定義より展開図とはいえない．しかし，そもそも直方体を辺に平行な直線で切り開いて重なることなんてあるのだろうか．驚いたことに，こうした例は比較的簡単に見つけることができる．図 3.2 に示した展開 P を考えると，これは直方体の展開図（の一部）であるが，重なりをもってしまう．したがってこうしたカットは直方体を展開するが，結果として得られるものは展開図ではない．また，図中で b と e のかわりに d と e の間を切れば「接触」する展開図も得られる．

このように，もともと隣接していなかった単位正方形同士が，開いたときに隣り合ってしまった場合，これを **接触** (touch) と呼ぶことにする．別々の方向から回り込んだ単位正方形同士が接触すると，展開に見かけ上の「穴」が空いてしまうことがある．こうした「穴」のある図形を展開図と呼ぶかどうか，明確な決まりはない．重なってはいないので，展開図と呼ぶ方が自然であろう．しかし実際に問題を解く際は，扱いが面倒になる．そこで本書では，こうした見かけ上の穴を持つ多角形は展開図としては扱わないことにする．これにまつわる問題を 1 つ提示しておく．

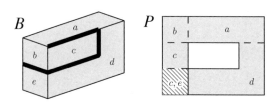

図 **3.2** 直方体（の一部）を切り開いて重なってしまう例

未解決問題 3.1.1 本書で穴をもつ図形を展開図として扱わないのは，話を単純にするためである．例えば穴のある多角形で直方体を折ろうとすると，穴のどこかを必ずカットしなくてはならない．実は穴のある多角形をそのまま折ったのでは，凸多面体を折ることはできない．これは自明ではないが，補題 3.1.3 より導くことができる．したがって穴があったら，それは必ずどこかでカットして，外周とつながなくては，直方体は折れない．本章で扱っている「複数の直方体が折れる多角形」というテーマで言えば，与えられた穴のある多角形に対して，2通り以上の異なるカット方法で，別々の直方体が折れるかどうかは，わかっていない．

以下，直方体 B を展開した P が重なりも（見かけ上の）穴も持たなかったとする．つまり，カットを与えた全域木 T によって，展開図 P が特定されるわけだ．しかし P には冗長なカットが含まれている場合がある．図 3.3 に例を示す．この場合，もとの直方体 B での面の中にあるカット線は，もとの B でも切り開いた P の上でも，展開する上では役にたっておらず，冗長である．つまりこのカットは，なくてもよい．こうした冗長なカットは次の補題で特徴付けることができる．

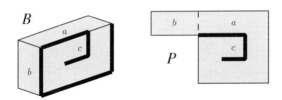

図 3.3 無駄なカット

補題 3.1.3 直方体 B を折れる多角形を P とする．P が図 3.4 の A, D のように間に切れ目のある 2 個の単位正方形を含んでいたとする．より正確には，$G(B)$ に含まれる長さ 4 のサイクル (A, B, C, D, A) のうちの 3 本の辺に対応する B 上の辺（図中では AB 間，BC 間，CD 間）は P では切られておらず，かつ 1 本の辺に対応する B 上の辺（図中 AD 間）だけが切られているとする．このとき，これを糊付けした P' もやはり B を折ることができる．

証明　B は閉じた凸多面体なので，P' が B を折れないとすると，A と D の間に別の単位正方形が入らなければならない．しかしこのとき，周囲に 5 個以上の単位正方形が集まる頂点が生まれる．こうした頂点があると，直交す

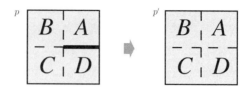

図 3.4　糊付け

る凸多面体 B は折ることができない．したがって A と D の間には別の単位正方形は入らず，A と D を糊付けしても P と同じ立体を作ることができる．□

補題 3.1.3 の「糊付け」は，繰り返し適用すればよい．具体的には「B 上で面の中で終わっているカット」を繰り返して取り除いていけば，P の中の冗長なカットをなくすことができる．

3.2　2つの直方体が折れる展開図

2つの直方体が折れる展開図を生成するアルゴリズムは，いくつか考えられる．著者の研究グループでは，これまで3つのアルゴリズムを実装した．本節では，それぞれのアルゴリズムの概略を示し，その結果得られた興味深い展開図の数々を紹介しよう．

3.2.1　全域木をランダムに生成する方法

1番目のアルゴリズムは，与えられた複数の直方体 B の双対グラフ $G(B)$ に対して，この全域木をランダムに生成し，そこから展開図を生成し，これを巨大なハッシュ表を用いて登録・検査するものである．アルゴリズムの概要は図 3.5 の通り．

本アルゴリズムでは多角形 P を 0/1 行列で自然な形で表現した．つまり十分大きな配列を用意しておいて，広げた P の単位正方形があるところを 1，ないところを 0 とした．このように表現すれば，以下の2つのメリットがあることがわかる．

- 冗長なカット線は，自動的にないものとされる．

```
入力　: |P(S)| > 1 を満たす S;
出力　: 複数の直方体を折れる面積 2S の展開図;
ハッシュ表 H をクリア;
while true do
    P(S) の要素 t = (a, b, c) をランダムに選ぶ;
    サイズ a × b × c の直方体 B の双対グラフ G(B) の全域木をランダムに生成;
    全域木 T に対応する多角形 P を 0/1 行列で表現;
    if t ≠ t' を満たす (t', P) が H に含まれている then P（と対応する辺のサイズ）を出力;
    if P が H に未登録 then (t, P) を H に登録;
end
```

図 3.5　全域木を使って展開図を生成するアルゴリズム

- 1 が $2S$ 個あれば，展開は重なっていない．

つまり，1 の個数がきちんと $2S$ 個あり，穴がなければ，これは正しい展開図であることがわかる．

また，ハッシュ表に展開図を登録する際，展開図の向きにも気をつける必要がある．展開図を広げる方法は，回転や裏返しを考えると，全部で 8 通りある．この 8 通りの展開図を 0/1 行列に表現し，8 通り全部生成し，それぞれ「左上」に可能な限り寄せて，その上で辞書式に最も小さいものをこの展開図の「標準形」と定めた．つまり展開図を 1 つ生成するごとに，標準形に直して，その上でハッシュ表に登録したわけである．

本アルゴリズムは，まず 2 個以上の直方体に共有される展開図を見つけるのが目的だったので，実装では，やや手抜きをした．具体的には，以下の 2 個の欠点があるが，あえて対処せずに行った．まず，全域木のランダムな生成は「辺を適当に順番に選んで追加して，木になる限り加える」としたため，必ずしも一様ランダムな生成にはなっていない．そもそも無駄なカットのことを考えると，直感的には広い面がある展開図ほど生成されやすい傾向がある．また，穴の有無のチェックは実装しなかった．実際にはそれほど，重なりや穴が生まれるとは思われなかったためである．実行中，重なりがあるとその旨のメッセージを出したが，だいたい数%程度の展開で重なりが起こった．また本アルゴリズムによって 2165 個の出力が得られたが，そのうち穴があるため解として認められなかったのは 26 個であり，残りの 2139 個は展開図としての条件を満たしていた．

なおアルゴリズム的な観点からいえば，穴をもつ多角形をチェックするアルゴリズムは，線形時間で動作するものが存在する．例えば浅野・田中によるアルゴリズムは，この問題を定数領域だけを使用して線形時間で解くことができる [AT08]．

3.2.1.1　1 番目のアルゴリズムの実験結果

全域木を生成するアルゴリズムを通常のラップトップコンピュータ（IBM ThinkPad X40: メモリは 1.5GB で 1CPU）で実行すると，1 時間で約 3×10^6 個の展開図を生成し，$P(11)$ に対して 100 個程度の解を出力した．そこで次にスーパーコンピュータ（SGI Altix 4700: メモリは 2305GB で 96CPU）を使用した．なお乱数の生成にはメルセンヌ・ツイスター法[5]を用いた．実験結果を表 3.1 に示す．表中の「$2S(S)$」は多角形の面積とその半分，「$|P(S)|$」は可能な直方体の種類，「生成回数」はランダム生成の回数，「解数」は 2 個の直方体を折れる展開図の数，「失敗」は穴をもつ多角形の数である．例えば $P(11)$ の欄であれば，アルゴリズムは大きさ $(1,1,5)$ または $(1,2,3)$ の直方体に対して約 6.7×10^7 個

[5] http://www.math.sci.hiroshima-u.ac.jp/~m-mat/MT/emt.html

表 3.1　1 番目のアルゴリズムの実験結果

$2S(S)$	$\|P(S)\|$	生成回数 ($\times 10^7$)	タイプ	解数	失敗
22(11)	2	6.7	(1,1,5),(1,2,3)	541	15
30(15)	2	18.6	(1,1,7),(1,3,3)	72	1
34(17)	2	28.4	(1,1,8),(1,2,5)	708	0
38(19)	2	30.4	(1,1,9),(1,3,4)	41	0
46(23)	3	191.0	(1,1,11),(1,3,5)	568	3
			(1,2,7),(1,3,5)	92	5
54(27)	3	126.7	(1,1,13),(3,3,3)	2	0
			(1,3,6),(3,3,3)	1	0
58(29)	3	89.3	(1,1,14),(1,4,5)	37	0
62(31)	3	82.4	(1,3,7),(2,3,5)	5	0
64(32)	3	204.8	(1,2,10),(2,2,7)	50	2
			(2,2,7),(2,4,4)	6	0
70(35)	4	91.3	(1,1,17),(1,5,5)	3	0
			(1,2,11),(1,3,8)	11	0
88(44)	4	217.0	(2,2,10),(1,4,8)	2	0
90(45)	3	34.6		0	0
94(47)	5	51.3		0	0
112(56)	5	36.0		0	0
118(59)	6	35.5		0	0
合計	-	-		2139	26

の展開図を生成し，556 個の多角形を得た．このうち 15 個は穴のある多角形であり，残りの 541 個が大きさ $(1,1,5)$ の直方体と大きさ $(1,2,3)$ の直方体をともに折れる展開図である．全体を合計すると，2 個の直方体を折れる単純な展開図を 2139 個得ることができた．各種パラメータごとのプログラムはスーパーコンピュータの上で適宜並列に実行され，数日から数週間実行された．そしてプロセスがあまりにもメモリを使い過ぎていると判断した場合に，適宜実行を中止した．得られた解の一部を図 3.6 に示す．本アルゴリズムでえられた解はすべて http://www.jaist.ac.jp/~uehara/etc/origami/nets/index.html で公開されている．

3.2.2 共通の展開図を直接探すアルゴリズム

2 番目のアルゴリズムは，まずターゲットとなる同じ表面積をもつ複数の直方体を最初に決める．これを B_1, B_2 としよう．そしてアルゴリズムは B_1 上の単位正方形 s_1^1 と B_2 上の単位正方形 s_2^1 を一様ランダムに決める．これらの単位正方形はランダムに決められる「方向」をもつ．2 つの正方形 s_1^1 と s_2^1 は，共通の展開図上の同じ正方形に対応しているとみなす．アルゴリズムは，この B_1 と B_2 の共通の部分展開図 P を次の手順で同時に「成長」させていく：まず，現在の P の外周辺 e をチェックする．辺 e において P の隣に位置する（P と重ならない）単位正方形を s とすると，B_1 上の対応する単位正方形 s' と B_2 上の対応する単位正方形 s'' とを特定することができる．これらが B_1 上でも B_2 上でも，どちらもまだ P に属していないとき，この辺 e を拡張可能であるという．アルゴリズムは P の拡張可能な辺を調べ，これらの中から一様ランダムに e を選び，単位正方形 s を e の位置で P に追加する．このプロセスは，以下の 2 通りの場合に停止する．まず P がすべての単位正方形を含み，B_1 や B_2 の表面積と同じ面積になったら，P は求める展開図なので出力して停止すればよい．一方，その前に拡張可能な辺がなくなってしまったら，これは解の探索に失敗したので，その旨を出力して停止する．アルゴリズムを詳しく書くと図 3.7 の通りである．

このアルゴリズムは容易に 3 個以上の直方体の探索に拡張できる．また辺が拡張可能なときには，もう重ならないことが保証できるため，そのあたりのチェックも不要である．

3 複数の直方体が折れる展開図

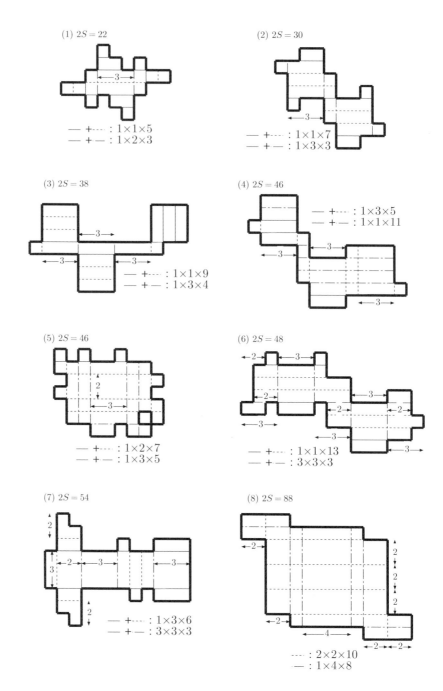

図 **3.6** 得られた解の一部

```
入力：|P(S)| > 1 を満たす S;
出力：2 個の直方体を折れる面積 2S の多角形;
P(S) からタイプ $t_1 = (a_1, b_1, c_1)$ とタイプ $t_2 = (a_2, b_2, c_2)$ を選ぶ;
タイプ $t_1$ の直方体 $B_1$ 上の単位正方形 $s_1^1$ と，タイプ $t_2$ の直方体 $B_2$ 上の単位
正方形 $s_2^1$ を一様ランダムに選ぶ;
$s_1^1$ と $s_2^1$ を多角形 P の中の同じ単位正方形と見なして P を初期化する;
repeat
    P の外周のそれぞれの辺 e に対して，拡張可能かどうかを調べる;
    if 拡張可能な辺が存在しない then 探索失敗であることを出力して停止;
    拡張可能な辺 e を一様ランダムに選ぶ;
    単位正方形 s を辺 e の所で P に接続する;
until $B_1$ や $B_2$ の単位正方形がすべて P に接続されるまで繰り返す;
P を出力する.
```

図 **3.7** 並列に展開図を生成するアルゴリズム

3.2.2.1 2番目のアルゴリズムの実験結果

2番目のアルゴリズムはノートパソコン (Intel Core2 Duo CPU T9900 3.06GHz Windows 7) の上で実行された．またそれぞれのサイズについて，プログラムは 1×10^7 回実行された．実験結果は表 3.2 の通りである．それぞれのエントリーは表 3.1 に準じる．例えばプログラムは $P(17)$ に対して 1×10^7 回試行して，サイズ $1 \times 1 \times 8$ の直方体とサイズ $1 \times 2 \times 5$ の直方体をどちらも折れる単純な展開図を 3705 個と，単純でない展開図を 1 個見つけた．またこのときの実行時間は 191 秒であった．2 種類の異なる直方体が折れる単純な展開図を合計 8741 個見つけることができた．

表 **3.2** 2番目のアルゴリズムの実験結果

2S(S)	タイプ	計算時間（秒）	解数	失敗
22(11)	(1,1,5),(1,2,3)	100	1863	13
30(15)	(1,1,7),(1,3,3)	155	370	0
34(17)	(1,1,8),(1,2,5)	191	3705	1
38(19)	(1,1,9),(1,3,4)	213	914	0
54(27)	(1,1,13),(3,3,3)	352	690	1
54(27)	(1,1,13),(1,3,6)	351	717	1
54(27)	(1,3,6),(3,3,3)	477	243	3
88(44)	(1,4,8),(2,2,10)	1007	153	0
88(44)	(2,2,10),(2,4,6)	967	86	1
合計	-	3813	8741	20

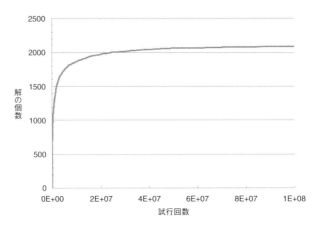

図 3.8 $P(11)$ に対する試行の回数と解の個数のグラフ

特に $P(11)$ に対する試行の回数とその試行で見つかった解の個数をグラフにすると図 3.8 の通りである．このグラフを観測すると，サイズ $1 \times 1 \times 5$ の直方体とサイズ $1 \times 2 \times 3$ の直方体をどちらも折れる展開図の数は概ね 2000 個強程度であろうと予想できる．実際，次で示す通り，これは全部で 2263 個であった．

3.2.3 カワザで全探索するアルゴリズム

3.2.1 項や 3.2.2 項の方法は，確率的に展開するため，ある程度の面積でも，気長に実行すれば，共通の展開図を見つけられる．逆に面積を小さいところに限定すれば，全探索することもできる．特に「2 つの直方体の共通の展開図」が存在する最も小さい面積 22 では，大きさ $1 \times 1 \times 5$ と $1 \times 2 \times 3$ の 2 つの直方体を折れる展開図をすべて見つけることができる．具体的には 2263 個であった（本書に載せるには多すぎるため http://www.jaist.ac.jp/~uehara/etc/origami/nets/all-22.html に公開した）．

基本的な発想は，アルゴリズム理論でいうところの**幅優先探索** (Breadth First Search (BFS)) である．ある直方体の展開図 P に対して，P の一部を取り除いてできる多角形 P' を考えよう．つまり P' は P に完全に含まれていて，かつ単位正方形が集まってできている多角形である．すると当然のことながら，P' はこの直方体に「貼りつける」ことができる．こうした多角形を**部分展開図** (partial net) と呼ぶことにしよう．例えば 1 つの単位正方形は，あら

ゆる直方体の共通部分展開図と考えることができる．さらに 2 つの単位正方形をつないだ大きさ 1×2 の長方形も同様である．本章では，大きさ $1 \times 1 \times 5$ の直方体と $1 \times 2 \times 3$ の直方体に限定して，これらの共通部分展開図を考える．具体的には，L_i を面積 i の共通部分展開図の集合と書くことにしよう．すると $|L_1| = |L_2| = 1$ であり，$|L_3| = 2$ である．この集合を順に拡大していく．つまり L_{i-1} から L_i を計算することにする．具体的には次のアルゴリズムを実装して実行した．

```
入力：なし;
出力：大きさ 1×1×5 と 1×2×3 の直方体がどちらも折れるすべての展開図;
L_1 を単位正方形 1 つからなる集合とする;
for i = 2, 3, 4, ..., 22 do
    L_i := ∅;
    for L_{i-1} の共通部分展開図 P を 1 つずつ取り出し，以下を実行 do
        for P に 1 つ単位正方形をつけた大きさ i の多角形 P^+ を作り，
        そのそれぞれに対して以下を実行 do
            P^+ が共通部分展開図であるかどうかを調べて，まだ L_i に登録されていなければ登録する;
        end
    end
end
L_22 を出力する;
```

このアルゴリズムは，通常の PC で十分実行できる規模である．2011 年当時の実装で約 10 時間，2014 年当時の実装で約 5 時間で実行することができた．実行結果をまとめたものを表 3.3 に示す．i が小さい間は，ほとんどの i オミノが共通部分展開図であるが，最終的にはほとんどが脱落する．また面積 18 の共通部分展開図が最も多く，面積 16〜19 あたりの計算がボトルネックとなっていることもわかる．

3.3　数々の興味深い展開図

3.2 節では，2 つの直方体に共通の展開図について考えたが，その研究プロセスにおいて，数々の興味深い展開図が得られた．本節ではそれを紹介する．

表 3.3 大きさ $1\times1\times5$ と $1\times2\times3$ の直方体の共通部分展開図の個数（比較のため，i オミノの個数も併記）

i	1	2	3	4	5	6	7	8	9
$|L_i|$	1	1	2	5	12	35	108	368	1283
i オミノ	1	1	2	5	12	35	108	369	1285

i	10	11	12	13	14
$|L_i|$	4600	16388	57439	193383	604269
i オミノ	4655	17073	63600	238591	901971

i	15	16	17	18
$|L_i|$	1632811	3469043	5182945	4917908
i オミノ	3426576	13079255	50107909	192622052

i	19	20	21	22
L_i	2776413	882062	133037	2263
i オミノ	742624232	2870671950	11123060678	43191857688

3.3.1 タイリング展開図

2.3 節でも見た通り，展開図とタイリングの間には関連がある．また，タイリングは切り出すときに無駄が出ないというメリットもある．ではこうした共通の展開図の中にタイリングは存在するだろうか？ 1 番目のアルゴリズムの出力から著者が見つけたタイリングを図 3.9 に示す．これはサイズ $1\times1\times8$ の直方体とサイズ $1\times2\times5$ の直方体が折れるタイリングである（実際にはさらに 4 単面体も折れる）．

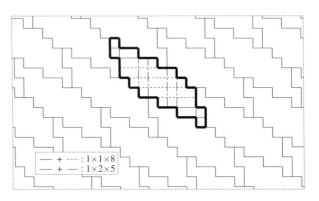

図 3.9 サイズ $1\times1\times8$ とサイズ $1\times2\times5$ の 2 種類の直方体が折れるタイリング

なお加納らは，展開図が平面を埋めつくし，そこから作られる立体が空間を埋めつくすという性質をもった図形（正確には展開図と立体のペア）をダブ

ル充填図形 (double packable solid) と名付けている [KRU07, Section 3.5.2].
この観点から言えば，任意の直方体は空間を充填するので，図 3.9 は 2 種類
のダブル充填図形を同時に与えている．

3.3.2　折り線が交差しない展開図

展開図を折って直方体を作るとき，工学的には折り線同士が互いに交差し
ないほうが望ましいと考えられる．こうした性質を持つ展開図は存在するだ
ろうか？　答は [Yes] で，実際，図 3.6(3) と図 3.6(7) はこうした性質を満たす．

3.3.3　折り線が独立な展開図

展開図を折って 2 通りの直方体を作るとき，それぞれの折り方における折
り線が互いに独立で，共通部分を持たない方が望ましいと考えられる．こう
した性質を持つ展開図は存在するだろうか？　これも答は [Yes] で，実際図
3.6(8) はこうした性質を満たす展開図である．

未解決問題 3.3.1　2 通りの直方体が折れて，折り線が交差せず，また折り線
が互いに独立であるような共通の展開図は存在するだろうか？

3.3.4　無限種類の展開図

本項では，2 種類の異なる直方体を折れる展開図が無限に存在することを
示す[6]．すでに得られた展開図をうまく利用すると，以下の一般化定理が得
られる．

定理 3.3.1　任意の正整数 j と k に対して，サイズ $1 \times 1 \times (2(j+1)(k+1)+3)$
の直方体とサイズ $1 \times j \times (4k+5)$ の直方体を折れる展開図が存在する．

証明　与えられた正整数 j と k に対して，図 3.10 の多角形が条件を満たすこ
とを示す．それぞれの直方体の折り方は図 3.9 の折り方と同様である．はじ
めのパラメータ j は図 3.10 の長方形の幅を決定するだけなので，2 通りの直
方体の折り方には影響がない．2 番目のパラメータ k に対しては，図 3.10 の
左側の多角形領域を複製し，グレーの領域が重なるように貼りつけ，これを
k 回繰り返す．すると，それぞれの k に対して 2 通りの折り方が存在する．一

[6] ここでいう異なる直方体とは，2 個の直方体の辺の長さを $a \times b \times c$, $a' \times b' \times c'$ としたときに，$gcd(a,b,c,a',b',c') = 1$ が成立するものと定義する．もう少し言えば，例えば $a \times b \times c$ と $(2a) \times (2b) \times (2c)$ といった自明な解を除いて考える．

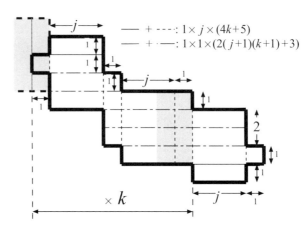

図 3.10 サイズ $1 \times 1 \times (2(j+1)(k+1)+3)$ の直方体とサイズ $1 \times j \times (4k+5)$ の直方体が折れる展開図

方はどれも本質的に同じで，垂直方向に 4 個の単位正方形を巻くように折り，サイズ $1 \times 1 \times (2(j+1)(k+1)+3)$ の直方体を得る．もう一方は，k に応じて全体を水平方向に k 回螺旋状に捻るように折っていく．この折りによってサイズ $1 \times j \times (4k+5)$ の直方体が得られる． □

定理 3.3.1 から次の系が得られる．

系 3.3.2 異なる 2 種類の直方体を折れる展開図は無限に存在する．

ただし 3.4.2 項では，別の方法で「異なる 3 種類の直方体を折れる展開図は無限に存在する」ことも示す（定理 3.4.1）．

3.3.5 発展問題

本項では「2 つの直方体が折れる展開図」の中で得られた結果に基づいた，発展的な結果を示す．なお以下の議論では，直方体以外の多面体も出てくるが，どれもすべて面は単位正方形の集まりである．また，それぞれの折り目の角度は 90 度の倍数である．こうした多面体を**直交多面体** (orthogonal polyhedra) と呼ぶことにする．

まず $S < 11$ のときには $|P(S)| \leq 1$ なので，2 個の異なる直方体が折れる直交展開図で面積が 22 未満のものは存在しない．しかし「同型」の直方体も許せば，より小さい解が存在する．図 3.11 がそれであり，同型の直方体を 3 通りの異なる方法で折ることができる（太線は糊付け線）．単位立方体には

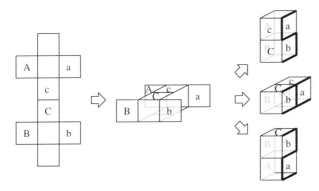

図 3.11 異なる 3 通りの折り方をもつ展開図.

図 3.12 キュビガミ 7

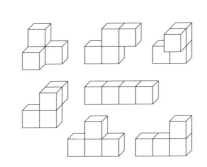

図 3.13 面積 18 の 7 種類の直交多面体

11 種類の異なる辺展開図があることがよく知られているが，これらはどれも折り方は一意的である．したがって図 3.11 は複数の折り方が存在する面積最小の展開図である．

次に，複数の同型でない直交多面体を折る展開図で，凸でない多面体も許した場合を考える．この場合は，面積 18 で 7 種類の異なる（これは可能なものすべてでもある）直交多面体を折れる多角形がすでに知られている．これはミラー (G. Miller) とクヌース (D. E. Knuth) によって考案され，「キュビガミ 7」という名前のパズルとして市販されている（図 3.12 と図 3.13）．このパズルは 2005 年のワールドパズルコンテストで佳作を受賞した[7]．

なお，補題 3.1.3 では「面の中で終わる切れ込みはない」という事実を示したが，これは目的とする多面体が凸であることを証明の中で使っていた．したがってキュビガミのように，凸でない多面体も折る場合は，面の中で終わ

7) 詳しくは，http://www.puzzlepalace.com/resources/t9/index.html を参照のこと

44　　3　複数の直方体が折れる展開図

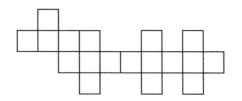

図 3.14　7 種類の直交多面体を折る単純展開図

る切れ込みがあることに注意しよう．クヌースの解析によると，この 7 種類の直交多面体を折れる単純展開図は 68 個存在する．本書の 2 番目のアルゴリズムを改造したプログラムでも，1×10^8 回の試行で図 3.14 に示す解が得られた．「与えられた面積をもつ直交多面体をすべて折れる展開図」という意味ではキュビガミは面積最小の解ではない．図 3.11 を拡張して得られる図 3.15 の展開図が最小の解である．表面積 10 の直交多面体は図 3.11 の 1 つしかなく，表面積 14 の直交多面体は図 3.15 の 2 つしかない．したがってこれを（3 通りの方法で）折れる展開図は面積最小の解である．

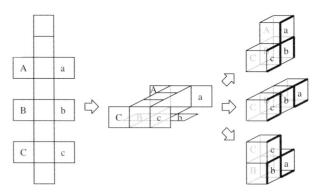

図 3.15　直交多面体を 3 通りの折り方で折れる展開図

では任意の個数の直交多面体を折れる展開図は存在するのであろうか．この自然な問いに対する解答を以下で与えよう．

定理 3.3.3　任意の正整数 k に対して，k 個以上の異なる直交多面体を折れる展開図が存在する．

証明　ここでは図 3.16(a) に示したサイズ $1 \times 1 \times 8$ とサイズ $1 \times 2 \times 5$ の直方体を折れる展開図を部品として用いる．図 3.16(a) の黒い正方形は「フタ」と

呼ぶことにする．これは 2 通りの直方体のどちらにおいても反対側の面に配置される．図 3.16(b-e) に灰色で示した部品は「パイプ」と呼ぶことにする．2 つのフタをパイプで置き換えれば，どちらの直方体においても図 3.16(c)(e) のように反対側の面に「穴」を作ることができる．この部品を k' 個用意して，つなぎ合わせる．このとき両端の部品の最後のパイプはフタにしておけばよい．$k' = 3$ の例を図 3.17 に示す．パイプやフタはどちらの直方体に折った場合でも反対側に配置されるので，それぞれの展開図は独立にサイズ $1 \times 1 \times 8$ の直方体やサイズ $1 \times 2 \times 5$ の直方体を折ることができる．したがって全部で $2^{k'}$ 通りの多面体が折れるが，このうち $2^{\lceil k'/2 \rceil}$ は反転に関して対称である．

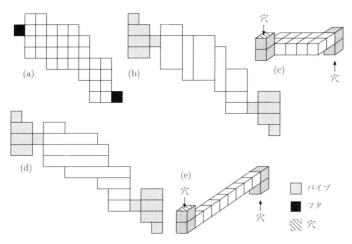

図 3.16　多面体を連結するための部品

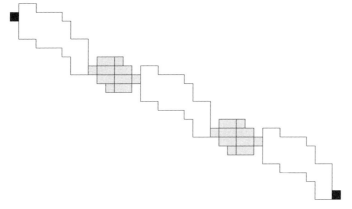

図 3.17　3 個の部品をつなぎ合わせた展開図

したがってこの展開図からは $(2^{k'} - 2^{\lceil k'/2 \rceil})/2 + 2^{\lceil k'/2 \rceil} = 2^{k'-1} + 2^{\lceil k'/2 \rceil - 1}$ 通りの異なる直交多面体を折ることができる（例えば，図 3.17 の展開図では $4 + 2 = 6$ 通りの異なる直交多面体が折れる）．したがって十分大きな k' をとれば，定理を得る． □

3.4　3つの直方体が折れる展開図

3.2 節では，2 つの直方体が折れる展開図についてのさまざまなアルゴリズムと結果を示した．一連の結果の中で，3 つ以上の直方体が折れる展開図が存在するのだろうかという疑問は，ごく自然に生まれる．特に注目すべきものは，3.2.3 項で得られた 2263 個の展開図の中にあった，図 3.18 の展開図である．この展開図は，単に大きさ $1 \times 1 \times 5$ と $1 \times 2 \times 3$ の直方体が折れるだけではなく，大きさ $0 \times 1 \times 11$ の「直方体」が折れる[8]．他の 2 つが折れることは，ちょっとしたパズルに匹敵する難しさであるが，二重被覆長方形が折れることは，図をよく見ればある程度わかる．それぞれの列に縦に 2 つずつ正方形が並んでいるので，これを丸めると思うと，全体が閉じた筒になり，両端には 1 つずつ正方形が残るので，この部分を 1/2 のところで折り返せばよい．なお，この性質を持つ展開図は，2263 個のうち，この 1 つしか存在しない[9]．

ともあれ，こうした例がある以上，もうちょっときちんとした「3 つの直方体が折れる展開図」があってもよさそうだ．本節では「3 つの直方体が折れる展開図」が無限に存在することを示そう．まず，こうした展開図の探索には 2 つの戦略があることを指摘しておく．

1 つは探索空間を広げるという素朴な方法である．しかしこれはそう簡単ではない．面積が増えるごとに，探索空間は指数関数的に増加する．一例として，面積 22 と面積 88 を考えてみよう．単位正方形を 4 個の正方形に細分すれば，例えば $P(11)$ の解から $P(44)$ の解を作成することができる．つまり $P(11) = \{(1,1,5), (1,2,3)\}$ と $P(44) = \{(1,2,14), (1,4,8), (2,2,10), (2,4,6)\}$ という集合のうち，$(1,1,5)$ と $(1,2,3)$ はそれぞれ $(2,2,10)$ と $(2,4,6)$ に対応している．こうしたことを考えれば，3.2.1 項で示した 1 番目のアルゴリズムをそのまま $P(44)$ にも適用すれば，なんとかなると考えるかもしれない．しかし実際には，1 番目のアルゴリズムは $P(11)$ に対して 6.7×10^7 回のランダム生成

[8] これは 2.3.1 項でも出てきた二重被覆長方形であり，直方体が縮退したものと考えられる．

[9] この展開図は，2010 年当時，著者の研究室に所属していた松井寛彰氏が「目視」で見つけたものである．ある程度わかってみれば納得できるとは言え，2263 個の中に，ただ 1 つしか存在しなかったこれを，偶然見つけ出した眼力には脱帽である．

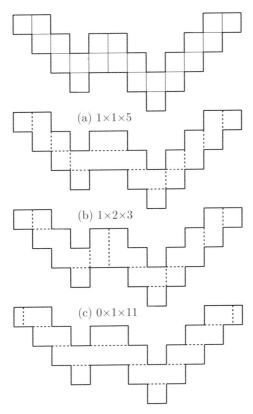

図 3.18 大きさ $1 \times 1 \times 5$ と $1 \times 2 \times 3$ の直方体に加えて，大きさ $0 \times 1 \times 11$ の「直方体」が折れる展開図

を（3日間で）行い，541 個の解を出力したが，その一方で $P(44)$ に対しては，217.0×10^7 回のランダム生成を（約1か月間かけて）行ったものの，わずか2個しか解が得られなかった．1番目のアルゴリズムはある程度の面積 S に対しても動作するため，数か月間，さまざまな面積に対して実行した．その結果の表 3.1 を改めて精査すると，例えば面積 46 や 54 であっても，探索空間の中のごくわずかしか探索しておらず，これで3つの直方体が折れる展開図を偶然見つけ出すことは，非常に困難であると予想できる[10]．実際，数か月に渡ってスーパーコンピュータ上でプログラムを実行しても，3個（以上）の異なる直方体を折ることのできる展開図は1つも得られなかった．したがってなんらかの工夫が必要となる．

もう1つは，展開図の性質や，新たなアイデアなどを使って，探索に頼らずに3つの直方体が折れる展開図を探すという方法である．

[10] ポリオミノの数え上げは，展開図の数え上げをもう少し単純化したものと考えられるが，2018年現在，i-オミノの個数は $i = 45$ までしかわかっていない．したがって面積 i の展開図をすべて探し尽くすという戦略でも，同程度の大きさが限界であると考えられる．

本節ではこの2つの戦略のそれぞれについて，うまくいった方法とその結果を紹介する．

3.4.1 特殊な面積30の探索

上でも述べた通り，3つ以上の直方体を普通の方法で作ろうとすると，面積は少なくとも46は必要で，このときは$P(23) = \{(1,1,11),(1,2,7),(1,3,5)\}$という3つの直方体の共通の展開図を探すことになる．しかし面積46は探索するには大きすぎる．そこで面積22，つまり$P(11) = \{(1,1,5),(1,2,3)\}$の次の候補である面積30，つまり$P(15) = \{(1,1,7),(1,3,3)\}$について少し考えてみる．表面積30の直方体について$2(ab+bc+ca) = 30$を満たす自然数(a,b,c)の組は$(1,1,7)$と$(1,3,3)$しか存在しないわけであるが，ここで少し発想を転換する．例えば$a=b=c$とするとどうだろう．$6a^2 = 30$となり，$a=b=c=\sqrt{5}$が得られる．そして$\sqrt{5}$は大きさ1×2の長方形の対角線である[11]．したがって，斜めに折ることを許せば，大きさ$(1,1,7)$と$(1,3,3)$の直方体の他に大きさ$(\sqrt{5},\sqrt{5},\sqrt{5})$の立方体を折れる展開図があるかもしれない．そこで次のアルゴリズムで探索した結果を紹介する．

[11) ちなみに，この事実に最初に気づいたのは，著者の知人の白川俊博氏である．この大胆な発想は称賛されてしかるべきであろう．

1. 大きさ$1\times 1\times 7$と$1\times 3\times 3$の直方体の共通の展開図の集合Dを求める．
2. 展開図の集合Dの要素を1つずつ取り出し，$\sqrt{5}\times\sqrt{5}\times\sqrt{5}$の立方体が折れるかどうか確認する．

面積22の展開図の幅優先探索が，2015年時点のPCで5時間程度でできるのであれば，面積30の展開図の幅優先探索もなんとかなると思うかもしれない．しかしこれはそのまま素直には実行できない．著者の大学にあるスーパーコンピュータ (CRAY XC30) では，大きさ$1\times 1\times 7$と$1\times 3\times 3$の直方体の共通部分展開図を幅優先探索で調べようとすると，面積22のところでメモリがあふれてしまった．共通部分展開図の数が多すぎるのだ．したがって普通の方法では，大きさ$1\times 1\times 7$と$1\times 3\times 3$の直方体の共通の展開図の全列挙はできない．そこでさらなる工夫が必要となる．著者のグループでは2つの異なる方法でこの問題を解決したが，本書の範囲を超えてしまうため，詳細は省略し，方法の概略を述べるにとどめよう．

その前に，結論だけ先に述べておけば，大きさ$1\times 1\times 7$と$1\times 3\times 3$の直方体の共通の展開図の個数は1080個であった．そのうち，$\sqrt{5}\times\sqrt{5}\times\sqrt{5}$の

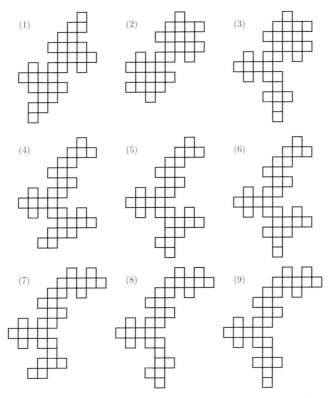

図 3.19 大きさ $1 \times 1 \times 7$ と $1 \times 3 \times 3$ の直方体と，さらに $\sqrt{5} \times \sqrt{5} \times \sqrt{5}$ の立方体を折れる面積 30 のポリオミノ 9 種

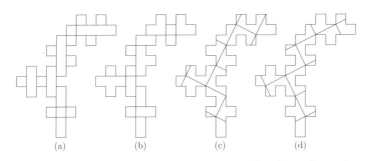

図 3.20 大きさ $1 \times 1 \times 7$ と $1 \times 3 \times 3$ の直方体と，$\sqrt{5} \times \sqrt{5} \times \sqrt{5}$ の立方体を 4 通りの方法で折れるポリオミノ

立方体を折れるものが 9 個あった（図 3.19）．しかも驚いたことに，この中に $\sqrt{5} \times \sqrt{5} \times \sqrt{5}$ の立方体の折り方が 2 通りあるものがあった（図 3.20）．

大きさ$1\times 1\times 7$と$1\times 3\times 3$の直方体の共通の展開図が1080個あったことと，そのうちの9個が立方体も折れるという結果は，ある程度予想の範囲内であったが，図3.20のような展開図が存在するとは予想もしていなかった．しかも1つしかないというところが，まさに珠玉の展開図と言えよう．

3.4.1.1 カワザに工夫を加える方法

単なる幅優先探索では途中でメモリがあふれるのであれば，幅優先探索と深さ優先探索を組み合わせて，メモリを節約する方法が考えられる．具体的には著者の研究グループでは，まず面積16まで幅優先探索を行った．その結果，この時点で7486799個の共通部分展開図が得られた．次にこれを75個のグループに分け，各グループごとに深さ優先探索を行って，別々に面積30の共通展開図を求めた．最後にこれらを併合してすべての共通展開図を得た．2015年時点での著者の大学のスーパーコンピュータの計算資源を勘案し，メモリと計算時間のバランスをとったということになる．ともあれ，この方法でスーパーコンピュータ (CRAY XC30) を3か月弱使って，計算は無事に終了した．

3.4.1.2 アルゴリズムに工夫を加える方法

アルゴリズムとデータ構造での工夫を紹介しよう．アルゴリズム自体は全域木を生成する方法に近い．具体的には，次の方法を採用した．

1. 大きさ$1\times 1\times 7$の直方体のそれぞれの辺を「切る場合」と「切らない場合」を考えて，すべての組合せの中で展開図になるものだけを記憶しておく．
2. 大きさ$1\times 3\times 3$の直方体のそれぞれの辺を「切る場合」と「切らない場合」を考えて，すべての組合せの中で展開図になるものだけを記憶しておく．
3. 上記の2つの展開図の中の共通のものだけを取り出す．

これを素朴なデータ構造で実装すると，当然途中でメモリが溢れてしまう．近年，こうしたデータを効率よく操作できるデータ構造として**二部決定木** (Binary Decision Diagram) と呼ばれるものが台頭している．BDDを用いてそれぞれの展開図集合を管理して，最後にこれらの共通部分をとるというプロ

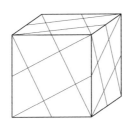

図 3.21 面積 30 のポリオミノで折った大きさ $\sqrt{5} \times \sqrt{5} \times \sqrt{5}$ の立方体の様子

グラムを作成して実行した．この方法だと，かなりの高速化が実現でき，最終的にはメモリを 128GB 搭載した 3.3GHz のハイスペックなパソコンで 10 日あまりで計算することができるようになった．

3.4.1.3 $\sqrt{5} \times \sqrt{5} \times \sqrt{5}$ の立方体が折れるかどうか確認するアルゴリズム

ともかく大きさ $1 \times 1 \times 7$ の直方体と大きさ $1 \times 3 \times 3$ の直方体の共通の展開図は 1080 個あることがわかった．それぞれの展開図で $\sqrt{5} \times \sqrt{5} \times \sqrt{5}$ の立方体が折れるかどうかを確認する必要がある．一般に多角形 P が与えられたとき，ここから多面体 Q が折れるかどうかを判定するのは，非常に難しい問題である．ここでは Q が立方体であり，P が単位正方形の集まりであることを利用して，この問題に特化したアルゴリズムを開発した．以下，多少一般的な話も交えて，この問題の解法を紹介する．

ここでの多面体 Q は大きさ $\sqrt{5} \times \sqrt{5} \times \sqrt{5}$ の立方体であり，展開図 P は単位正方形が 30 個つながったポリオミノである．したがって図 3.21 のような折り線（あるいはこれの鏡像）になるはずである．ここで定理 2.1.3 から，Q の各頂点は，P の外周上の点である．しかも図 3.21 を見るとわかる通り，Q の各頂点は実は P における格子点である．つまり P の外周上の格子点だけが立方体 Q の頂点になる可能性がある．逆に P の外周上の格子点は，立方体 Q の上では，Q の頂点になるか，Q の各面の中央の正方形の角の頂点になる（Q の面上の点）になるかの 2 通りしかない．

具体的に図 3.19 の左上のポリオミノを用いてアルゴリズムを説明しよう．このポリオミノに P の格子を重ねる方法は，合計で図 3.22 に示した 10 通りしかない．一番上のグレーの正方形に注目すると，この正方形の 4 つの角のそれぞれが格子点になる場合があるが，それぞれの鏡像を考えると 8 通りである．さらにこのグレーの正方形が Q の面の中央の正方形になる場合が 2 通りある．

52   3 複数の直方体が折れる展開図

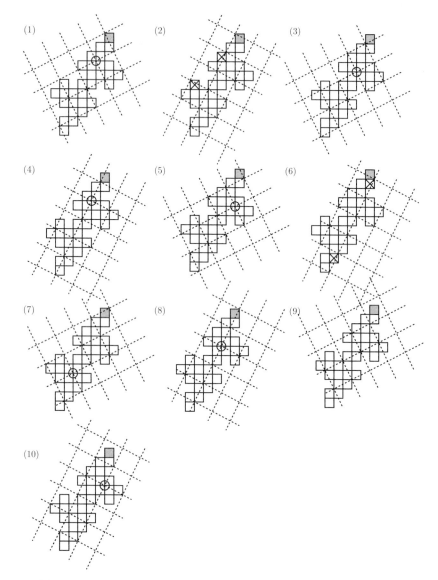

図 **3.22** ポリオミノから立方体が折れるかどうかをチェックする方法 (1)

これらを合わせると 10 通りである．このうち，(1),(3),(4),(5),(7),(8),(10) は，格子点がポリオミノの中にある（図中○で示した）．この格子点は Q の頂点に対応するため，ここに正方形が 4 つ集まっていてはいけない．したがってこれらは候補から除外できる．

　すべての格子点が外周上にあるケース (2),(6),(9) は，もう少しきちんと確

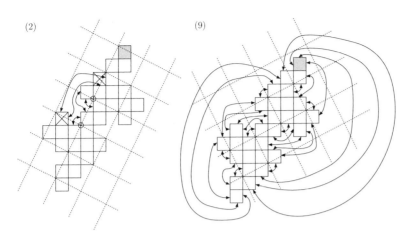

図 3.23 ポリオミノから立方体が折れるかどうかをチェックする方法 (2)

かめる必要がある．このように与えられた展開図が凸多面体を折れるかどうかを判定するアルゴリズムは，やや一般的な形で [DO07] に掲載されている．この [DO07] のアルゴリズムでは，接着する辺のペアを本質的にはすべて試して，なんらかの凸多面体ができればそれを出力するというアルゴリズムである．今の問題では，これを少し変更して，次の手順で直接立方体が折れるかどうかを試せばよい．

1. 多角形 P の外周上の格子点で，正方形が3つ集まっているところは，対応する辺を接着する（図 3.23 中で○で示した部分）．
2. 以下，それぞれの接着部分からはじめて，糊付けする辺のペアを決めていく．このとき，Q の形状から，それぞれの点に集まる正方形の個数は，格子点であれば3つ，そうでなければ4つに固定してよい．
3. 途中で単位正方形同士が重なったら，立方体は折れない．そうでなければ，折れる．

文献 [DO07] のアルゴリズムと違って，それぞれの格子点を囲む単位正方形の個数が決まっているため，このアルゴリズムは線形時間で動作する．

実際の実行の様子を図 3.23(2) と図 3.23(9) に示す．(2) の場合は，○部分の接着から始めて糊付けを延長していくと，×がついた単位正方形同士が重なってしまって，立方体の組み立てに失敗する．一方 (9) の場合は，○部分の接着から始めて糊付けを延長していくと，全体が矛盾なく完結し，この折り線で立方体が折れることがわかる．

しかしこのくらいの展開図ともなると，たとえプログラムが折れると出力しても，なかなか想像することは難しい．例えば図 3.20 の展開図などは，ぜひとも試してもらいたい．

演習問題 3.4.1 図 3.20 の展開図を実際に折って箱を組み立ててみよ．

3.4.2 まったく新たなアイデアに基づく方法

次に，まったく新しい発想に基づいて「3 つの直方体に共通の展開図」を構成する方法を紹介する．基本的なアイデアは，2 つの直方体が折れる共通の展開図を「改造」して，3 つ目の直方体が折れるようにするというものである．

まず大きさ $a \times b \times c$ と $a' \times b' \times c'$ の 2 つの直方体が折れる展開図を用意する．このうちの $a \times b \times c$ の直方体の，大きさ $a \times b$ の 2 つの長方形に注目する．これを蓋と底と呼ぼう．この蓋と底に [H] 型に切れ込みをいれて，どちらも大きさ $a \times b/2$ に二分する．すると図 3.24 のように箱をつぶして，新しい大きさの箱が作れるのではないだろうか．蓋も底も，大きさが $(a+b/2) \times b/2$ となる．

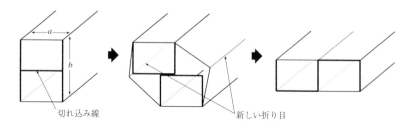

図 3.24 基本アイデア：「箱」をつぶす

ところがこのアイデアは，このままではうまくいかない．蓋と底の大きさは，$(a+b/2) \times b/2$ であるが，このとき，きちんと長方形が成立するためには，$a = b/2$ でなければならない．つまり $2a = b$ であり，これは 1×2 の長方形を 2×1 に変形しているにすぎず，「違う直方体」にならない（本質的に図 3.11 と同じである）．

これを回避するための主要なアイデアは，蓋と底の一部を側面に送り込んで，変形後の蓋と底の面積を変更するというものである[12]．具体的な展開パ

[12) なお，このアイデアを最初に思い付いたのは著者の知人の白川俊博氏である．「箱をつぶす」という発想は，他の研究者からも指摘されたが，面積を変更するという斬新なアイデアは，なかなか出てくるものではない．

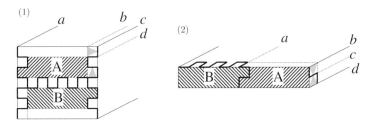

図 3.25 「箱」をつぶすためのカット線と折り線

ターンを図 3.25 に示す．太い実線がカットの線であり，$a \sim d$ は，それぞれ対応する折り線である．図中，斜線をいれた A と B の部分は，つぶした後の (2) でも底になっているが，それ以外の周囲の部分は，すべて箱の側面に回り込んでいる．グレーの 3 角形を見ると，その様子がわかるだろう．この例では，大きさ 8×7 の長方形は，ジグザグ線で切られてつぶされたあとは大きさ 13×2 の長方形になっている．面積は 56 から 26 になり，差分の 30 は周囲に移動している．また 2 つの長方形の周囲の長さは，$7+8+7+8 = 2+13+2+13 = 30$ と変化しないことにも注意しよう．

このアイデアを活かすためには，うまい性質を持った展開図を選ばなくてはならない．著者たちが選んだ展開図を図 3.26 に示す．これは大きさ $a \times b \times 8a$ と $a \times 2a \times (2a + 3b)$ の直方体が折れる展開図である．実際にはこれはもともと大きさ $1 \times 1 \times 8$ と $1 \times 2 \times 5$ の箱が折れる展開図から選んだ．アイデアをうまく実装するため，大きさ $a \times b$ のフタと底を大きさ $a/2 \times b$ の長方形 2

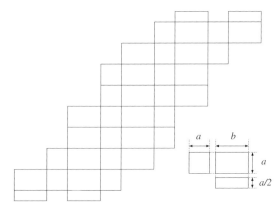

図 3.26 元となる 2 つの直方体の共通の展開図．任意の値 a と b に対して一方は大きさ $a \times b \times 8a$ で他方は $a \times 2a \times (2a + 3b)$ である

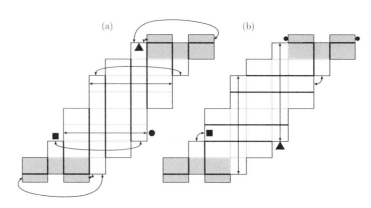

図 3.27 大きさ $a \times b \times 8a$ と $a \times 2a \times (2a+3b)$ の直方体を作るときの貼り合わせの対応

つに分割した．元々は $a = b$ の単位正方形に基づく展開図だが，この展開図の場合はうまい具合に a と b の値は独立に選んでかまわない．図 3.27 の太線を注意深く見れば，それぞれの直方体をどう折ればよいか，また a と b が独立であることが見えてくるだろう．

図 3.26 は図 3.24 のアイデアを実装できる，良い性質を持っている．具体的には，

- a と b は独立であり，それぞれ好きな長さにすることができる．つまり，この展開図を使っても 3.3.4 項で証明した「複数の直方体を折れる展開図は無限に存在する」という定理 3.3.1 を示すことができる[13]．
- 2 通りの折り方において，いくつかの折り線が共通している．

後者の性質は注意が必要である．この共通の折り線部分に図 3.25 のジグザグ線を埋め込むことができれば，無事に 3 通り目の箱が折れるはずである．図 3.27 に示した太線の部分が共通の折り線である．そこで $a = 7$, $b = 8$ として，この部分に図 3.25 のジグザグ線を埋め込んでみる．すると，ここで新たな問題が起こる．2 通りの折り方の一方で，ジグザグ線が他のところに貼られてしまう．例えば図 3.27(a) の▲のところのジグザグ線は，図 3.27(b) の▲のところに貼られてしまう．したがって，ここにもジグザグ線を埋め込まないといけない．ところが，この部分に埋め込まれたジグザグ線は，図 3.27(a) のほうの折り方だと図中■のところに貼られてしまうのだ．したがって，ここにもジグザグ線を埋め込まないといけない．以下こうした「ジグザグ線の波及」を両方の展開図で注意深く追いかけていく必要がある．これを順に追いかけ

[13] ここでは a も b も自然数を考えているが，実際には a や b は任意の実数で構わない．つまり，この展開図は非可算無限個（実数と同じ濃度）ある．

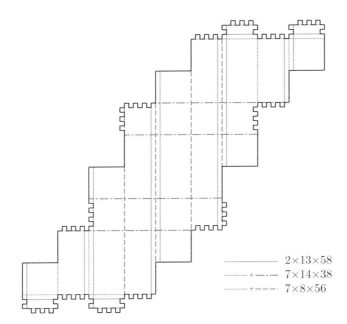

図 3.28 大きさ $7 \times 8 \times 56$ と $7 \times 14 \times 38$ と $2 \times 13 \times 58$ の 3 つの異なる直方体が折れる展開図

ると，いずれ波及効果がぐるりと回って元に戻ってくる．ここでジグザグのパリティがずれたりすると，この構成は失敗に終わるが，図 3.26 の場合はうまくつじつまがあい，最終的に大きさ $7 \times 8 \times 56$ と $7 \times 14 \times 38$ と $2 \times 13 \times 58$ の 3 個の異なる直方体の共通の展開図（図 3.28）が得られた．

3.4.2.1 ジグザグ線の一般化

p. 54 では $a = 7$，$b = 8$ とおいて，大きさ 7×8 の長方形を大きさ 2×13 に変形した．この方法を一般化するのは難しくない．例えば $a = 11$，$b = 10$ とおけば，長方形の大きさは 11×10 から 4×17 に変形する（図 3.29）．一般に，任意の自然数 $k = 0, 1, 2, \ldots$ に対して，$a = 4k+7$，$b = 2(k+4)$ とおけば，図 3.25 と同じ方法で長方形のサイズを $a \times b$ から $2(k+1) \times (4k+13)$ に変形することができる．図 3.28 との違いは，ジグザグ線の山谷の数だけである．したがって次の定理が得られる．

定理 3.4.1 任意の自然数 $k = 0, 1, 2, \ldots$ に対して，大きさ $(4k+7) \times 2(k+4) \times 8(4k+7)$，$(4k+7) \times 2(4k+7) \times 2(7k+19)$，$2(k+1) \times (4k+13) \times 2(16k+29)$

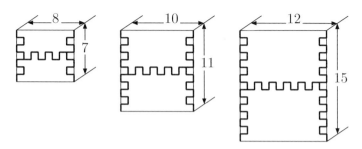

図 3.29 ジグザグ線の一般化

という3通りの異なる直方体の共通の展開図が存在する．

つまり，3通りの異なる直方体が折れる共通の展開図は，無限に存在することがわかった．

3.5 本章のまとめと未解決問題

本章では，複数の直方体が折れる展開図をさまざまな視点から紹介した．2つの直方体が折れる展開図は，面積さえ合っていれば，おおむね存在するだろうと考えられる．3つの直方体が折れる展開図は，まだ研究途上と言えるだろう．素直に格子に沿った折りで作れるものは，現段階ではかなり大きなものしか存在しない．図 3.30 に 3.4.2 項の方法で構成した比較的小さな展開図を示すが，これでも面積は 532 であり，この方法で小さい展開図を見つけるのは難しい．

最も興味があるのは，大きさ $1 \times 1 \times 11$ と $1 \times 2 \times 7$ と $1 \times 3 \times 5$ の3つの直方体が折れるかもしれない，面積 46 である．現在の面積 30 の解析をそのまま拡張したのでは，計算資源が溢れてしまうことは確実であり，アルゴリズムをもっと大幅に改善する必要がある．そしてなにより興味があるのは，4つ以上の異なる直方体が折れる展開図があるのかどうかという問題である．もちろん今のところ1つも見つかっていないし，どうやって見つければよいのか，現時点ではわからない．

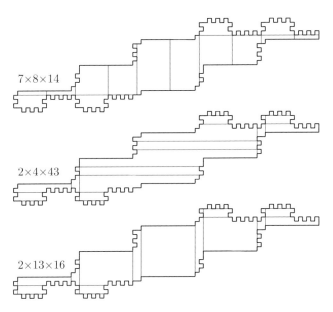

図 3.30 3 つの異なる箱が折れる別の展開図．大きさは $7 \times 8 \times 14$ と $2 \times 4 \times 43$ と $2 \times 13 \times 16$

3.5.1 回転対称展開図

本章に出てくる数々の展開図を見ていると，ときどき印象的な展開図が見受けられる．特に対称性が高い展開図には何か意味があるように感じる．図 3.6(1),(3),(8)，図 3.9，図 3.19(1)(2) といった回転対称な展開図を考えてみよう．こうした回転対称な展開図に限定して上記の未解決問題に取り組むのは，いくつかの点で有利である．まず，展開図は半分だけ覚えておけばよいので，メモリ量がかなり削減できる．また，面積も 1 ずつではなくて 2 ずつ増やしていけるため，計算時間もかなり短縮できることが期待される．実際，2017 年に著者の研究室の博士後期課程の学生であった Xu Dawei 氏がこうした場合について探索してくれた．しかしその結果は，やや残念なものであった [Daw17]．

定理 3.5.1 面積 46 と面積 54 について，回転対称な展開図に限定すると，2 つの箱を折れる展開図は存在するものの，3 つの箱を折れる展開図は存在しない．

しかし例えば面積 70 ともなれば，大きさ $1 \times 1 \times 17$，$1 \times 2 \times 11$，$1 \times 3 \times 8$，$1 \times 5 \times 5$ と 4 つの箱に共通する面積なので，このうちの 3 つの箱が折れる展

開図なら，回転対称なものに限ってもあるかもしれない．こうした特徴的な展開図に固有の定理や研究も興味深いテーマといえよう．

3.6　おまけ問題

本筋からやや脱線するが「展開図や立体を直感だけで考えると，落とし穴にはまる」という例を1つ紹介しよう．本章では主に「コンピュータで扱いやすい」という理由から，正方格子上の多角形から折れる「箱」を考察した．ところで「面がすべて長方形である立体」が与えられたとき，それぞれの面と面がなす角は，必ず $90°$ の倍数と考えてよいだろうか？一見，ごく当たり前に [Yes] と思うのではなかろうか．ところが驚いたことに「面がすべて長方形」であるにも関わらず「面と面のなす角がどれも $90°$ の倍数ではない」という立体が存在するのだ．しかもそれは，わかってしまえばそれほど難しいものではない．頭の体操にいかがだろう．

演習問題 3.6.1　面がすべて長方形であるにも関わらず，面と面のなす角がどれも $90°$ の倍数ではない立体とは，どのようなものだろうか．

解答を見る前に，悩んでもらいたい．この実物を紙で作ると，なかなか楽しい立体ができあがる．

4 （正）多面体の共通な展開図

4.1 正多面体の分類

　展開図については，直感が働かないことが多い．一見簡単そうに見える問題でも，よく考えてみると簡単でないことに気づくこともある．図 2.8 で見たように，1 つの多角形から一般にはさまざまな多面体が折れる．こうした多角形と，そこから折れる多面体の関係については，数学的にはわかっていることがほとんどない．一般的な形で問題を紹介すると，次のようになるだろう．

未解決問題 4.1.1　与えられた多角形 P と，P と同じ表面積をもつ多面体 Q が与えられたとき，P から Q が折れるかどうかを判定せよ．

　この問題は，現在のところ，一般的な形で解く方法は皆目見当もつかない．極めて限定的な場合しか解けないのが現状である．上記と関連して，次の未解決問題が有名である．

未解決問題 4.1.2　複数の正多面体に共通の展開図は存在するか？　つまり 2 つ以上の正多面体を折れる多角形 P は存在するか？

　2.2 節でも示したとおり，正多面体は 5 種類しかない．プラトン立体とも呼ばれていて，まさにプラトンの時代から人々の関心を引き続けていた立体たちである．こんなに身近な馴染み深い立体に関する問題すら，未解決なのである．一見するとこれは「明らかに無理」に見えるかもしれないが，図 2.8 のような非自明な展開図を改めて見たり，図 4.1 の見事な展開図を見ると，「ひょっとしたら…？」という気がしないでもない．本章では，こうした身近で美しい立体の展開図について，わかっていることを紹介しよう．非常に限定的な場合であっても，いろいろと考えなければならないこともあり，その一方で直感に反する興味深い結果もたくさんあることがわかるだろう．まずは正多

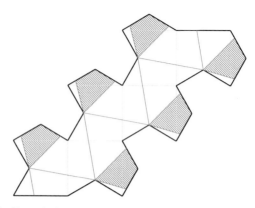

図 4.1 立方体と「かなり」正8面体に近い8面体がどちらも折れる展開図．図に垂直・水平なグレーの線に沿って折ると立方体が折れる．また斜めの線に沿っておると，8面体が折れる．この8面体は，図中の斜線の部分がそれぞれ3枚ずつ集まって正3角形の「フタ」と「底」となり，その周囲を6枚の2等辺3角形が囲む形状となっている．この見事としか言いようのない展開図は，著者の知人の白川俊博氏が2010年に考案したものである．

面体を含めて，いくつかの立体のクラスに対する分類を紹介しよう．

4.1.1 整凸面多面体

　先に述べたとおり，正多面体は5種類しかない．しかし少し条件を緩めると，それなりに整った凸多面体は数多く存在する．例えば標準的なサッカーボールに見られる立体は，正6角形と正5角形をバランスよく使ったお馴染みの凸多面体であろう．こうした「それなりに整った凸多面体」も，古来より，よく研究されている．**整凸面多面体** (regular-faced convex polyhedron) とは，正多面体よりも少し広い多面体のクラスであり，正確には各面が正多角形で，すべての辺の長さが等しい凸多面体である[1]．以下，本章ではこうした基準となる長さを単位長1としよう．すると整凸面多面体は以下のように分類できる．

正多面体： すべての面が合同な多角形で，それぞれの頂点に集まっている多角形の数も等しい凸多面体である．2.2節でも示した通り，正多面体は5種類しかない．具体的には，正4面体，立方体，正8面体，正12面体，正20面体である（それぞれ図 4.2(a)-(e)）．

半正多面体：半正多面体 (semi-regular polyhedron) とは，2種類以上の正多

[1] すべての面が正多角形なら，すべての辺も等しいのではないかと考える読者もいるかもしれない．自然な多面体であれば，それは正しい．しかし例えば1辺の長さが2の正方形のそれぞれの辺に，1辺の長さが1の正3角形が2つずつつながった立体など，不自然な状況を考えると，話がややこしくなってしまう．そこで，こうした一見冗長に見える条件を追加している．

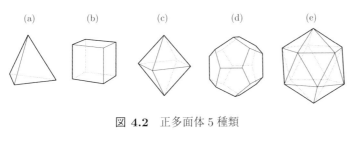

図 4.2　正多面体 5 種類

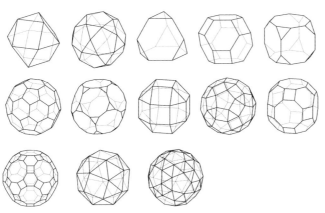

図 4.3　半正多面体 13 種類

角形の面で構成されていて，それぞれの頂点に集まっている正多角形が種類も順序も同じ多面体をいう．具体的には全部で 13 種類ある．詳細は略すが，図 4.3 に 13 種類を図示しておこう．例えば中央の列の左端は身近なサッカーボール型であるが，これは代表的な半正多面体であり，**切頂 20 面体** (truncated icosahedron) と呼ばれている．切頂 20 面体とは「正 20 面体の頂点を切り落とした立体」という意味であり，図をよくよく見るとその構造が見えてくるだろう．このことからサッカーボールの 6 角形は 20 枚であることがわかる．さらに「正 20 面体と正 12 面体は双対である」ことから，5 角形が 12 枚であることもわかる．なお 13 種類のうち，最後の 2 つは自分自身の鏡像と同一ではないことにも注意しよう．こうした立体は，それ自身と鏡像とを「左手型」と「右手型」と呼んで区別することがある．

アルキメデスの角柱と反角柱：アルキメデスの角柱 (Archmedean prism) とは，正 n 角形の「フタ」と「底」の間を n 枚の正方形で埋めた n 角柱である．図 4.4(a) に 3 角柱の例を示す．これを少しねじって，側面をジグザグ上に並べた正 3 角形で埋めた立体が**アルキメデスの反角柱** (Archmedean antiprism)

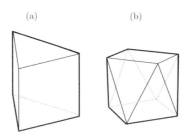

図 **4.4** アルキメデスの角柱 ($n=3$) と反角柱 $n=4$ の例

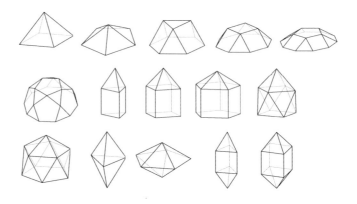

図 **4.5** ジョンソン＝ザルガラー立体の例

である．図 4.4(b) に 4 反角柱の例を示す．どちらも 3 以上の任意の n に対して存在するため，無限に存在する．ここで $n=4$ のアルキメデスの角柱は立方体であり，$n=3$ のアルキメデスの反角柱は正 8 面体である点に少し注意が必要である．

ジョンソン＝ザルガラー立体：正多面体や半正多面体の列挙はそれほど難しくないが，それ以外の整凸面多面体は，分類は簡単ではない．実際にはアメリカの数学者ノーマン・ジョンソン (Norman Johnson) が網羅的に列挙し，1969 年にヴィクトル・アブラモビッチ・ザルガラー (Victor Abramovich Zalgaller) がコンピュータも用いて確認した．上記の正多面体，半正多面体，角柱，半角柱を除く整凸面多面体は全部で 92 種類ある．これらの立体には便宜上，J1 から J92 までの番号がついている．本書ではこれをジョンソン＝ザルガラー立体と呼ぼう[2]．表記上は単純に JZ 立体と記すことにする．ここではこの 92 通りの立体をすべて挙げることはしないが，最初の 15 個を図 4.5 に示す．

[2] これをジョンソン立体と呼んで，整凸面多面体全体をザルガラー立体と呼ぶ流儀もあるようだ．

以上をまとめると，整凸面多面体は，正多面体5種類・半正多面体13種類・アルキメデスの n 角柱・アルキメデスの反 n 角柱・それ以外の JZ 立体 J1〜J92 からなる．そして立方体はアルキメデスの4角柱で，正8面体はアルキメデスの反3角柱でもある．

4.2 正多面体の共通の辺展開の不可能性

まず正多面体の辺展開に戻って，もう少し考えてみよう．ここでは「複数の正多面体に共通の展開図は存在するのか？」という未解決問題に対して，少し条件を狭めた問題を考えよう．すなわち「正多面体の辺展開図中に，他の正多面体を折れるものは存在するのか？」である．もとの正多面体については辺展開であるが，折られる方の正多面体は辺展開に限定しない点に注意しておく．結論を先に示すと，次の定理が成立する．

定理 4.2.1 正多面体の辺展開図中に，他の正多面体を折れるものは存在しない．

この定理は，一見すると当たり前に思えるかもしれないが，正12面体や正20面体には辺展開図が 43380 種類もあり，それが 2012 年まで確認されていなかった事実を考えると，それほど当たり前ではなく，正確に証明するのは意外と骨が折れる．しかしその一方で，展開図に関するさまざまな（自明でない）性質を利用するため，展開図について理解を深めるに，考える価値のある良問である．

5種類のうち，正4面体・立方体・正8面体の辺展開図は合計しても $2 + 11 + 11 = 24$ 個しかなく，これは目で見ても他の正多面体を折れなさそうなのは予想できる（立方体の辺展開図は図 1.1 に示した 11 種類であり，正4面体の辺展開図は図 4.6(a-b) の2種類，正8面体の辺展開図は図 4.6(1-11) の 11 種類である）．怪しいのは正20面体や正12面体である．しかし正12面体は正5角形がベースになっているので，他の正多面体を折るのは難しそうだ．問題は正20面体だろう．正3角形が 20 枚つながった辺展開図が 43380 個もある．その中には，例えば正8面体や正4面体が折れるものがあるかもしれないではないか．この疑惑に決着をつけ，定理 4.2.1 を証明する前に，便利な補題を1つ示しておこう．

補題 4.2.2 立方体，正8面体，正12面体，正20面体の展開図は，どれも

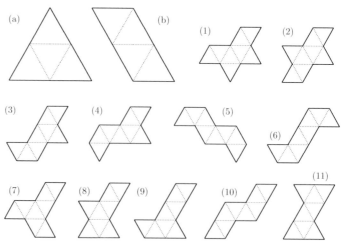

図 4.6 正 4 面体と正 8 面体のすべての辺展開図

凸多角形ではない．さらに凸でない頂点が少なくとも 2 つ存在する．

正 4 面体の 2 つの辺展開図はどちらも凸多角形であることを念のために指摘しておこう．

証明 それぞれの多面体の頂点と辺を，そのままグラフ G と考えたとき，定理 2.1.1 より，辺展開のカット線 C は，G の全域木である．辺展開でない場合も，カット線 C は多面体の頂点を張る木となる．木は葉（次数が 1 の頂点）を少なくとも 2 つもつことが知られている[3]．この葉に対応する頂点は，その頂点で切り込み線が終わっているので，この頂点の周囲は，そのまま切り開かれる．そこでこの周囲の角度を考えてみると，立方体は 270°，正 8 面体は 240°，正 12 面体は 324°，正 20 面体は 300° であり，いずれも展開図上で凸でない頂点となる．したがって凸でない頂点が少なくとも 2 つ存在する．□

[3] これはグラフ理論の基本定理である．興味のある読者はグラフ理論を勉強してみよう．木について書かれていれば，必ずこの事実の証明が載っている．

定理 4.2.1 の証明

では定理 4.2.1 の証明に移ろう．まず元の正多面体を Q とする．Q は正 4 面体，立方体，正 8 面体，正 12 面体，正 20 面体のどれかである．まず Q が正 4 面体，立方体，正 8 面体の 3 つのうちのどれかであったとしよう．この場合の辺展開図は全部で 24 通りしかない（図 1.1, 図 4.6）．あとで示すような形式的な議論でも示せるが，本書では，この 24 個のどれも他の正多面体を

折れないことは，ほぼ自明と考えて証明は省略する．次に Q が正 12 面体の場合を考える．正 12 面体は 12 枚の正 5 角形の面で構成される．したがって展開図 P においては，どの頂点も角度は 108° の整数倍である．この角度を使って立方体の頂点の角度である 270°，正 8 面体の頂点の角度 240°，正 20 面体の頂点の角度 300° が作れないことは明らかである．また，正 4 面体では頂点の角度は 180° である．つまり正 4 面体で許された角度は 180° と 360° だけである．ところが P の頂点の角度である 108°・216°・324° では，こうした角度は作ることができないため，P から正 4 面体を折ることもできない．

したがって，あとは Q が正 20 面体の場合だけを考えればよいことがわかる．つまり P は正 3 角形 20 枚からなる多角形である．ここから正 4 面体，立方体，正 8 面体，正 12 面体が作れないことを示せばよい．しかも上の議論と同様に，正 3 角形だけからなる P から，立方体の頂点の角度 270° や正 12 面体の頂点の角度 324° は作れない．つまり正 20 面体の辺展開図 P から正 4 面体や正 8 面体が折れないことを示せば，証明は終わる．この 2 つの場合を分けて考えてみよう．

正 20 面体の辺展開図 P から正 8 面体が折れないことの証明

正 20 面体のある辺展開図 P から正 8 面体が折れると仮定して，矛盾を導こう．まず正 20 面体の各正 3 角形の 1 辺の長さを 1 として，各正 3 角形を単位正 3 角形と名付けよう．ここで正 8 面体の辺の長さを ℓ とすると，$\sqrt{20/8} = \sqrt{5/2}$ である．つまり単位正 3 角形 20 枚を張り合わせて，一辺の長さ ℓ の正 3 角形を 8 枚作っているはずである．ここで P が正 8 面体の展開図であることと，補題 4.2.2 から，P は 240° の頂点を少なくとも 2 つもっている．これを p_0 と p_1 としよう．この 240° という角度を P で実現する部分では，単位正 3 角形の角が 4 個集まっているか，180° の辺に単位正 3 角形の角が 1 つつながっているかのどちらかのはずである．したがって，折られた正 8 面体上では，次の事実が成立する．

事実 1: 正 8 面体の 2 つの頂点 p_0 と p_1 には，どちらも元の単位正 3 角形の頂点が 1 つ以上つながっている．

このそれぞれの p_0 と p_1 につながっている元の単位正 3 角形の頂点を，改めて頂点 p_0 と p_1 と考えよう．すると，次の事実がわかる．

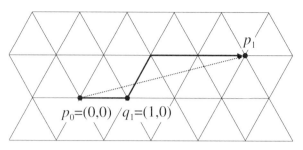

図 4.7 単位正 3 角形で正 8 面体の辺の長さを作る

事実 2: 正 20 面体の展開図の上では，p_0 と p_1 の間は正 3 角形の辺を順にたどることで到達できる．

事実 1 より，p_0 と p_1 の間の距離を正 8 面体の表面上で測ると，ℓ か 2ℓ である．事実 2 より，この距離は，単位正 3 角形を張り合わせて，その間の辺をたどることで実現されていることがわかる．

つまり直感的には図 4.7 のように，単位正 3 角形を張り合わせた正 3 角格子の上の 2 つの点が p_0 と p_1 になるはずである．この p_0 と p_1 をつなぐ単位正 3 角形の辺の列のうち，任意の最短経路をたどったときに訪問する頂点の列を $p_0 = q_0, q_1, \ldots, q_k = p_1$ とする．ここで $p_0 = q_0$ を原点 $(0,0)$ と考えると，一般性を失うことなく p_1 は第 1 象限にあり，$q_1 = (1,0)$ としてよい．ここで各ベクトル $\vec{q_i} = q_i - q_{i-1}$ を定義すると，$p_1 = \vec{q_1} + \cdots + \vec{q_k}$ と考えることができる．ベクトルは可換なので適宜入れ換えると，結局のところ，ある自然数 i, j に対して，

$$p_1 = i(1,0) + j\left(\frac{1}{2}, \frac{\sqrt{3}}{2}\right)$$

と表現できることがわかる．そして原点からこの点までの距離が ℓ か 2ℓ なのであった．まず前者の場合は，

$$\left(i + \frac{j}{2}\right)^2 + \left(\frac{\sqrt{3}j}{2}\right)^2 = i^2 + j^2 + ij = \left(\sqrt{\frac{5}{2}}\right)^2 = 5/2$$

である．ここで i, j は自然数なので，$i^2 + j^2 + ij$ が 5/2 になることはありえない．一方，後者の場合は，

$$\left(i + \frac{j}{2}\right)^2 + \left(\frac{\sqrt{3}j}{2}\right)^2 = i^2 + j^2 + ij = \left(2\sqrt{\frac{5}{2}}\right)^2 = 10$$

である．ここで i か j の両方が奇数のときや，一方が奇数のときは，i^2+j^2+ij は奇数なので，10 にならない．ところが i,j の両方が偶数のときは，i^2+j^2+ij は 4 の倍数になるため，やはり 10 にはならない．したがって条件を満たす自然数 i,j は存在しない．よってこれは矛盾である．

以上の議論から，正 20 面体の辺展開図では正 8 面体が折れないことがわかる．

正 20 面体の辺展開図 P から正 4 面体が折れないことの証明

4.2 節と同様に，正 20 面体のある辺展開図 P から正 4 面体が折れると仮定して，矛盾を導こう．このとき折れる正 4 面体の辺の長さを改めて ℓ とおくと，$\sqrt{20/4} = \sqrt{5}$ である．正 8 面体のときとは違って，正 4 面体の頂点の周囲の角度は 180° であるため，証明に工夫が必要である．特に図 2.8 のように「惜しい 4 単面体なら折れる」ことに注意しよう．

まず 2.3.1 項で導入した回転ベルトについて考える．今回の正 4 面体を折る途中で回転ベルトが出現したと仮定する．この場合，回転ベルトは単位正 3 角形の列で作られるため，ベルトの全長は整数長である．ここで回転ベルトは頂点を 2 つ作り，それぞれの頂点の周りの紙の角度は 180° であった．つまりこれだけでは正 4 面体に矛盾しない．しかし回転ベルトは全長の半分の長さの辺を作り，両端に頂点を作るのであった．今の場合，この全長の半分の長さは $\ell = \sqrt{5}$ であり，ベルトの全長が整数長であることに矛盾する．したがって今の正 4 面体の折りの途中で回転ベルトは出現しないと考えてよい．つまり，正 20 面体のある辺展開図 P から正 4 面体が折れるとすると，途中で回転ベルトは現れないと仮定してよい．

今度は正 20 面体の展開図としての P を考えよう．補題 4.2.2 から，P には 300° の頂点が少なくとも 2 つ存在する．このうちの 1 つを p_0 としよう．点 p_0 は最終的に正 4 面体の頂点にはなれないので，この部分は 360° になる必要がある．つまり点 p_0 には，別の単位正 3 角形の角が 1 つ接着される．これは図 2.8 を見れば簡単に納得できるだろう．この角を p_0' とおく．すると，p_0 と p_0' の間は，単位正 3 角形の辺の列で埋められているはずである．この列の長さを k としよう．そして P が平面上に広げられた多角形であることから，この列の上に，正 4 面体の頂点が少なくとも 1 つは折られなければならない．この頂点は，p_0 と p_0' をつなぐ単位長の辺 k 本の，端点か中点でなければならない．この頂点を c_0 としよう．一方，正 4 面体の折りの途中で回転ベルト

は出現しないのであった．したがって，P から正 4 面体を折るときは，この c_0 から接着をはじめて，長さ $1/2$ の辺の細分を順に接着していかなければならない．角度が 180° 以外のところは，単位正 3 角形がつながった部分だけなので，結局のところ，最終的に得られる正 4 面体の頂点 c_0, c_1, c_2, c_3 は，すべて P の単位正 3 角形の頂点か，あるいはその単位正 3 角形の辺の中点でなければならない．これは文献 [DO07, 25.3.3 項] で示されている平田の半分長定理とほぼ同じである．

以上の議論から，もし P から正 4 面体が折れるなら，2 つの頂点 c_0 と c_1 について，単位正 3 角形の辺の長さの半分を基準として，正 8 面体と同じ議論ができる．つまりある自然数 i, j に対して，

$$\left(\frac{i}{2} + \frac{j}{4}\right)^2 + \left(\frac{\sqrt{3}j}{4}\right)^2 = (\sqrt{5})^2 = 5$$

が成立するはずである．式を整理すると $i^2 + j^2 + ij = 20$ を得る．正 8 面体と同様の議論から，i, j はどちらも偶数の自然数である必要があるが，この式を満たす偶数の自然数は存在せず，矛盾である．

したがって，正 20 面体の辺展開図では正 4 面体も折れないことがわかった．

以上で定理 4.2.1 の証明は終わりである．一見すると簡単そうに見える主張でも，展開図に関する証明はそれほど簡単ではないことがわかる．特に正 4 面体は頂点の周囲の角度が 180° であることから，折れないことを示すのは意外と骨が折れる．

4.3 正 4 面体と立方体との共通の展開図

本節では複数の正多面体の共通の展開図に，現在のところ最も肉薄したと思われる研究結果を紹介しよう．具体的には，正 4 面体と立方体の共通の展開図を実際に構成するアルゴリズムを紹介する．以下，本節では立方体と言ったときは，いつでも大きさ $1 \times 1 \times 1$ の単位立方体を指すこととしよう．この立方体は表面積 6 なので，同じ表面積を持つ正 4 面体の辺の長さを ℓ とすると，$\ell = \sqrt{2\sqrt{3}}$ である．まず，ごく大雑把なアイデアを最初に紹介しておこう．はじめに立方体の展開図で p2 タイリングになっているものを用意する．これは定理 2.3.2 より，4 単面体の展開図でもある．これを少しずつ変形し，4 単面体を正 4 面体に近づけていくというのがアルゴリズムの基本アイデア

である．このアルゴリズムでは，4面体の辺の長さを2つのパラメータで独立に調整できる．この手続きは上記の未解決問題に対して，ある意味で肯定的な解答を与えている．極めて小さい誤差 $\epsilon > 0$ を与えると，このアルゴリズムは停止して，すべての辺の長さが区間 $[\ell - \epsilon, \ell + \epsilon]$ に収まるようなほぼ正4面体と，立方体との間の共通の展開図を生成することができる．

このアルゴリズムで生成される展開図では，一般には連結性が保証されない．したがって2つのパラメータを無計画に選ぶと，非連結な展開図が得られる場合がある．実験的な結果から，展開図の連結性を保証できるパラメータの具体的な選び方はわかっている．実験に基づいてパラメータを選び，現在は誤差が $\epsilon < 2.89200 \times 10^{-1796}$ である，「ほぼ正4面体」と立方体の共通の（連結な）展開図が得られている．任意の $\epsilon > 0$ に対して，この方法がうまくいくことの数学的な証明は未解決である．また，この方法で誤差0の立方体と正4面体の共通の展開図を生成しようとすると，展開図上の点は無限個生成される．こうした「無限個の点の集まり」を「展開図」と呼ぶことには異論もあると考えられ，こうした無限の点で定義される図形に関する議論が別途必要となる．本書では，この問題には立ち入らない．

辺の長さを調節するパラメータの値と，展開図の形に現れるパターンには密接な関係がある．具体的には，パラメータの値の連分数展開による表現と，展開図の形に現れる繰り返しパターンには密接な関係が見てとれる．この関係に対する数学的な証明は今のところ与えられていないが，単純な値の無限の繰り返しの連分数展開で表現できる実数に対して，この関係を利用することもできる．具体的には，本稿で示す手続きをこうした単純な連分数表現を持つ実数に対して適用すると，いわゆるフラクタル曲線を簡単に生成できる．

4.3.1 共通の展開図の生成手順

まず図4.8に示した，立方体の展開図 P_1 から始める．図中の太線で示したものが立方体の展開図であることは，注意深く観察すればわかるだろう．ここで点 $c_1, c_2, c_3, c_4, p, p'$ は載っている辺の中点であり，$c_1 c_2$ と L_1 と L_2 は平行である．まず，P_1 が定理2.3.2の条件を満たしていることを確認しよう．この展開図のコピーを用意して，2点 c_1, c_2 を回転の中心とすると，次々とコピーを上下に敷き詰めていくことができる．$c_1 c_2$ と L_1 と L_2 が平行であることから，全体として，細長い右上がりの帯ができあがる．したがって他の2

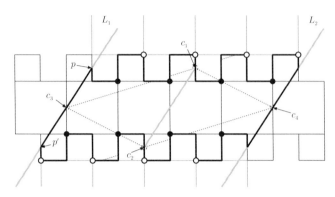

図 4.8　立方体の最初の展開図 P_1

つの c_3 と c_4 でもコピーを反転して貼りつけていくことができ，平面を埋めつくすことができる．つまりこれは立方体だけではなく，4 単面体も折れる展開図である．さらに少し考えてみると，c_3 と c_4 は互いに対称な位置にありさえすれば，いつでも p2 タイリングになることがわかる．つまり，よく見るとこれは 2.3.1 項で紹介した回転ベルトになっていて，p2 タイリングの回転の中心 c_3 と c_4 は，L_1 と L_2 の上で対称性を保ちながら，自由な位置に移動できる．つまり P_1 は，立方体と無限種類の 4 単面体の共通の展開図である．この事実は，数学的な説明だけではわかりにくいかもしれないが，実作すれば簡単にわかる．

ここで $|c_1 c_2| = \sqrt{13}/2 = 1.80278$ であり，4 つの合同な 3 角形の面積は $3/2$ である．したがって図 4.8 で L_1 上と L_2 上に $|c_3 c_1| = |c_3 c_2| = |c_4 c_1| = |c_4 c_2|$ となる位置に c_3 と c_4 を取れば，次の補題を得る．

補題 4.3.1　立方体と，辺の長さが $\sqrt{13}/2 : \sqrt{745/208} : \sqrt{745/208} = 1.80278 : 1.89255 : 1.89255$ である 4 単面体の共通の展開図が存在する．

補題 4.3.1 でえられる 4 単面体は，かなり正 4 面体に近い．目標は，これらの辺の長さをすべて同じ値 $\sqrt{2\sqrt{3}} = 1.86121$ に，より近づけることである．

ここでは，この P_1 を変形する手続きを紹介する．より正確に言えば，図 4.8 の c_1 を右に，c_2 を左にそれぞれ少し移動して，2 点間の距離を伸ばすための手続きである．この変形の間に変化させない 2 つの性質を不変性として定式化しておこう：

1. P_1 は変形後も立方体の展開図である．
2. P_1 は変形後も 4 単面体の展開図であり，かつ辺の長さについて $|c_1 c_3| =$

$|c_1c_4| = |c_2c_3| = |c_2c_4|$ がいつでも成立する.

この2つの不変性を維持したまま変形を実行すると仮定すると，$|c_1c_2|$ が $\sqrt{2\sqrt{3}}$ になれば，立方体と正4面体の共通の展開図がえられることとなる.

さて，図 4.8 の展開図 P_1 で，不変性を維持したまま点を動かしていくわけだが，このときに「展開図の境界上になければならない点」が存在する．そして点 c_1 と c_2 を移動すると，「p2 タイリングでなければならない」という制約から，いくつかの点の位置を移動しなくてはならない．そしてそれは連鎖反応を引き起こし，結果として離散的な点をいくつも生成するプロセスが発生する．後で示すように，2 点間の距離 $|c_1c_2| = \sqrt{13}/2$ を $|c_1c_2| = \sqrt{2\sqrt{3}}$ にそのまま変更すると，この「点の生成プロセス」は停止しない．一方，点の生成プロセスを有限回数で止めようと思うと，誤差が生まれてしまう．そのため，ここで「無限個の点集合の極限としての共通の展開図」を作るか，「有限個の線分による，微小な誤差 $\epsilon > 0$ をもつ共通の展開図」のどちらかを選ばなくてはならない．本節では与えられた誤差 $\epsilon > 0$ に対して，辺の長さが $|c_1c_2| \in [\sqrt{2\sqrt{3}} - \epsilon, \sqrt{2\sqrt{3}} + \epsilon]$ である4単面体を誤差 $\epsilon > 0$ の**ほぼ正4面体** (almost regular tetrahedron) と定義して議論を進めることとする．以下，2点 c_1 と c_2 の間の距離 $|c_1c_2|$ を $\sqrt{13}/2 = 1.80278$ から $\sqrt{2\sqrt{3}} = 1.86121$ に近い値に伸ばす方法を具体的に示す．直感的には，c_1 と c_2 を図 4.8 で水平方向に「少し」遠ざければよい．この結果起こる波及効果を考察してみよう．

ここで図 4.8 の○に注目すると，これらの点は立方体のフタや底の中心にくる点である．これらの点が展開図上から取り除かれると，立方体の面に穴が開く．一方，この点が展開図の内部の点になると，立方体の面に重なりができてしまう．したがって，不変性 (1) を考えると，これらの点は P_1 の境界線上になければならない．一方，図 4.8 の●は立方体の頂点であり，これも同じ理由からやはり P_1 の境界線上になければならない．こうした動かせない点のことを展開図の**不動点** (fixed point) と呼ぼう．

以下しばらく P_1 の上半分だけを考える．P_1 の上半分には8個の不動点と回転中心 c_1 がある．それ以外の点は，一旦すべて取り除く．つまりこの時点で「展開図上の辺」は不動点と回転中心だけになる．ここに展開図上の点を順にプロットして，最後にこれを線分でつないで求める展開図を生成する．正確のため，辺上に xy 座標軸を置く．図 4.9 のように，c_1 の左下の立方体の頂点に対応する不動点を f_0 とし，その座標を原点 $(0,0)$ とする．立方体の辺の長さを単位長とすると，c_1 の座標は $(1/2, 1/4)$ である．ここでずらし幅とし

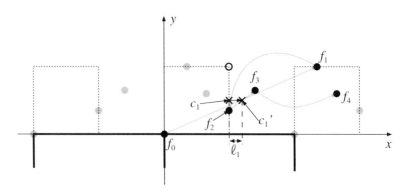

図 4.9 立方体と 4 単面体の共通の展開図の境界線上の点の構成方法

て，ある小さな値 ℓ_1 をとり，回転中心 $c_1 = (1/2, 1/4)$ を $c_1' = (1/2 + \ell_1, 1/4)$ に移動したと考える．すると f_0 は不動点で c_1' は新たな回転中心なので，c_1' を中心として f_0 の反対側の点 $f_1 = (1 + 2\ell_1, 1/2)$ は展開図の境界線上の点となる必要がある．ここで，この展開図が立方体の展開図であったことを思い出すと，点 f_1 は立方体に折られたときには点 $f_2 = (1/2, 2\ell_1)$ に接着される．したがってこの f_2 も展開図の境界線上の点でなければならない．また，この展開図は立方体を対称に開いたものなので，この対称性を考えると，点 (x, y) と点 $(x-1, y)$ に対して同値関係 $(x, y) \equiv (x-1, y)$ を定義できる．よって，点 $f_2 = (1/2, 2\ell_1)$ が展開図の境界線上の点であれば，同値な点 $(1+1/2, 2\ell_1)$ などもまた展開図の境界線上の点である（この同値関係は以下において適宜適用されるものとする）．以下，この写像を繰り返し適用すれば，8個の不動点と新たな回転中心 $c_1' = (1/2 + \ell_1, 1/4)$ から，展開図の境界線上になければならない点の集合を計算することができる．この一連の手続きにおいて，以下の補題が成立する．

補題 4.3.2 上記の不動点の射影手続きが有限回数で停止する必要十分条件は，ずらし幅が ℓ_1 が有理数であることである．

証明 ある互いに素な自然数 p と q（ただし $0 < p < q$）に対して，ℓ_1 が有理数 $\frac{p}{q}$ であったとき，射影手続きによって移動できる点の集合は，大きさ $O(pq)$ の格子上の点に含まれる．したがって射影手続きを $O(pq)$ 回繰り返せば，いつか必ず同じ点を 2 回訪れて，そこで点集合が確定する．一方 ℓ_1 が有理数でない場合は，同じ座標が二度と現れないため，手続きは終了しない． □

上記の手続きを使えば，c_1 と c_2 を独立に水平方向にずらし，$|c_1 c_2|$ を伸ば

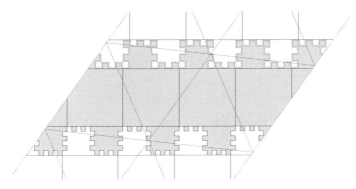

図 4.10 立方体とほぼ正 4 面体の共通の展開図の例

すことができる．具体的な展開図の構成方法は次の通りである．まず図 4.8 の展開図において適当なずらし幅を設定して，c_1 と c_2 をずらす．次に上記の手続きで展開図の境界線上の点集合をすべて計算する．そして点集合を直線で結んで展開図の上側の境界線と下側の境界線を確定する．最後に，ずらした結果の $c_1 c_2$ と平行になり，かつ表面積が変わらないように L_1 と L_2 を新たに引き直す．例えば図 4.10 は，$\ell_1 = 4/21$ と $\ell_2 = 5/24$ としたときに得られる，立方体とほぼ正 4 面体の共通の展開図である．

これですべてうまく行きそうに見えるが，実は一般に，この方法では展開図の連結性を保証することができない．具体的には，2 つの線分 L_1 と L_2 を引くところで，展開図が非連結になる可能性がある．この 2 つの線分を引いても展開図が分割されないことを保証するためには，上記の手続きで生成される展開図の境界線について，もう少し定性的な解析が必要である．数多くの実験により，次の観測が得られているが，形式的な特徴づけや数学的な証明は，現在でも未解決である．

観察 4.3.3 2 つの有理数 ϕ_1, ϕ_2 を連分数展開した結果を $\phi_1 = \frac{1}{a_1 \pm} \frac{1}{a_2 \pm} \frac{1}{a_3 \pm} \cdots \frac{1}{a_k}$, $\phi_2 = \frac{1}{b_1 \pm} \frac{1}{b_2 \pm} \frac{1}{b_3 \pm} \cdots \frac{1}{b_h}$ とする[4]．この 2 つの有理数に対して $\ell_1 = (1-\phi_1)/4$, $\ell_2 = (1-\phi_2)/4$ とする．すると，展開図の上半分の辺は，a_i の値によって各線分を順にジグザグの「波状線」で再帰的に置き換えていくことで得られる（図 4.10 参照）．この波状線は a_i が偶数であれば「方形波」で，奇数であれば「三角波」であり，またこのときジグザグのピークの個数は a_i の値で与えられる．それぞれの波状線が最初に向かう方向は a_i の符号によって決まる．下半分の辺についても同様である．

[4] ここで使う「連分数展開」は標準的な連分数表現とは少し異なる．標準的な連分数展開では，各項 a_i に対して $a_i \geq 1$ であり，すべての符号は「+」である．一方，ここで使用している連分数展開は，「−」の符号も使用して，$i > 1$ のときに $a_i > 1$ が成立するようにしてある．

例えば図 4.10 では，$\ell_2 = (1 - 1/6)/4 = 5/24$ つまり $\phi_2 = 1/6$ である．この値を用いて点をプロットして展開図の下半分を構成すると，P_1 の辺は 6 個のピークを持つ方形波で置き換えられ，ϕ_2 の連分数展開 1/6 と合致した形になる．一方，上半分では $\phi_1 = 5/21 = 1/(4 + 1/5)$ である．実際に点をプロットして構成した展開図では，P_1 の各辺を，まず 4 個のピークを持つ方形波で置き換えて，次に，それぞれの線分をさらに細かい 5 個のピークを持つ三角波で置き換えたものとなる．

先にも述べた通り，観察 4.3.3 は予想でしかなく，この「波状線」の特徴や証明は未解決である．しかしこの観察 4.3.3 が成立すると仮定して，実際に連結な展開図を構成することは可能である．具体的には，展開図が非連結にならないと予想される値を探索しながら，交互に $a_1, b_1, a_2, b_2, \ldots$ の順に値を確定し，目標とする値 $\ell_1 + \ell_2 = \sqrt{2\sqrt{3} - 9/4} - 1$ に近づけて行けばよい．このアイデアに基づく全探索型のアルゴリズムを構築し，先頭の 50 項を計算したところ，$a_1 = 4, b_1 = 6, a_2 = 6, b_2 = -34, a_3 = -42, b_3 = -14, a_4 = -116, b_4 = -2146, a_5 = 4010, b_5 = -3316, a_6 = -4958, b_6 = 8684, a_7 = -7820, b_7 = 7082, a_8 = 2668, b_8 = -3684, a_9 = 4564, b_9 = 1662, a_{10} = 560, b_{10} = -158, \ldots, a_{49} = -9010225012178132236988 82246, b_{49} = 4303811449990751314223 56706, a_{50} = -19909261118188304890 2195858, b_{50} = -400283864262758857598 8519794$ という値が得られた．$a_1, a_2, \ldots, a_{10}$ と $b_1, b_2, \ldots, b_{10}$ を採用すると，誤差は $\epsilon < 4.63451 \times 10^{-56}$ であり，a_{50} と b_{50} まですべて採用すると誤差は $\epsilon < 2.89200 \times 10^{-1796}$ となった．以上より次の定理が成立する．

定理 4.3.4 誤差 $0 < \epsilon < 2.89200 \times 10^{-1796}$ に対して，立方体と誤差 ϵ のほぼ正 4 面体の共通の展開図が存在する．

もちろん 50 という数に特別な意味はなく，このアルゴリズムをより大きな数に対して適用すれば，いくらでも誤差を小さくできるであろう．

予想 4.3.5 任意の ϵ に対して，立方体と，誤差 ϵ のほぼ正 4 面体の共通の展開図が存在する．

4.3.2 本節のまとめと課題

本節では，立方体とほぼ正 4 面体がどちらも折れる共通の展開図の生成方

法を示した．しかし，この方法で立方体と正確な正4面体の共通の展開図を生成するには，無限個の点が必要である．これを「展開図」と呼んでいいかどうかは，議論の余地がある．逆に無限個の点が必要であることを理由に，立方体と正4面体の共通の展開図は存在しないという議論もありうるだろう．いずれにせよ，本節で提案した方法によって生成される点集合と，これによって定義される展開図については，より精緻な議論が必要である．同様の方法で他の正多面体と正4面体の共通の展開図も構築できるかもしれない．

正4面体以外の正多面体の間の共通の展開図を見つけることは，タイリングによる特徴づけ（定理 2.3.2）が使えないことから，より困難な未解決問題であろう．直感的には，こうした共通の展開図は到底ありそうには思えない．しかし，図 4.1 という美しい展開図がある以上，否定的な結果を示すことも，それほど容易ではないと考えられる．

4.3.3 おまけ

展開図とは関係ないが，観察 4.3.3 の成立を仮定すると，実数 ϕ をうまく選べばフラクタルパターンを簡単に生成することができる．実行例を図 4.11 と図 4.12 に示す．

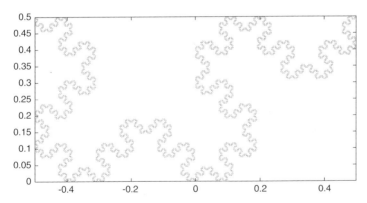

図 4.11 黄金比 $\phi = \frac{1+\sqrt{5}}{2} = 1 + \frac{1}{1+}\frac{1}{1+}\frac{1}{1+}\cdots$ に基づいて 5000 点描いたところ

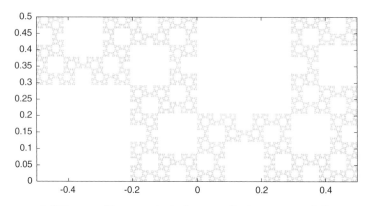

図 4.12 白銀比 $\phi = \sqrt{2} - 1 = \frac{1}{2+}\frac{1}{2+}\frac{1}{2+}\cdots$ に基づいて 10000 点描いたところ

第III部
折りのアルゴリズムと計算量

5 折りのアルゴリズムや計算量とはなにか

　第III部では，立体から離れて，単純な折り紙のモデルを考えよう．さて，折り紙というと，2次元の正方形をさまざまな折り線で折って作る造型である．最近の複雑な折り紙では，例えば128等分のじゃばら折りなど，非常に細かく正確な折りが要求される．こうした等間隔な折り目をたくさんつけるとき，折る回数は折り方によって変わることに気づく．具体的には，うまく紙を重ねて折れば，折りの回数を節約することができそうだ．とはいっても，一度に同時にたくさん重ねて折ると，紙の厚みに邪魔されて，正確に折ることができなくなってしまう．

　こうした「折り方」を考える上で役に立つ枠組みが「**アルゴリズム** (algorithm)」と「**計算量** (coputational complexity)」である．これらはコンピュータサイエンスで出てくる「計算の方法」の巧拙を議論する枠組みである．この枠組みを折り紙に適用するというアイデアは，計算幾何学の分野で近年はじまった潮流である．

　まずアルゴリズムとは，平たく言えば「計算の方法」である．コンピュータのプログラムとは切っても切れない話ではあるが，実はアルゴリズムそのものの歴史はコンピュータよりもはるかに古い．2つの自然数の最大公約数を求める「ユークリッドの互除法」[1] は，紀元前300年ごろから知られている方法であるが，これは最古のアルゴリズムと呼ばれている．実際のコンピュータの原型が考案されたのは1930〜1940年頃であるから，アルゴリズムという考え方そのものは，コンピュータよりも2000年以上古くからあると言える．

　そして計算量とは，計算に必要なコストのことである．計算に必要なコストを定量化して，複数のアルゴリズムの善し悪しを議論するときに用いる枠組みである．コンピュータの場合で言えば，計算時間を評価する**時間計算量** (time complexity) と，計算に必要なメモリの量を評価する**領域計算量** (space complexity) とがある．一般にコンピュータ上のアルゴリズムでは，時間と領域はトレードオフの関係にあることが知られている．つまり，一般には高

---

[1] ユークリッドの互除法とは，2つの数 p と q があったとき（簡単のため $p > q$ と仮定する），最大公約数を求めるための計算手順（＝アルゴリズム）である．ここで p を q で割った余りを r とする．r が 0 なら q が最大公約数である．r が 0 でないなら，q と r を新たに p, q と思って同じ操作を繰り返す．これを r が 0 になるまで繰り返せば，そのときの q が，もともとの p と q の最大公約数である．

速なアルゴリズムはメモリをたくさん消費して，メモリを節約すると計算速度が低下するという傾向がある．もちろん巧妙なアルゴリズムを開発すれば，省メモリで高速なプログラムが作れることもある．こうした考え方を折り紙に導入すると，折り紙の計算量を議論することができる．例えば同じ折り紙モデルでも，500回折らなければならない手順と，50回折ればよい手順であれば，大抵の人は後者を好むだろう．その一方で，紙をたくさん重ねて折るのは，枚数が増えると大変だし，精度も悪くなるので，こうした事態は避けたいと思うだろう．こうした直感的な感覚を，より定量的に，理論的に議論するために，折り紙のアルゴリズムと計算量の研究が始まった．

　第III部では，こうした新しい学問分野である，折り紙の「計算量」と「アルゴリズム」の最新の結果を学ぼう．

　どんな枠組みであれ，アルゴリズムや計算量を考えるには，議論の土台となる「モデル」と，その上で許される「基本操作」をきちんと決めておく必要がある．つまり，共通のモデルの上で，同じ基本操作を考えて，その上でアルゴリズムの巧拙を議論しなければ意味がない．そしてそのモデルや基本操作は，折り紙分野において妥当性と説得力がなければならない．折り紙の分野では，「藤田の公準」と「羽鳥の操作」と呼ばれる基本操作がすでにあり，枠組みはかなりしっかりしている[2]．したがって一般の折り紙のアルゴリズムや計算量を考える上では，2次元平面上で，こうした基本操作を前提とすればよいだろう．こうした背景を考えると「折り紙」と「アルゴリズム」は相性が良い．

　さてコンピュータサイエンスでは，アルゴリズムの効率は，基本操作の回数としての時間計算量と，使用するメモリ領域としての領域計算量で測るのであった．「折り紙のアルゴリズム」に対して，こうした「時間計算量」や「領域計算量」に相当するものはなんだろう．時間計算量については，基本操作に基づいて「折る回数」が自然な対応として考えられる．これには**折り計算量** (folding complexity) という名前がついている．一方，領域計算量についてはどうだろう．これも近年，**折り目幅** (crease width) という概念が提案され，研究が始まっている．とはいえ，こうした概念は，まだ絶対的なものではなく，研究は始まったばかりである．

　ここではこうした「折り紙のアルゴリズム」と「折り紙の計算量」のモデルと最新の成果を紹介する．まず最初に「モデル」について明確にしておくと，本書で扱う「折り紙」は，1次元の線分である．つまり例えば細長い紙テープの上に，垂直な折り目がついているものと思ってほしい．しかも現状の結

[2] 本書では，こうした基本操作は直接は扱わないため，具体的な公準と操作は省略する．興味のある読者は参考文献[DO07]を参照してもらいたい．

果のほとんどは，折り目は等間隔についているモデルでの結果である．そう，それ以上単純化できない，きわめて単純なモデルである．こんなに簡単なモデルなのに，アルゴリズムや計算量という観点から考えると，まだまだ解けていない問題が多く，驚くほど奥が深いテーマである．もちろん，次のような拡張は容易に考えることができるだろう．

- 等間隔でない折り目への拡張
- 2次元平面への拡張
- 斜め方向の折り線への拡張

本書執筆の時点では，こうした拡張まで手が及んでいないのが実状である．逆にいうと，まだまだ開拓の余地が残された未開の原野なのである．第 III 部の後半や第 IV 部で，こうした未開拓分野の紹介をすることにしよう．計算折り紙の分野では，大学生や，場合によっては高校生の発見が研究を進めることも珍しくない．コンピュータサイエンスの応用としての計算折り紙の面白さを体感する一方で，自分ならどうするか，いろいろな研究を考えてみるとよいだろう．

Column 2

折り紙における計算量

　本書で紹介する 2 つの概念「折り計算量 (folding complexity)」と「折り目幅 (crease width)」は，どちらも著者が発案者で，共同研究者の Erik D. Demaine が名づけ親である．どちらも研究途中であちこちで発表したり議論したりしている間に，徐々に結果が出てきて，その中で自然と名前がついた．いろいろな意味でコンピュータサイエンスの手法と相性が良いので，今後も研究が進むと考えられる．

　「折りのコスト」という観点での研究は，それまでまったくなかったわけではなく，例えば折り方に応じたコストを考えて，和を求めるといった，定量的な提案は過去，いくつか試みられたが，いずれも定着しなかったようだ．少なくともコンピュータサイエンス的な発想で研究されたのは，著者が調べた範囲では，本書で取り上げる一連の研究が初めてである．

5.1　1次元等間隔折り紙モデル

まず，本章からしばらく扱う1次元折り紙のモデルと問題を明確にしておこう．本章では主に次の問題を扱う．

入力：長さ $n+1$ の紙に等間隔に n 個の M と V のマークがついている．M は山折りを表し，V は谷折りを表す．

出力：上記の紙を長さ1に折り畳んだもの（しばらくは紙の厚みは無視する）．

コンピュータでの実装を考えると，次のように考えると扱いやすい．

入力は，長さ n の M と V からなる文字列と思えばよいだろう．もう少し形式的に書くと，問題の入力はアルファベット $\{M,V\}$ 上の長さ n の文字列 s である．出力はもう少し考える必要がある．まず，長さ $n+1$ の紙を，単位長のセグメントがつながったものと考えよう．つまり，紙の端から最初の M か V までの部分をセグメント 0，次をセグメント 1 とし，最後をセグメント n とする．このとき，紙を折り畳んだ状態は，セグメントの重なりを上から見て順に並べたものと考えればよい．ただし，紙の裏表には注意しなくてはならない．ここではセグメント 0 は最初の方向や裏表を変えないものと仮定しよう．例えば長さ 4 の紙に $s=VVV$ が折り目として与えられたとする．このとき，図 5.1 のように，3種類の違った折り畳み状態が存在する．これをそれぞれ $[1|3|2|0]$，$[1|0|3|2]$，$[3|1|0|2]$ と書くことにしよう．このように，一般に与えられた折り目に対して，これを実現する折り畳み状態は複数存在する．ここで，いくつかの疑問を考えてみよう．

- 任意の山谷の割り当てについて，折り畳み状態は存在するのか？
- 折り畳み状態が少ない/多い山谷列とはどのようなものだろうか？
- 一般に折り畳み状態は，たくさんあるのだろうか？
- たくさんあるとすれば，どのようなものが「良い」折り状態だろうか？

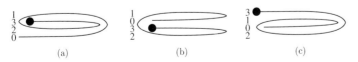

図 5.1　山谷割り当て VVV に対する折り状態．●はセグメント n の端を表している．

こうした疑問に答えていく前に，いくつか準備をしておこう．

5.1.1 基本的な定理

まず，すぐわかることが2つある．どちらも簡単だが重要なので，定理として確立しておこう．

定理 5.1.1 任意の山谷の割り当てについて，これを実現する折り畳み状態が存在する．

証明 紙の一番端，つまりセグメント n に注目する．一方は紙の端で，他方には M か V が割り当てられている．そこで，この折り目にしたがって紙を折り，糊付けして，それ以降は操作の対象から外す．これは，紙の長さが $n-1$ になったことと同値である．したがって，同じ操作を繰り返せば，(紙の厚みは今は無視しているので) 最終的に長さ 1 にまで折り畳むことができる．したがって，与えられた割り当てを実現する折り畳み状態は存在する． □

定理 5.1.2 以下の 3 つは同値である：(1) 山谷文字列 s が $MVMVMV\cdots$ または $VMVMVM\cdots$ という，山と谷の繰り返しである．(2) 折り畳み状態はじゃばら折りである (図 5.2)．(3) 与えられた山谷文字列 s に対する折り畳み状態は 1 つしかない．

図 5.2 じゃばら折りの例

証明 ここで (1) と (2) は同値であることは明らかである．むしろ (1) は，(2) のじゃばら折りの定義と言ってもいい．これらが (3) と同値であることを示そう．まず，(1) から (3) はすぐにわかる．端から繰り返し折っていけば，紙は交互に畳まれて，折り方は 1 通りしか存在しない．次に (3) から (1) を背理法で示そう．もし s が (1) の条件を満たさないならば，一般性を失わず，s は MM という連続した山折りを含む．ここで定理 5.1.1 の証明と同じ方法で，

この MM の両側をそれぞれ折り畳むと，長さ 3 の紙に 2 つの山折りを与えた状態になる．この長さ 3 の紙は，2 通りの折り畳み状態を持つので，(3) の条件に反する．したがって，同じ折り目が 2 つ連続していると，折り畳み状態は 2 つ以上存在する．よって (3) ならば (1) がいえる． □

定理 5.1.2 より，じゃばら折り以外のパターンは，少なくとも 2 通り以上の折り方を持つ．ではじゃばら折りに「近い」パターンは折り畳み状態は少ないのだろうか？ これは意外と難しい．例として次の問題をやってみよう．

演習問題 5.1.1 奇数 n に対して長さ n のじゃばらパターン $MVMV\cdots M$ を考える．これを 2 つつないで，長さ $2n$ のじゃばらもどきのパターン $MVMV\cdots MV\underline{MM}VMV\cdots M$ を考えよう．つまり中心部分だけ MM というパターンが現れる．このパターンの折り畳み方は何通りあるか．

一見，少なそうに見えるが，実際には指数関数的な方法があることが示せる．もう 1 つ，あとで興味深い性質をもったパターンとして再登場する，ちょっとした例を挙げておこう．

例 5.1.3 長さ 12 の紙に $s = MMVMMVMVVVV$ という折り目をつける．これを長さ 1 に折り畳む方法は，全部で 100 通りある．

こんなに短い文字列に対して，折り方が 100 通りもあるという事実は，多くの読者にとって驚きではないだろうか．

しかし，どうやって 100 という数字を出したのか，気になるところだろう．実は現時点で，与えられた文字列を実現する折り畳み方の個数を即座に求める公式は存在しない．この例は著者が作成したプログラムによる全探索の結果である．したがって端的には「全部試して数えればわかる」という，はなはだ無責任な証明しか現時点では与えられない．なお，例 5.1.3 の折り畳み方を数えるのにプログラムを作ったと言ったが，このプログラムも，それほど簡単なアルゴリズムではない．具体的な実装方法を例 5.5.2 のところに簡単に示したので，プログラミングの得意な読者は考えてみてほしい．

5.2 単純折りモデルと等間隔モデルにおける万能性

まずは折りのモデルについて考えておこう．折り紙の基本操作としては「藤田の公準」と「羽鳥の操作」と呼ばれる基本操作があることはすでに述べた

が，ここでは1次元の折り紙における，もっと基本的な操作のモデルを考える．具体的には**単純折りモデル** (simple folding model) と呼ばれる，折りのモデルを導入しよう．単純折りモデルとはアーキンらによって2004年に導入された折りの操作のモデルである [ABD+04]．簡単に言えば，単純折りモデルで許される操作は，次の通りである．

- 紙を最初に平坦に広げて置く（これを**初期状態** (initial state) と呼ぼう）．
- ある直線を選んで，その線に沿って内側の紙の層を，内側から何枚か選んで谷に折る（または折られた紙を開く）．
- 折った紙はそのまま反対側に倒して，平坦に戻して，以下操作を繰り返す．

例えば自動的に折り畳むロボットを設計するなど，実用的な応用を考えると，こうした単純な折りだけでどこまで達成できるのか，興味深いところである．まずこのモデルで，単純であるが，非常に重要な定理を示しておこう．

定理 5.2.1 単純折りで，山折りができる．

<u>証明</u> 紙を裏返しにして，すべての紙の層を谷折りにすればよい． □

定理 5.2.2 ある折り状態 P から，ある折り状態 Q が単純折りだけで折れるとすると，折り状態 Q から，折り状態 P も単純折りだけで折れる．

<u>証明</u> 単純折りの操作は，逆の操作も単純折りの操作と見なすことができるので，すべての操作を逆回しにすればよい． □

山折りができることを考えると，一見，当たり前の操作に見えて，普通の折りと違うところがわからないかもしれない．また，どちらの定理も当たり前のことを言っているように思えるかもしれないが，はたしてそうだろうか．
1次元折り紙でも等間隔でないモデルを考えるだけで，この当たり前が崩れてしまう．例えば，図5.3を見てみよう．上の平坦な状態 (1) から，与えられた長さと折り目に従って，単純折りだけで下の折り状態 (2) を作ることはできるだろうか．これはできない．あることに気づけば証明は簡単である．もし，状態 (1) から状態 (2) に到達できるなら，定理5.2.2 より，状態 (2) から1つ前の折り状態に戻せるはずである．ところが状態 (2) は，紙が互いにロックしていて，単純折りではまったく開くことができない．したがって，状態 (2) からは別の状態に遷移することはできず，当然，状態 (1) にもたどり着けない．つまり状態 (1) から状態 (2) は折れないのである．

逆に，どんな折りでも許せば，任意の折り状態が実現できる．これも1次

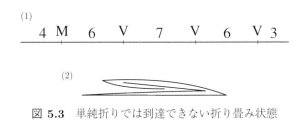

図 5.3　単純折りでは到達できない折り畳み状態

元折り紙ならば一見当たり前に見えるかもしれないが，実は紙が硬くて折り目以外の部分で曲がらない場合は超難問であり，計算幾何学の分野では，それだけを対象にした会議が開かれるなど，解決に何年も要した難問であった．

定理 5.2.3　紙は折り目以外の部分は硬くて曲がらないものとする．1 次元折り紙で折り操作としてどんなものも許せば，任意の折り状態から別の折り状態にいつでも遷移することができる．

証明　紙の折り目以外は硬くて曲がらないものと考えると，これは 1 次元のリンケージと呼ばれる構造物と同等である．リンケージとは直感的には，長さの変わらない棒が，自在に回転するジョイントで一列につながれたものである．リンケージが 2 次元平面上で絡むかどうかという問題は，計算幾何学の分野では長い間の未解決問題であり，興味深い歴史を持っている [DO07, 6 章]．結論だけを言えば，リンケージは 2 次元平面上で決して絡まないということが証明されている（詳細は [DO07, 12.1 節] を参照のこと）．つまり，どんなリンケージもほどいて伸ばして，直線状態にすることができる．したがって，同じリンケージの 2 つの折り状態 P と Q が与えられると，どちらも直線状態 S にほどくことができる．この操作は，定理 5.2.2 と同様，いつでも逆回しすることができる．P も Q もどちらも S に遷移できるとすれば，P を S にほどく操作と，「Q を S にほどく操作を逆回しにした操作」をつなぎ合わせれば，必ず P から Q に遷移することができる．　□

現在知られている「リンケージは 2 次元平面で絡まない」ことの構成的な証明を使うと，上記の証明中の「P を S にほどく操作」とは，紙を折り目の部分で滑らかに少しずつ開いていく操作に相当する．つまり，例えば図 5.3(2) の折り畳み状態から，それぞれの折り目をうまく滑らかに開いていけば，必ず 5.3(1) の状態に戻せる．これが理論的に可能であることが今では証明されている．直感的には当たり前に思えるかもしれないが，数学的に厳密に証明するには長い年月が必要だったのである．

こうした背景を考えると，単純折りの能力も慎重に考えておく必要がある．ここで，定理 5.1.1 では，与えられた任意の割り当てについて折り畳み状態が少なくとも 1 つ存在するということしか言っていないことに注意しよう．また定理 5.1.2 より，じゃばら折り以外のパターンでは，一般には折り状態は複数存在する．では，ある折りパターンの文字列 s と，それを実現する折り畳み状態 P が与えられたとき，単純折りだけでこれが折れるだろうか．上記の図 5.3 の例から，折り目が等間隔でなければ，折れない状態が存在する．ところが興味深いことに，等間隔の折り目の場合は，単純折りだけでどんな折り状態にも到達できることがわかっている．この証明はアルゴリズム的であり，実際の手順も得られる興味深い証明である．

定理 5.2.4 長さ $n+1$ の紙を単位長に折り畳んだ任意の折り畳み状態を P とする．このとき，P は平坦な折り状態から単純折りだけでたどり着くことができる．さらに，単純折りの回数は高々 $2n$ 回で上から押さえることができる．

証明 定理 5.2.2 より，どんな折り畳み状態 P からでも，単純折りで初期状態 S に広げられることを示せばよい．一般に折り畳み状態 P において，両端点は外部から見えない内側に折り込まれている．そこで P から S へ広げる操作を 2 つの段階に分けて考えることにする．つまり，まず最初に紙の両端点を外部から見えるようにして，その後で直線状に伸ばす操作を考える．詳しく解析するために，p を初期状態 S において整数点 $n+1$ に置かれる側の端点とする．また与えられた折り畳み状態 P を開いていく途中に現れる平坦な状態も P でそのまま表記することとして，P をいつでも「今見ている折り畳み状態」と考えることとする．最終的に平坦に置いたときを想像して，P 上の各点をその平坦な状態における x 座標の値で表現することにする．つまり各折り目は 1 から n までの値をもつ n 個の整数点であり，両端点は値 0 と値 $n+1$ を持つ整数点で表現する．まずここで折り畳み状態 P における，P 上の点の**可視性** (visibility) を定義しよう．ある点 p が可視であるとは，p が折り畳み状態 P の表面に置かれているときをいう．図 5.4 では，可視な点を太線で表現しておく．ここで折り目が整数点であることを考えると，折り目自体は可視な点であるが，その両側につながった線分が両方とも可視でない場合もあることに注意する（例えば図 5.4(a) の折り目 q は長さ 0 の可視な点である）．ここで端点 p が可視かどうかによって，2 つの場合を分けて考える．（アルゴリズムの文脈で言えば，2 つのフェイズに分けて考える．アルゴリズムは，まず可視でない状態を想定して最初のフェイズの処理を進めて，可視

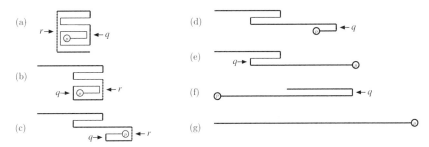

図 5.4 単純折りの例．図中の垂直な線分は，わかりやすさのために直線で描いてあるが，実際にはすべて長さ 0 の折り目であることに注意．太い線で描かれた部分は表面から見える部分．アルゴリズムの前半の「端点 p が外部から見えない場合」に対応するのは (a)-(c) で，アルゴリズムの後半の「端点 p が外部から見えている場合」に対応するのは (d)-(g).

になったら後半のフェイズの処理を進める）．

場合 1: 端点 p が折り状態 P において可視でない場合（図 5.4 の (a)(b)(c) が該当）．p に最も近い可視な点を q としよう．つまり（p も含めた）すべての点 $r > q$ は可視ではない．ここで q が平坦な線分上の点の場合もあることに注意する．さて p と q の間の点で，q に最も近く，$q \neq q'$ が成立する折られた点を q' とする．こうした点が存在しない（つまり q から p までが 1 つの線分である）ときは $q' = p$ としよう．

まず q が平坦な線分上の点の場合を考える．このとき q は可視なので，q の可視な側の紙で q' に近い側に乗っている紙は，すべて点 q' で単純折りで反対側に折ることができる（q' が折り目上の点だったときは，単純折りで開くこともある）．この操作によって，p に最も近い可視な点は q から q' になる．ここで，q' は q よりも真に近い点だったので，可視な点が p に近づくこととなる．

次に q が折り目の点だった場合を考える．一般性を失うことなく，折り目 $q + 1$ は図 5.4(a) のように，折り目 q の左側に置かれていると仮定してよい．するとセグメント q（区間 $[q, q + 1]$ のことであった）を挟んで頂点 $q - 1$ とは反対側に置かれた紙の層は，可視でない点 $q + 1$ をカバーしているが，q は可視なので，$q - 1$ はカバーしていない．つまりこれらの紙の層は，q よりもさらに p に近い点 q' を折り点として，単純折りでひっくり返すことができる．（図 5.4(a)-(c) では，下側の紙の層が折り点 r の位置で，単純折りでひっくり返すように折られている．この点 r は折り点 q' をカバーしていて，q' は q よりも p に近く，q' は折り点で，しかも折り点 r で紙をひっくり返すまでは可

視ではない）．

　どちらの場合にせよ，p に最も近い可視な折り目は，この単純折り（結果として単純折りで展開することもある）によって q から q' に更新される．この手順を点 p が可視になるまで続ける．q の値は毎回必ず 1 以上更新されるので，この繰り返しの回数は高々 n である．つまり「場合 1」の折り（または展開）の回数の合計は高々 n で，その後は必ず場合 2 に遷移する．

場合 2: 端点 p が折り状態 P において可視である場合．（図 5.4 の (d)(e)(f) が該当）．点 p に最も近く，かつ折られている点を q とする．点 q が可視でない場合，点 p と q の間には折られている点はなく，点 p は可視なので，点 q に「場合 1」と同じ議論を適用して，単純折りで q を可視にすることができる．したがって区間 $[q,p]$ 上の点はすべて可視であると仮定してよい．このときさらに，これらの点はすべて同じ側から見て可視であるとしてよい．（例えば区間 $[q,r]$ が上から見て可視であり，$[r,p]$ が下から見て可視で，それぞれ反対側からは可視ではなかったとしよう．するとこのとき，p は紙の端点なので，紙が連結ではなくなってしまって矛盾である．）したがってこのとき折り点 q で単純折りを適用して，点 q の部分で紙を平坦にすることができる．この操作は p が可視であるという性質には影響しない．したがってあとはすべての折り点が平坦に広げられるまでこの操作を繰り返せばよい．この 2 つの折り操作（q を必要なら可視にする折りと，q を平坦にする折り）は，実際には一度にまとめて行うことができる．したがって，この操作の繰り返しの回数の合計は高々 n である．

　上記の議論から定理 5.2.4 を得る． □

　少し微妙な点もあるので，1 次元の等間隔折り紙に関する結果を簡単にまとめておこう．紙テープの上に等間隔に山谷パターンを与えると，それについて次のことが言える．

- パターンがどんなものでも，折り畳むことができる（定理 5.1.1）．
- 折り畳んだ状態も与えたとき，それがどんなものでも，単純折りで折ることができる（定理 5.2.4）．
- 折り畳んだ状態から平坦に広げる手順がわかれば，手順を逆回しすることで平坦な状態から元の折り畳んだ状態に折る方法もわかる（定理 5.2.2）．
- 山谷が交互に続くじゃばら折りのパターンは，折り畳む方法は 1 通りしかなく，それ以外のパターンは，すべて複数通りの折り畳み方がある．

5.3 切手折り問題

まず，長さ $n+1$ の紙の折り畳み方の数を考えてみよう．これは古くから「切手折り問題 (stamp folding)」という名前で知られている未解決問題である．正確に言えば，一般に切手折り問題と言った場合は以下の問題を指す．

未解決問題 5.3.1 長さ $n+1$ の紙に等間隔に n 個の折り目をつけて，長さ 1 に折り畳む．このときの折り畳み方は何通りあるか？

つまり折り目の山谷の割り当ては気にせず，とにかく長さ 1 に折り畳む方法を数えるのが切手折り問題である．長さ $n+1$ の紙を使った切手折り問題の解答，つまり折り畳み方の個数を $F(n)$ で表すと，$F(n)$ の正確な値は一般にわかっていないが，上界と下界は得られている．現時点で知られている，最も良い上界と下界が下の定理である[3]．

定理 5.3.1 (1) 理論的な上界は $F(n) = O(4^n)$ である（言いかえれば 4^n の定数倍で上から抑えられる）．(2) 理論的な下界は $F(n) = \Omega(3.06^n)$ である（言いかえれば 3.06^n の定数倍で下から抑えられる）．

証明に入る前に，実験的な値を考えてみよう．世の中には驚くほど多くの数列を蓄えたデータベース「オンライン整数列大辞典 (The On-Line Encyclopedia of Integer Sequences)[4]」がある．簡単なプログラムで得られた最初の数項を入力してみると，この数は A000136 番として記録されている[5]．なお，このデータは "Number of ways of folding a strip on n labeled stamps" ということで記録されており，まさに切手折り問題の数列である．この数列を + で書き，合わせて関数 $f(x) = 3.3^x$ をプロットしたのが図 5.5 である．これを見る限り，実験的には $F(n) = \Theta(3.3^n)$ であると考えてよさそうだ．

さて，一般の切手折り問題の場合は，山折りや谷折りの割り当ては気にしていないが，特に，じゃばら折りに関する定理 5.1.2 を見ると，次の未解決問題の解答は，気になるところである．

未解決問題 5.3.2 長さ $n+1$ の紙に等間隔に n 個の折り目をつけて，長さ 1 に折り畳むとする．このとき，最も折り畳み方が多い山谷割り当て s とは，どのような文字列か？　そしてその折り畳み方は何通りあるか？

現時点では，この未解決問題に対する解答はわからないが，定理 5.3.1 か

[3] $O(f(n))$, $\Omega(f(n))$, $\Theta(f(n))$ といった記法は，まとめて O 記法と呼ばれる．本書では詳細は省略するが，それぞれ，関数の主項を用いて，上や下から抑えるための記法である．

[4] https://oeis.org

[5] https://oeis.org/A000136

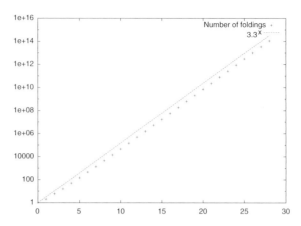

図 5.5 折り畳み状態の個数の実験的な結果．+ は実際の数で，点線は関数 $f(x) = 3.3^x$ のグラフ．

ら，次の系が得られる．

系 5.3.2 ランダムに山谷割り当てを生成した長さ n の文字列を s とする．s に矛盾しない長さ $n+1$ の折り畳み方の期待値 $f(n)$ は，理論的には上界は $f(n) = O(2^n)$，下界は $f(n) = \Omega(1.53^n)$ であり，実験的には $f(n) = \Theta(1.65^n)$ である．

証明 長さ n のランダムな山谷割り当ての文字列は，全部で 2^n 通りある．したがって期待値，つまり平均的な値を求めるには，定理 5.3.1 のそれぞれの値を 2^n で割ってやればよい． □

系 5.3.2 より，ランダムに生成した文字列に矛盾しない折り方をすべて列挙すると，指数関数的な時間がかかることがわかる．これがどのくらいなのか，少し計算してみよう．例えばコンピュータの CPU が 5GHz で動いていたとする．このコンピュータ上の賢いプログラムは，わずか 1 クロックで 1 つの折り畳み方を見つけるとしよう．一方，ランダムに長さ 100 の山谷割り当てを生成したら，これが 1.53^{100} 通りの折り畳み方をもっていたとする．このとき，プログラムは $1.53^{100} \times \frac{1}{5 \times 10^9} = 5.89 \times 10^8$ 秒ですべての折り畳み状態を見つけ出す．これはざっと 1120 年だ！いささか長すぎる．

ともあれ，以下では上界と下界の証明方法を紹介しよう．

5.3.1 上界の証明

まず上界を示そう．

補題 5.3.3 $F(n) = O(4^n)$ である．

証明 まず n が偶数の場合を考えて，$n = 2k$ とおく．さらに紙は折り畳まれたあと，区間 $[0, 1]$ に置かれたと考えよう．この紙の層を上から順に見たとき，セグメント 0 からセグメント n が積み重なっている．単純な上界を考えると，このセグメントの並びが $(n+1)!$ 通りあるので，$(n+1)!$ という上界がまず得られる．しかしこれは，あまりよい上界ではない．例えば紙の層が上から 1,3,2,4 と並んでいるとすると，どこかで必ず紙が自分自身と交差してしまう（図 5.6）．この点を考慮に入れて，もっとよい上界を与えよう．ここで点 0 における紙の上下関係を考える．紙が互いに突き抜けてはいけないということは，点 0 において k 個の折り目と紙の端の一方（セグメント 0 の左端）が，いわゆる入れ子構造になっている必要がある．こうした入れ子構造は「バランスの取れた括弧の列」などと同じ性質を持っていて，非常によく研究されている．

具体的には k 個のペアの入れ子構造の個数は，k 番目のカタラン数 C_k で表すことができ，その値は $C_k = \frac{1}{k+1}\binom{2k}{k} = \frac{(2k)!}{(k+1)!k!}$ である（例えば [Sta97] を参照のこと）．この k 個のペアの間に紙の左側を置く方法は全部で $(2k+1)$ 箇所ある．したがって，左側の紙のつながり具合の場合の数は，高々 $(2k+1)C_k$ 通りである．

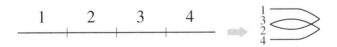

図 5.6 紙の層が 1,3,2,4 の順だと，どこかで紙が突き抜ける

右側でもまったく同じ議論が成り立つので，右側の紙のつながり具合の場合の数も上から $(2k+1)C_k$ で抑えることができる．したがって全体では $((2k+1)C_k)^2$ で抑えることができる．

次に n が奇数の場合を考えて，$n = 2k+1$ とおこう．左側に紙の端が両方とも来るため，左側の場合の数の上界は $(2k+2)(2k+1)C_k$ で上から抑えることができて，右側の場合の数の上界は C_k である．したがって全体の上界は $(2k+2)(2k+1)(C_k)^2$ で抑えられる．

ここで $C_k \sim \frac{4^k}{k^{3/2}\pi} = O(4^k)$ なので，k に対するどんな多項式 $p(k)$ に対しても $p(k)C_k < 2C_k = O(4^k)$ となる．したがって n が偶数であろうが奇数であろうが，全体の上界は $(p(k)C_k)^2 < (2C_k)^2 = O((4^k)^2)$ であり，$(4^k)^2 = O(4^n)$ より定理を得る． □

一見すると，この上界はまさに折り畳み状態を直接数えていて，紙の両端点の部分の評価が若干大雑把であることを除けば，単なる上界ではなく，正確な値を数えているように見えるかもしれない．しかしこの議論の中では，「紙がひとつながりである」という条件がまったく考慮されていない．つまり，右が入れ子になっていて，左も入れ子になっている，バラバラの紙の集まりも数えているため，正確な値にはなっていない．上界をより真の値に近付けるには，「連結性」を考慮した数え上げが必要となる．

5.3.2 下界の証明

次に下界を示す．

補題 5.3.4 $F(n) = \Omega(3.065^n)$ である．

証明 n 個の折り目のある長さ $n+1$ の紙が与えられているわけだが，ここで適当な $k \ll n$ という値を固定して，最後の k 個の折り目を先に折り畳んでしまうことを考えよう．この部分を先に単位長になるまで折り畳んで糊付けして，そのあとは長さ $n-k+1$ の紙に $n-k$ 個の折り目がある，少し小さい問題を考えることにする．この長さ k の部分の折り畳みをまず考える．この折り畳みの方法が何通りあるのかを表す関数を $G(k)$ としよう．つまり $G(k)$ は，長さ $k+1$ の紙の上に k 個の折り目がついていて，これを単位長に折り畳む方法の個数を表すのだが，紙の左端は折り畳んだ紙にカバーされていてはいけない．つまり折り畳んだあとで，紙の左端が外から見えていて，外側に長さ $n-k$ の紙をつけることができなければならない．この手順を繰り返すところをイメージすると，この関数 $G(k)$ から $F(n)$ の下界を得ることができる．具体的には，$G(k)$ 通りある折り畳みを n/k 回繰り返すのだから，$F(n) > (G(k))^{\frac{n}{k}} = (G(k)^{\frac{1}{k}})^n$ が成立する．ここで k は固定された整数なので，$G(k)$ の値を具体的に求めてみよう．例えば $G(1) = 2, G(2) = 4, G(3) = 10, G(4) = 24, G(5) = 66$ くらいまでは，なんとかなるだろう．

こうして得られた数列を「オンライン整数列大辞典」で調べてみると，

A000682 という ID をもつ数列として登録されている．(ちなみにこのサイトでは，この数列は「片側無限の向き付きの曲線が，直線と n 回交差する方法の個数」として登録されている．いま考えている $G(n)$ と合うような合わないような説明であるが，この「片側が無限長の曲線」をいま扱っている長さ n の紙テープだと考えて，この「直線」が数直線上の点 $(n-k+\frac{1}{2})$, つまり長さ k の紙を単位長に折り畳んで数直線上に置いたときの，この単位長の紙の中点が通る点に垂直に立った直線だと思うと，ぴったりと説明できる．)

ともあれ，この関数 $G(k)$ は k に関する単調増加関数なので，この「オンライン整数列大辞典」に登録されている最も大きい値を使えば，最もよい結果が得られる．本書執筆時点での最大の値は $G(43) = 830776205506531894760$ なので，これを使うと，十分大きな n に対して求める下界 $F(n) > (830776205506531894760^{\frac{1}{43}})^n = 3.06549^n$ が得られる． □

すでに定理 5.1.2 で見たように，じゃばら折りのパターンでは，折り畳む方法は 1 通りしかない．ところが例題 5.1.1 でも見たとおり，じゃばら折りのパターンを少し変更するだけでも指数関数的に折り畳み方が増えてしまう．また系 5.3.2 で見たとおり，ランダムに山谷を割り当てると，折り畳む方法は実験的には $\Theta(1.65^n)$ 通りあり，指数通りの組合せがある．とはいえ，未解決問題 5.3.2 でも指摘したように，最も多くの方法で折り畳めるパターンがどのようなものかは，わかっていない．なかなかややこしい状況であることがわかる．ここではいくつかのパターンについて，実際に何通りの折り方があるのか考えてみよう．

演習問題 5.3.1 長さ $n+1$ の紙に等間隔に n 個の折り目をつけて，長さ 1 に折り畳むとする．また同じパターンの繰り返しにおいて，繰り返しを肩に数字を書いて表現することにする．つまり $MMMM = M^4$, $MVMVMVMV = (MV)^3$ といった具合である．さらに n は偶数で，ある自然数 k を使って $n = 2k$ と書けたとする．このとき，次のパターンについて，折り方が何通り存在するか考えよう．

1. すべて同じ方向に折るとき：M^n
2. 最後だけ「じゃばら折り」のパターンと違うとき：$(MV)^{n-1}MM$

こうした具体的なパターンを考えると，折り畳み方法が多いか少ないかを，与えられたパターンから速やかに見極めるのは難しそうだ．

未解決問題 5.3.3 長さ $n+1$ の紙に等間隔に n 個の折り目をつけて，長さ

1 に折り畳む．この上に与えられた折り目パターン s から，折り畳みの方法の個数をすばやく計算するアルゴリズムを考えよ．

例えば n に関して多項式となるか指数関数となるかだけでもすばやく判定するアルゴリズムがあれば，実用上は役に立つであろう．

5.4 切手折り問題の折り計算量

本節では「折り計算量 (folding complexity)」という概念と，それにまつわる問題を考える．具体的には切手折り問題から離れて，次の問題を考える．

入力： 長さ $n+1$ の紙と，長さ n の M と V からなる文字列 s．
出力： 上記の紙に，文字列 s の折り目をつけたもの．
目的： なるべく折る回数が少ない手順を考える．

文字列 s の折り目をつける手順の折る回数をその文字列 s の折り計算量と定義する．

こうした問題を考える背景には，近年盛んなコンプレックス折り紙との関連を指摘しておくとよいだろう．昨今の折り紙デザイナーは，複雑なモデルを展開図[6]で表現することがある．折り紙雑誌では「展開図折り」と呼ばれる表現方法まであり，折り紙の熟練者は，折り紙上に描かれた展開図だけからモデルを折り出すことができる．複雑であったり，同時に折る線が多い場合など，そもそも手順を1つずつのステップに分けられず，折りの手順を示すことが難しい場合もある．こうした「展開図折り」をするとき，彼らは「プレクリーシング」という手法を使う．これは「前もって折る」という意味で，要するに，あらかじめ紙に折り目だけつけておいて，あとからこの折り目に沿って紙を折り進めるという手法である．例えば「MIT のロゴを折り紙で 3 ステップで簡単に折る方法 (How to Fold the MIT Logo in Origami in 3 Easy Steps)」という面白い動画[7]がある．この動画の中ではブライアン・チャン (Brian Chan) 氏がマサチューセッツ工科大学の複雑なロゴ (Mens et Manus) を正方形の折り紙 1 枚から折り出しているが，全行程のうち，3 時間をプレクリーシングに費やして，その後，3 時間かけて全体の形を作り，4 時間を仕上げの折りに使っている．

こうした「折り目をつける」という作業は，単調な単純作業であるが，複

---

[6] ここでいう「折り紙の展開図」は，「立体の展開図」とは意味が違うことに注意しよう．立体の展開図とは第 I 部で学んだとおり，立体の表面を切り開き，ひとつながりの重なりを持たない多角形に広げたものである．一方で折り紙の展開図とは，（正方形の）紙の上に山折りと谷折りの線を描画したものである．

[7] http://video.mit.edu/watch/the-making-of-mens-et-menus-in-origami-vol-1-2694/

雑な折り紙を正確に折り上げるには欠かせない重要な作業でもある．ではこうした単純作業を効率よく行うにはどうしたらよいだろうか．紙なのだから，重ねて折ればよい．では，どう重ねてどういう手順で折れば，効率よく求める折り目がつけられるだろうか．これが本節のテーマである．

> **Column 3**
>
> ### 紙の重なりと厚み
>
> 紙をたくさん重ねると，精度が落ちるではないかと思われる読者もいるだろう．その問題こそが，次節のテーマとなっている．本節では誤差の問題は無視して，紙の厚みは0であると考えている．コンピュータサイエンスの世界では，計算時間と計算に必要なメモリはトレードオフの関係があることが知られている．折り紙でも，効率よく少ない手順で折ることと，折りの精度は，トレードオフの関係にあるのではないかと著者は考えている．こうしたモデルそのものの研究も，計算折り紙の分野の興味深いテーマの1つである．計算折り紙はまさに黎明期にある研究分野なので，いろいろなモデルや問題が提案され，時の流れの中で切磋琢磨されて，妥当なモデルや問題が生き残って発展していくのであろう．まさにいま動いている学問分野なのである．

さて，紙を折る回数を数えるのであれば，当然紙を折るモデルを明確にしておく必要がある．ここでは5.2節で議論した「単純折りモデル」を考えることとする．つまり，紙はいつでも平坦な状態にあり，いったん折り目を確定したら，そこにある紙を何枚か谷折りにする．この操作を「1回の折り」としよう．この折りの回数を最小化するわけであるが，これについてはさらに2つの事柄を明確にしておく必要がある．

紙の開きかた：効率よく折り目をつけるには，折り畳んだ紙を何度も開いて，新たに折り直す必要がある．この場合，紙を開くコストをどうするか，考えておく必要がある．本書では単純に「紙を完全に開いて平らな初期状態に戻す」ことを，手間をかけずにできると仮定する．つまり「紙を開く」という場合は，完全に解いて，平らな状態に戻すことにする．

実際にはこれは，本質的な差にはならないことを指摘しておこう．まず，紙を開く回数を一つひとつ数えても，実際には折り畳んだ回数しか開く事はできない（定理5.2.2と同じ理由による）．したがって，開く回数を一つずつすべて数え上げても，全体としては折る回数の2倍で抑えられることがわかる．

アルゴリズム分野では，こうした定数倍はあまり気にしないことが多い．折る回数だけを考えた方が議論が簡単になるので，本書でもこの流儀に従おう．

ただし，途中まで開いてから，別の折り方を実行すれば，折りの回数を節約できる場合があることには注意が必要である．本書執筆時点では，こうしたきめ細かい折りの計算量を評価した研究は存在しない．

未解決問題 5.4.1 本節における折り計算量を，より精緻にして，折る回数と，開く回数をどちらも考慮したモデルを構築せよ．さらにそのもとで効率のよいアルゴリズムを設計せよ．

折り目のつけかた：折り目をつけることについても，基準を明確にしておこう．紙の折り目は，最後に折られた方向を記憶するものと仮定する．紙の性質を考えると，この定義には妥当性があるだろう．つまり，与えられた紙のどの点を取っても，最後に折られた方向が望む方向であれば，それは妥当な折り方であり，その中でも回数が最も少ないものが最適解というわけである．

5.4.1 折り計算量の基本的な性質

ここで折り計算量に関する基本的な性質を 2 つ紹介しよう．

定理 5.4.1 長さ $n+1$ の紙に n 個の折り目をつけるには，少なくとも $1 + \lceil \log(n+1) \rceil$ 回の単純折りが必要である．

証明 まず紙の長さがある自然数 k に対して 2^k だったとしよう．つまり $n+1 = 2^k$ のときである．このとき，1 回どこかで折ると，紙が 2 重になっているところと，1 重になるところができる．折り目をなるべくたくさんつけることを考えると，2 重になっているところを折った方がよい．すると紙はどこも，重なりは 4 重以下である．以下同様に，4 重になっているところを折るのが最も効率よくたくさんの折り目をつけることができる．要するに毎回，最も厚い部分で紙を半分に折って，なるべく多くの層に折り目をつけることが最適な方法であり，このとき k 回折ることで紙の厚みは 2^k となり，折り目が $2^k - 1 = n$ 個つくことになる．紙の長さ n が自然数 k で $n+1 = 2^k$ と表せないときは，2^k が $n+1$ を最初に上回る最も小さい k を考えればよい．そして仮に長さ $2^k - 1$ の紙だと考えて，同様の議論をすれば定理が得られる． □

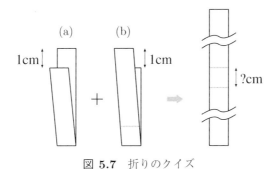

図 5.7 折りのクイズ

定理 5.4.2 紙を重ねて折るとき，折り目 i と重ねて折ることができるのは $i\pm 2, i\pm 4, i\pm 6, \ldots$ である．つまり，パリティの異なる折り目同士は重ねて折ることができない．

証明 これは試せばすぐわかるが，パリティの異なる折り目同士を重ねるには，1/2 の部分で折る必要がある．具体的には，折り目 i と折り目 j を重ねるには，折り目 $(i+j)/2$ で折らねばならず，i と j のパリティが違っていると，これは整数にならない． □

定理 5.4.2 はちょっとしたパズルのネタになることもあり，やや直感とは異なる興味深い性質である．例えば次のクイズを頭の中で解いてから，実際にやってみよう．はたしてきちんと解けていただろうか．

演習問題 5.4.1 図 5.7(a) のように，紙テープを 1cm ずらして折り，次に図 5.7(b) のように紙テープを逆に 1cm ずらして折る．2 つの折り目の間隔は何 cm だろうか．

こうしたパリティを考えると，特に本節では次の系が重要である．

系 5.4.3 じゃばら折りを作るアルゴリズム A があったとき，A と同じ折り計算量ですべて山折りというパターンを作るアルゴリズム A' が存在する．またその逆も言える．

証明 定理 5.4.2 から，奇数番目の折り目と偶数番目の折り目は完全に独立に折ることしかできない．したがってじゃばら折りのパターン $MVMVMVMV\cdots$ において，M にすべき折り目と V にすべき折り目は重ねて折ることはできない．つまり，どんな「折り」も奇数番目の折り目を折る場合と偶数番目の折り目を折る場合とに分けることができる．したがって，アルゴリズム A が

偶数番目の折り目を重ねて折るときに，折る方向をいつでも逆にしたアルゴリズム A' は，すべて山折りというパターン $MMMMM\cdots$ を作ることができる．逆も同様である． □

5.4.2 じゃばら折りに対するアルゴリズム

本項では「じゃばら折り」つまり $VMVM\cdots$ という折り方を実現する高速なアルゴリズムを考えよう．系 5.4.3 より，「すべて山」という折り方を実現する高速なアルゴリズムを考えても同じことである．実際にはこちらのほうがずっと考えやすいので，これ以降は「長さ n の M だけからなる文字列」を折ることを考えることにする．つまり長さ $n+1$ の紙に n 個の連続した山折りをつけるという問題を考えるわけである．系 5.4.3 の方法を使えば，この問題を解くアルゴリズムと同じ回数でじゃばら折りを折るアルゴリズムが簡単に構築できる．定理 5.4.1 でも見たように，n 個の折り目をつけるには最低でも $\lceil \log(n+1) \rceil$ 回は折らなければならない．一方，定理 5.1.1 の証明と同じく，端から順に折っていけば，n 個の山折りを n 回の単純折りで折ることは簡単にできる．じゃばら折りをもっと効率良く，n よりも真に小さい回数で折ることはできるだろうか？この問いに対する答えは「Yes」である．

本項では，まず解析が興味深いアルゴリズムを紹介する．これによって，n よりも真に少ない回数で折れることが保証できる．このアルゴリズムは，後で紹介するものと比べるとそれほど効率はよくないが，解析の中に**フィボナッチ数** (Fibonatti number) が出てくるという興味深い特徴がある．その次に超高速なアルゴリズムを紹介する．最後に理論的な下界を示す．これは**数え上げ法** (counting argumnt) と呼ばれる手法で，かなり強力な手法である．上記の超高速なアルゴリズムと，数え上げ法による下界は，かなり近いことがわかる．つまりこの超高速なアルゴリズムは，ほとんど改善の余地がないアルゴリズムである．

5.4.2.1 じゃばら折りに対する高速アルゴリズム

最初に，じゃばら折りを n 回よりも真に少ない方法で折るアルゴリズムを紹介しよう．ここでのゴールは次の定理である．

定理 5.4.4 単純折りモデルで「すべて山折り」という折りを実現する折り

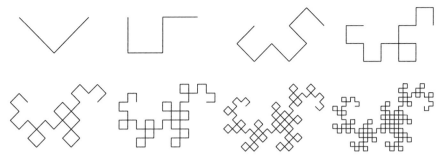

図 5.8　ドラゴンカーブの例

計算量 $O(n^{0.69424\ldots})$ のアルゴリズムが存在する.

　定理の証明に入る前に，まず紙を毎回半分に折ってできる折り目のパターンについて考えてみよう．紙の長さが中途半端だと面倒なので，紙を k 回中央で半分に折るとき，毎回きちんと 2 等分される折り目の数を考える．これは $1+2+4+8+\cdots+2^{k-1}=2^k-1$ なので，紙の長さを $n=2^k$，折り目の数を 2^k-1 としておこう．この紙を毎回中央で同じ方向に半分に折り，そっと広げると奇妙な形に折られた紙ができる．この紙の折り目がどれも 90 度になるように固定すると，再帰的な構造をもつ興味深い形状が得られる（図 5.8）．これは**ドラゴン・カーブ** (Dragon curve) とよばれて，古来よりよく研究されている [Gar67]．

　このドラゴンカーブには 2^k-1 個の折り目がついているわけだが，それぞれの折り目の向きは一見すると不規則に見える．はたしてそうだろうか．最初の 4 回の折りと，それでつく折り目を考えると，以下の通りである．

- 1 回目の折りは中央に折り目がつき，その向きは M である．
- 2 回目の折りは 1/4 の部分と 3/4 の部分に折り目がつき，その向きは MV である．
- 3 回目の折りは 1/8, 3/8, 5/8, 7/8 の部分に折り目がつき，その向きは $MVMV$ である．
- 4 回目の折りは 1/16, 3/16, 5/16, 7/16, 9/16, 11/16, 13/16, 15/16 の部分に折り目がつき，その向きは $MVMVMVMV$ である．

始めのほうではわかりにくいが，4 回目の折り目を見れば，そこにある規則性は明白である．具体的には次のように一般化できる：

i 回目の折りでは，$1/2^i, 3/2^i, 5/2^i, \ldots, (2^i-1)/2^i$ の 2^{i-1} 箇所に折り目がつき，その向きは $MVMVMV\cdots MV$ である．

ここで注目すべきは，

- 私達の目標はすべて M にすること
- 長さ 2^{i-1} 個の折り目 $MVMVMV\cdots MV$ は，等間隔に並んでいて，しかも半分はすでに M になっている

という 2 点である．つまりこの 2^{i-1} 個の折り目のうち，半分はすでに目的の折り目になっていて，残りの半分の V の折り目は，等間隔に並んでいるのである．この等間隔に並んだところを何とかすることを考える．よく見ると，この等間隔に並んだ部分は，うまい具合に，紙の上で端から端まで占めていることがわかる．つまり定理 5.4.2 の証明と同様，この部分だけを折ることにすれば，他の部分とは独立に折り目をつけることができる．つまり等間隔に並んだ $2^{i-1}/2 = 2^{i-2}$ 個の折り目をすべて山折りにすればよい．これは元の問題と同じなので，再帰的にアルゴリズムを繰り返せばよい．

では定理 5.4.4 の証明に入ろう．まず紙の長さを $n=2^k$ として，折り目の数を 2^k-1 とした場合を考える．ここで採用するアルゴリズムは，ドラゴンカーブの性質を使ったものだ．具体的には次のアルゴリズム A を使う．

1. 全体を毎回半分に k 回折って広げる．
2. それぞれの $i=2,3,\ldots,k$ に対して，2^{i-2} 個の等間隔の谷折りが残っているので，この部分に再帰的にアルゴリズム A を適用する．

人間がこのアルゴリズムに従って紙を折ろうとすると，どの折り目を狙っているのか混乱してかなりややこしいが，アルゴリズムの基本的な発想は単純である．

さて，このアルゴリズム A が紙を何回折るのか解析しよう．アルゴリズム A が長さ $n=2^k$ の紙を折るときの全体の紙を折る回数を $T_A(k)$ とすると，アルゴリズムの記述より明らかに，

$$T_A(k) = T_A(k-2) + T_A(k-3) + \cdots + T_A(2) + T_A(1) + T_A(0)$$

である．この方程式は，このまま解くのは難しいので，$T_A(k-1)$ を考えて立式すると，

$$T_A(k) = T_A(k-2) + T_A(k-3) + \cdots + T_A(2) + T_A(1) + T_A(0)$$
$$T_A(k-1) = T_A(k-3) + \cdots + T_A(2) + T_A(1) + T_A(0)$$

となる．ここで両辺を引き算すると $T_A(k) - T_A(k-1) = T_A(k-2)$ となり，つまり $T_A(k) = T_A(k-1) + T_A(k-2)$ を得る．これはまさにフィボナッチ数の一般項の定義そのものである．通常のフィボナッチ数列は $F_0 = 0, F_1 = 1, F_2 = 1, F_3 = 2$ と 0 から始まり，一般項 F_n は

$$F_n = \frac{1}{\sqrt{5}}\left\{\left(\frac{1+\sqrt{5}}{2}\right)^n - \left(\frac{1-\sqrt{5}}{2}\right)^n\right\} = \frac{\phi^n - (1-\phi)^n}{\sqrt{5}}$$

である．ただしここで $\phi = \frac{1+\sqrt{5}}{2} \sim 1.6180\ldots$ は黄金比と呼ばれる数である[8]．ここで考えている $T_A(k)$ の k が小さい場合を考えると，$1 = 2^0$ 個の折り目をつけるには 1 回折るため $T_A(0) = 1$ であり，同様に $2 = 2^1$ 個の折り目をつけるには 2 回折るため $T_A(1) = 2$ である．したがって $T_A(k) = F_{k+2}$ が成立する．フィボナッチ数の中では $(1-\phi)^n = (-0.618\ldots)^n$ の項は ϕ^n の項に比べて急速に小さくなっていくので，$F_n = O(\phi^n)$ と考えてよい．

[8] 黄金比やフィボナッチ数列については，例えば [結 07] 参照のこと．

ここで元の問題に戻って考えると，長さ $n = 2^k$ の紙を折るのに必要な回数が $T_A(k) = F_{k+2}$ であった．$k = \log n$ であることと，$F_n = O(\phi^n)$ であることと，log の底の変換式 ($\log_a b = \log_c b / \log_c a$) を使うと，

$$\phi^{k+2} = \phi^2 \phi^{\log n} = \phi^2 \phi^{\log_\phi n / \log_\phi 2} = \phi^2 n^{1/\log_\phi 2} = \phi^2 n^{\log \phi} = \phi^2 n^{0.69424\ldots}$$

をえる．したがって $T_A(k) = O(n^{0.69424\ldots})$ となる．

最後に $n = 2^k$ と表現できる自然数 k が存在しないような n について考えよう．この場合は，$2^{k-1} < n < 2^k$ を満たす自然数 k が一意的に存在するので，この k に対して長さ 2^k の紙を考えればよい．つまり，いま考えている長さ n の紙に，$2^k - n$ の余計な紙を仮想的に追加したと考えて，上記のアルゴリズムを適用すればよい．$2^{k-1} < n < 2^k$ なので，余計な紙の長さは n よりも短い．そのため，O 記法のもとでは結果は変わらない．

これで定理 5.4.4 の証明が終わった．

5.4.2.2　じゃばら折りに対する超高速アルゴリズム

次に，じゃばら折りを折る超高速なアルゴリズムを紹介しよう．これは次の 5.4.2.3 項で示す理論的な下界ともかなり近く，本当の意味でほとんど改善

の余地のないアルゴリズムであるといえる．

定理 5.4.5 単純折りモデルで「すべて山折り」という折りを実現する折り計算量が高々 $\frac{3}{2}\log^2 n$ であるようなアルゴリズムが存在する．

再び紙の長さが $n = 2^k$ となる k が存在するキリのよい場合を考えよう（キリの悪い長さの場合の対応は直前の定理 5.4.4 の場合と同様だ）．つまり紙を中心で k 回折ると，紙の長さは 1 になる．ここで折り目の状態を示すために，いくつかの記号を導入しよう．M と V はこれまでと同様，山折りと谷折りで，x を「まだ折り目がない」状態とする．折った後の紙の左の端を [で，右の端を] で表すことにする．紙を広げた後のこれらの両端の折り目を + で表すことにする．ここには山折りか谷折りがついているわけだが，このアルゴリズムでは + という文字があったとき，その中身は気にせず，すべて M という折り目を新たに上からつけるものとする．また繰り返しを示すために，上つき文字を使う．例えば M^5 と書いた場合は $MMMMM$ を示す．では，すべて山折りにする超高速アルゴリズムを示そう．これは 3 ステップからなる．

ステップ 1: 「紙を中央で半分に折る」という操作を $k-3$ 回繰り返す．すると長さ 4 の紙に「$[xxx]$」というパターンが得られる．そこで 3 回山折りを繰り返し，「$[MMM]$」というパターンにする．これを広げると「$+MMM+VVV+MMM+VVV+MMM+VVV+\cdots$」という折り目列が得られる．

ステップ 2: ステップ 1 のパターンのうち，「VVV」という列がすべて同じ場所に重なるように紙を折る．具体的には，それぞれの折りたたみ状態において，中央になるべく近い「MMM」というパターンの中央の折り目のところで紙を半分に折り続ける．この手順を $k-3$ 回繰り返せば「VVV」という列がすべて同じところに重なることに注意する．ここで，それぞれの「MMM」というパターンは正確に中央でとは限らないので，$k-4$ 回折ったあと，最後の 1 回は長さを 8 にするために折る．この操作のあと，紙は $[M+VVV+M]$ というパターンの長さ 8 の紙になる．ここで 5 回折って，V のところと + のところをすべて山折りに揃えて，「$[MMMMMM]$」という折り目パターンにする．ここで紙を広げると「$VM+MMMMMM+MVVVVVM+MMMMMMM+MVVVVVM+M\cdots$」というパターンになっている．

ステップ 3: ステップ 2 を繰り返す．正確には，(1) すべての「$VVV\cdots V$」という V の繰り返しパターンを同じところに重ねる．このために，毎回，なるべく中央に近い「$MMM\cdots M$」というパターンの中心の M の部分で紙を半分に折る．(2) V と + の並んだ所をすべて山折りにして，紙を広げる．こ

れを $i = 2, 3, 4, \ldots, k-2$ に対して繰り返し行う．すると最後に $i = k-2$ が終わると，「V」が連続した列の個数は 1 つになるので，これをすべて山折りにして，終了する．

ステップ 1 を $i = 1$ の最初の場合と考えて，アルゴリズムを整理してみよう．このアルゴリズムは，$i = 1, 2, \ldots, k-2$ のそれぞれの場合について，(a) 連続した M の部分の中央で半分に折ることを $(k-i-2+1) = (k-i-1)$ 回 ($i = 1, k-2$ のときだけ $k-i-2$ 回) 繰り返し，(b) 連続した V の部分をすべて重ね合わせて，(c)「V」や「+」というラベルのついた折り目を $2i+1$ 回折って直す，という操作を実行している．

ややわかりにくいので，例を挙げよう．$i = 6$ のときの (a) の後のパターンは

$$[M^{31} + M^{15}VM^7VMMMVMVVVVMVMMMVM^7VM^{15} + M^{31}]$$

となる．直感的には，それぞれの (a) の後のパターンでは，中央付近に V が集中して並び，それ以外の V や $+$ は，だんだん間遠になっていく．

こうした折り操作の回数を慎重に数えると，$(\sum_{i}^{k-2}(k-i-2+1) + 2i+1) - 2 = \sum_{i}^{k-2}(k+i) - 2 = k(k-2) + (k-2)(k-1)/2 - 2 < \frac{3}{2}\log^2 n$ となる．

5.4.2.3 じゃばら折りに対する理論的な下界

ここではじゃばら折りに対する理論的な下界，つまりそれ以上は改善できない理論的な限界を示す．この下界は定理 5.4.5 で示した上界にかなり近く，定数倍程度の差しかない．つまり定理 5.4.5 のアルゴリズムを改善するのは，かなり難しいことがわかる．

定理 5.4.6 単純折りモデルで，n 個の連続した山折りを作るという問題で，折りの計算量の下界は少なくとも $\log^2 n / 4 \log \log n - o(\log^2 n / 4 \log \log n)$ である．

証明 それぞれの n について，n 個の山折りを作る最適なアルゴリズムが存在して，その折りの計算量が $f(n)$ だったとする．すると定理 5.4.5 より，$f(n) \leq 2\log^2 n$ である．ここでもし $n_1 < n_2$ なのに $f(n_1) > f(n_2)$ を満たすようなペアがあったとすると，長さ n_1 の紙を n_2 の紙と仮想的に見れば，折り計算量が改善できるので，$f(n)$ の定義に反する．したがって $f(n)$ は単調非減少関数と思ってよい．

アルゴリズムは n 個の折り目をつけるために $f(n)$ 回折っている．したがって，平均値を考えると，少なくとも1回は $n/f(n)$ 個の折り目を重ねてまとめて一度に折っているはずである．$n/f(n)$ 枚の紙を重ねるためには，定理 5.4.1 より，少なくとも

$$\log(n/f(n)) = \log n - \log f(n) > \log n - \log(2\log^2 n) = \log n - 2\log\log n - 1 \tag{5.1}$$

回は折る必要がある．一方で，アルゴリズムが $n/f(n)$ 枚の紙を重ねて一度に折ったとき，$n/2f(n)$ 個の折り目は谷折りになってしまう．

この $n/2f(n)$ 個の谷折りは，いま考えているモデルでは，紙を平らに開いてしまわないとどうしようもない．紙を開いたあとでこの $n/2f(n)$ 個の谷を山折りにするには，アルゴリズムは少なくとも $f(n/2f(n))$ 回は折る必要がある．ここで関数 $f(n)$ が非減少関数で，$f(n) < 2\log^2 n$ であることから，$f(n/2f(n)) > f(n/4\log^2 n)$ である．先と同じ議論をすれば，このアルゴリズムは紙を折って $(n/2f(n))/f(n/4\log^2 n)$ 個の折り目を重ねることがある．そしてこれだけの紙を重ねるには，定理 5.4.1 より，少なくとも，

$$\log \frac{n/2f(n)}{f(n/4\log^2 n)} > \log \frac{n}{4\log^2 n \cdot 2(\log \frac{n}{4\log^2 n})^2} > \log n - 4\log\log n - 3 \tag{5.2}$$

回は折らなければならない．

こうしてアルゴリズムが $n/2f(n)f(n/4\log^2 n)$ 個の折り目を同時に折ったとすると，再び $n/2f(n)f(n/4\log^2 n)$ 個の谷折りができあがる．以下，同様の議論を繰り返すと，さらに $\log n - 6\log\log n - 5$ 回の折りが必要となる．

この議論を繰り返すと，i 回目の繰り返しでは $\log n - 2i(\log\log n + 1) + 1$ 回の折りが必要であることがわかる．そしてこの繰り返しは $\log n - 2i(\log\log n + 1) + 1 \leq 1$ となったとき，つまり $i = \lceil \frac{\log n}{2\log\log n} \rceil$ となったときに終わる．したがって，

$$\sum_{i=1}^{\lceil \frac{\log n}{2\log\log n} \rceil} \log n - 2i(\log\log n + 1) + 1$$

$$\leq \frac{\log n}{2\log\log n}\left(\frac{\log n}{2} - \log\log n - \frac{\log n}{2\log\log n}\right)$$

となり，定理が示された． □

5.4.3　一般のパターンに対するアルゴリズムと下界

最後にじゃばら折りに限定せず，一般のパターンを考えよう．折りアルゴリズムでは，同じパターンをいかにうまく重ね合わせて一度に折るかということが重要であるが，同時に，そのときにできてしまう，いわば裏返しのパターンをいかに直すかという点も併せて考えなければならない．このあたりをうまく調節すると，一般のパターンに対して，n 回よりも真に少ない回数で折れるアルゴリズムを作ることができる．本節で示すアルゴリズムを用いると，長さ n のどんなパターンでも $O(n/\log n)$ 回の折り計算量で折ることができる．また一方で，情報理論の手法を使うと，ランダムなパターンに対する折り計算量を示すことができる．あとで示すように，ランダムに生成したパターンを折るには，高い確率で $\Omega(n/\log n)$ 回の折りが必要となる．これはつまり，ほとんどのパターンは $\Omega(n/\log n)$ 回の折りが必要であり，しかもそれを $O(n/\log n)$ 回の折りで実現するアルゴリズムが存在するということである．こうした文脈で考えると，じゃばら折りは，超高速に折ることができる例外的なパターンであることがわかる．

また，この $O(n/\log n)$ という関数は，文字列の圧縮を行うプログラムの圧縮効率とも関連がある．Lempel と Ziv が開発したデータ圧縮アルゴリズムでは，ほとんどの文字列を $O(n/\log n)$ に圧縮するが [ZL77, ZL78]，本節で紹介するアルゴリズムも，これに類似したアイデアに基づいている．

5.4.3.1　一般のパターンに対する折りアルゴリズム

まずここでは，一般の長さ n の山谷パターンに対する折りアルゴリズムを紹介しよう．ここで使う高速化のアイデアは，このパターンをある短い単位に区切って，単位ごとに折り目をつけるというものである．この単位を「切片」と呼ぶことにしよう．つまり，適当な長さ s を決めて，長さ n の山谷パターンを，n/s 個の切片に分断して，切片ごとに折り目をつけていく，という方法を取る．切片の長さは後ほど議論するが，まずは奇数であるとしておこう．ともかく，与えられた n に対して，うまい具合に s を決めて，それに対応したアルゴリズムを構築すれば，折りの回数を節約できるというアイデアである．山谷パターンはどんなものでもよい，一般的な方法なので，もちろん，n に比較してそれほど s は大きくはとれないことに注意しておこう．ここで与えられたパターンを分断して切片を作ったとき，これが高々 k 通り

のパターンしかなかったとしよう．つまり，たくさんあるかもしれない切片は，どれも k 種類の違った列のどれかに該当すると考える．この場合の最悪の折り計算量を $f(n,k,s)$ と書くことにしよう．つまり長さ n のパターンが与えられて，これに対して長さ s を決めたら，k 通りのパターンがあったときに，高々 $f(n,k,s)$ 回の操作で求めるパターンが得られるというわけだ．すると $f(n,k,s)$ に対して，次の上界が得られる．

補題 5.4.7 長さ n のパターンに対して，切片の長さを s として，その切片の種類が k 通りあったとき，折り計算量 $f(n,k,s)$ は $f(n,k,s) \leq \frac{4n}{s} + ks\log n$ で抑えられる．

証明 ここで，ある切片に注目する．これが t 回現れるとしよう．そこで紙をジグザグに折れば，この t 個の切片を重ねることができる．切片の長さを奇数と定めておいたので，これはいつでも可能である．このジグザグを折るためには，$t-1$ 回紙を折ればよい．

ジグザグに折って重ねて切片を折ったあと，このジグザグに折ったために，求めるパターンと逆向きに折ってしまった折り目を直す必要がある．ところで，このジグザグの折り方は，最初を山に折るか谷に折るかで 2 通りの選択肢がある．この 2 通りのうち，逆に折る向きが少ない方を選べば，逆向きに折る折り目の数を半分以下に抑えることができる．したがって，この折りの回数は全部で $t-1+t/2 \leq 3t/2$ 回（つまり重ねるために $t-1$ 回，逆向きを直すために $t/2$ 回）で抑えることができる．

切片そのものに折り目をつけるためには s 回折ればよい．しかし，ジグザグに折って重ねたため，半分は正しく折れるが，半分は逆向きに折られてしまう．これを直すため，逆向きの半分に対して再帰的に同じ処理を行う．毎回，半分になることを考えれば，全体の折りの回数は次の式で抑えられる．

$$\left(\frac{3t}{2}+s\right) + \left(\frac{3t}{4}+s\right) + \left(\frac{3t}{8}+s\right) + \cdots + (1+s) < 3t + s\log\frac{3t}{2}$$

ここで元のパターンの中に切片の i 番目の種類のものが t_i 個現れるとする．つまり $\sum_{i=1}^{k} t_i = \frac{n}{s}$ である．上記の操作を k 通りの切片のそれぞれについて繰り返せば，すべての切片を折るための折り計算量は，

$$\sum_{i=1}^{k}\left(3t_i + s\log\frac{3t_i}{2}\right) \leq 3\frac{n}{s} + ks\log n$$

となる．最後に切片と切片の継ぎ目の折り目を考えると，これは $\frac{n}{s}$ 個あるの

で，これを一つひとつ折る手順を加えれば，

$$f(n,k,s) \le \frac{4n}{s} + ks\log n$$

を得る． □

補題 5.4.7 より，任意のパターンに対する折り計算量の上界 $\Theta\left(\frac{n}{\log n}\right)$ がすぐに得られる．

定理 5.4.8 長さ n の任意のパターンに対する折り計算量は，任意の $\varepsilon > 0$ に対して高々，

$$(4+\varepsilon)\frac{n}{\log n} + o\left(\frac{n}{\log n}\right)$$

である．

証明 補題 5.4.7 において $s = (1-\varepsilon')\log n$, $k = 2^s = n^{1-\varepsilon'}$ とおいて，さらに $\varepsilon' = \frac{\varepsilon}{4+\varepsilon}$ とする．すると，

$$\frac{4n}{(1-\varepsilon')\log n} + (1-\varepsilon')n^{1-\varepsilon'}\log^2 n = (4+\varepsilon)\frac{n}{\log n} + o\left(\frac{n}{\log n}\right)$$

を得る． □

5.4.3.2 一般のパターンに対する下界

本項では，一般のパターンのほとんどが「折り計算量」の意味で難しいことを示す．もう少し詳しく言うと，ランダムに生成した山谷パターンの折り計算量は，高い確率で $\Omega(n/\log n)$ となることを示す．これは定数倍を除いて前節の折りアルゴリズムの効率と同じである．つまり，ほとんどのパターンについて，前節の折りアルゴリズムは本質的に最速で，定数倍を別とすれば，改善の余地がほとんどないことがわかる．例えばじゃばら折りやドラゴンカーブのように，効率よく折れるパターンとは，実は例外的な存在なのである．

定理 5.4.9 長さ n のランダムな文字列に対する折り計算量は，高い確率で，

$$\frac{n}{2+\log n}$$

以上になる．

証明 ここでは数え上げ手法と呼ばれる証明を行う．まず紙を k 回折ったと

仮定して，その折り畳んだ状態が何種類できるか，見積もってみよう．ここでランダムな文字列は 2^n 種類あるので，この k 回折って作れる折り畳んだ状態の種類が 2^n を上回らなければ，k 回では決して折れない文字列が存在することに注意しよう．これが数え上げ手法の本質である．

さて，それぞれの折りを行うとき，山折りにするか谷折りにするかという2つの選択肢がある．また，どの位置を折るかという選択肢もあり，これは高々 n 種類であることがわかる．そして k 回折るとき，その間で，「すべての紙を広げる」という操作をするという選択肢がある．これは，やるかやらないかという選択を k 回行っていることになる（2つの折り操作の「間」を考えると $k-1$ 回だが，すべて折り終わった最後に，すべて広げてしまうという意味のない操作を考えると k 回と考えてよいだろう）．つまり「k 回折る」（間でときどきすべて広げる）という操作を行ったあとの折り畳んだ状態の種類は，高々 $(2 \times n \times 2)^k = (4n)^k$ 個しかないということがわかる．

したがって，もし $(4n)^k = o(2^n)$ であると，ほとんどの文字列は折ることができない．言いかえると，ほとんどの文字列に対する折り計算量は，少なくとも $(4n)^k > 2^n$ を満たす k でなければならない．ここで $(4n)^k = 2^n$ を解くと $k = \frac{n}{2+\log n}$ を得る． □

定理 5.4.8 で示した上界と，定理 5.4.9 で示した下界は，4 倍程度しか違っていない点に注意する．つまりほとんどの文字列は定理 5.4.8 で示したアルゴリズムで折る方法が，ほとんど最適な方法で，改善の余地はほとんどない．こうした上界・下界は，折りのモデルに依存する部分もあるので，定数 4 を縮めるには，もっとモデルを精緻化して，双方の議論を細かい部分まで詰める必要があるだろう．

ともあれ，上記の定理 5.4.8 と定理 5.4.9 から，多くのパターンは効率よく折ることはできない．つまりじゃばら折りやドラゴンカーブのように効率よく折れるパターンは，極めて例外的で，特殊なパターンなのである．しかし定理 5.4.9 は数え上げ手法に基づく存在定理であって，「効率よく折れないパターン」を具体的に与えてくれるものではない．つまり次の問題は未解決である．

未解決問題 5.4.2 折り計算量が $\Omega\left(\frac{n}{\log n}\right)$ である具体的な山谷パターンを与えよ．

もちろん，次の問題も未解決である．

未解決問題 5.4.3 自然数 k に対して，折り計算量が $O(\log^k n)$ である具体的な山谷パターンは，じゃばら折りやドラゴンカーブ以外にどのようなものがあるだろうか．

例えば「じゃばら折り」に近ければ折り計算量が小さいだろうという直感はあるが，ではこの「近い」ということをどうやって判定すればいいだろうか．

定理 5.1.2 で見た通り，「じゃばら折り」は折り目が規則的で，折り畳み状態が 1 種類しか存在しない唯一の例である．例題 5.1.1 に挙げたパターンは，じゃばらとほとんど同じに見えるが，折り畳み状態は指数関数通り存在する．こうしたパターンの折り計算量はどうなのだろうか．もう少し具体的には，次の未解決問題は興味深い．

未解決問題 5.4.4 折り計算量と折り畳み状態の個数には，何か関係があるだろうか？

5.5 切手折り問題の折り目幅問題

本節では「折り計算量 (folding complexity)」という概念に引き続いて，「折り目幅 (crease width)」という概念を導入し，それにまつわる問題を考える．具体的には，次の問題を考える．

入力： 長さ $n+1$ の紙と，長さ n の M と V からなる文字列 s．
出力： 上記の紙を長さ 1 に折り畳んだもの．
目的： 折り目に挟まる紙がなるべく少ないものを見つける．

Column 3 でも考えたとおり，コンピュータサイエンスの世界では，計算に必要な時間と，メモリ量が計算のコスト，あるいは計算資源として考えられている．もちろん計算のステップ数が少なくて，かつメモリ消費が少ないほうが優れたアルゴリズムである．折り紙におけるこうした資源やコストには，どのようなものが考えられるだろう．まず最も自然な発想は，「折る回数」であろう．これは時間計算量と自然に対応がつく．これは 5.4 節で考えた「折り計算量 (folding complexity)」であり，これについては異論は少ないだろう．ではメモリ量に対応する概念はなにかないだろうか．これについてはいろいろな考え方があるだろう．本節で取り上げる「折り目幅 (crease width)」とは，簡単には「折り目に挟まった紙の枚数」である．これは「紙をたくさん

重ねて折ると，折り目がずれる」という観察からの発想である．実際に折るとすぐわかるが，折り紙を正確に折ろうと思うなら，あまり重ねて折らない方がよい．

実際，精緻な折り紙作品を作る場合，まずじっくりと丁寧に折り目だけをつけておいて，最後にそれを折り目に沿って立体化するという技法を取ることが多い．何枚も，ときには十枚を超える枚数を重ねておると，綺麗に精確な折り目をつけるのが難しい．こうした背景から，折り目に挟まる紙の枚数は少ない方がよい．また，折り計算量を小さくするには，紙をたくさん重ねて折る必要があり，この関係は「高速に計算しようとするとメモリがたくさん必要になる」あるいは「メモリを節約しようとすると計算時間が遅くなる」という，コンピュータサイエンスにおける時間計算量と領域計算量のトレードオフ関係に似たものがある．

こうした理由から，著者たちは「折り目幅」をいう概念を折り紙におけるコストの指標として使うことを提案している．もちろんこれについては異論はあろうし，今後，違った指標が提案されることも歓迎である．何より，「折り目幅を小さくする」という問題は，コンピュータサイエンスの観点からは，非常に面白い研究テーマであり，研究する価値のある概念である．本節ではその興味深い性質を紹介する．

まず，どんなパターン P が与えられても，この問題が意味があることを確認しておこう．つまり，まず定理 5.1.1 より，とにかく折ればよいということであれば，必ず折ることができる．また，どんな折り畳み状態でも，定理 5.2.4 より，(単純折りで)必ず折れることが保証されている．したがってあるパターン P が与えられたとき，これが「じゃばら折り」であれば定理 5.1.2 より，折り畳み状態は 1 つしかなく，しかもこのとき，折り目に挟まっている紙はまったくないため，本節での問題は即座に解ける．少し考えると，次の系が成立することも，すぐわかる．

系 5.5.1 以下の 2 つは同値である：(1) 折り畳み状態はじゃばら折りである．(2) それぞれの折り目に挟まっている紙の枚数は 0 枚である．

つまり与えられたパターン P がじゃばら折りであれば，問題は即座に解けて終了するが，それ以外の場合は，必ずどこかの折り目に紙が挟まっていて，しかも折り畳み状態は 2 通り以上あるため，その中の「最適」な折り方を考えることには，意味がある．

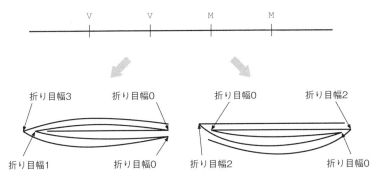

図 5.9 文字列 $VVMM$ に対する折り畳み状態の例と，それぞれの折り目における折り目幅

5.5.1 最適化問題と計算量

ここまで，「折り目幅」を漠然と「折り目に挟まった紙の枚数」としてきたが，改めて問題をきちんと定義しよう．まず問題の入力は，「長さ $n+1$ の紙 P と，長さ n の M と V からなる文字列 s」である．そして出力は「紙 P を s と矛盾しないように長さ 1 に折り畳んだもの」である．これは上記の考察から，必ず存在する．また s がじゃばら折りなら 1 通りしか存在しないが，それ以外の場合は 2 通り以上存在する．

この P の折り畳み状態が 1 つ与えられたとき，まずそれぞれの折り目 i において，そこに挟まった紙の枚数をその折り目 i における折り目幅と定義する（図 5.9）．ここで紙 P の折り畳み状態における折り目幅最小問題には，次の 3 種類が考えられる．

最大値の最小化：それぞれの折り目の折り目幅を考えて，その最大値を最小化する．

平均値の最小化：それぞれの折り目の折り目幅を考えて，その平均値を最小化する．

合計値の最小化：それぞれの折り目の折り目幅を考えて，その合計値を最小化する．

ここで合計値を n で割ったものが平均値であることを考えると，3 種類のうち 2 種類は本質的に同じ問題であるとわかる．したがって以下では，最大値の最小化問題と，合計値の最小化問題を考える．ここで 2 つの問題の違いについて考えておこう．一見するとこの 2 つの問題に違いがあるかどうかすら，

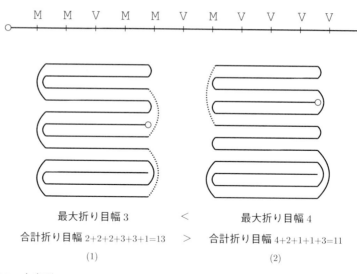

図 5.10 文字列 $s = MMVMMVMVVV$ に対して折り目幅を最小にする 2 つの折り畳み状態．それぞれ折り目幅が最大の折り目を点線で示した．(1) 最大折り目幅が最小の値 3 になる折り畳み状態．(2) 合計折り目幅が最小の値 11 になる折り畳み状態．

明らかではない．厳密に言えば，本書執筆時点でも，明確な違いがわかっているわけではない．ここで例 5.1.3 のパターンに再度登場してもらおう．

例 5.5.2 長さ 12 の紙に $s = MMVMMVMVVV$ という折り目をつける問題を再び考える．これを長さ 1 に折り畳む方法は，全部で 100 通りある．この 100 通りあるうちで，折り目幅の最大値が最小になる折り方はただ 1 通りしかなく，また折り目幅の合計が最小になる折り方もただ 1 通りしかなく，しかもこの 2 つは異なる折り畳み方である．それぞれの折り畳み方を図 5.10 に示す．

例 5.1.3 で紹介した通り，現時点でこうした問題を解くには，すべての可能な組合せをすべて試す以外の方法は知られていない．上記の解も著者が作成したプログラムによる全探索の結果である．つまり，まずこの折り目に従ったすべての折り畳み状態を列挙して，その一つひとつについて折り目幅を計算し，その値を出力しただけである．直観的には，文字列 s に従って紙の折り目を仮想的に一つずつ折っていく方法がまず浮かぶが，実際にプログラムを作ろうとすると，これはかなり大変である．現実的には，以下のアルゴリズムのほうが実装が簡単であり，お勧めである：

> **アルゴリズム 1**：文字列 s に対する折り畳み状態を全列挙する力づくのアルゴリズム
>
> 　入力　：長さ n の文字列 s;
> 　出力　：s を実現する折り畳みの方法;
> **for** 1 から n までの順列 Q を 1 つずつ生成する **do**
> 　　Q を紙の折り畳み状態と考えて，これが s を実現しているかどうか調べる;
> 　　Q の紙の両端が正しい入れ子状態になっているかどうか調べる;
> 　　**if** 両方の条件が成立 **then** s を実現している折り畳み状態 Q を出力する;
> **end**

　上記のアルゴリズムの「紙の両端が正しい入れ子になっているかどうか調べる」という部分は，切手折り問題の補題 5.3.3 で出てきた議論と同じであり，折り畳んだ紙が自分自身と交差しないかどうかをチェックする必要がある．これは本質的には補題 5.3.3 の証明で出てきたとおり，バランスの取れた括弧列のチェックと同じであり，スタック構造を使えば簡単に（線形時間で）調べることができる．また，順列を 1 つあたり定数時間で列挙するアルゴリズムも多数知られている．したがって上記のアルゴリズムは $O(n \cdot n!)$ 時間で動作する．これは指数関数であり，理論的には効率の悪いアルゴリズムであるが，著者の簡単なプログラムでも $n = 20$ 強くらいまでは，現実的な時間で動作する．例 5.1.3 や例 5.5.2 で紹介した $s = MMVMMVMVVVV$ という折り目の列は，このプログラムで見つけ出したものである．

　では，こうした愚直な方法ではなく，もっとスマートに答えを見つける方法はないだろうか．どうもなさそうだ，というのが本節で示す結果である．まず，最初の定理は折り目幅の最大値の最小化問題が，計算量理論的には手に負えないという次の結果である：

定理 5.5.3 長さ $n+1$ の紙 P とその上の長さ n の折り目パターン s が与えられたとき，折り目幅の最大値の最小化問題は NP 完全問題である．

　計算量の理論に馴染みの少ない読者のために補足しておくと，NP と呼ばれるクラスは，P≠NP 予想と呼ばれるミレニアム問題と密接な関係がある問題のクラスである[9]．P≠NP 予想は，一般には P≠NP であろうと予想されて

---

[9] ミレニアム問題とは懸賞金つきの問題で，これが解けると 100 万ドルもらえる．

いて，Pは，ある意味で現実的な時間で解ける問題のクラスである．要するに，ある問題が NP 完全問題であるということが証明できると，(P≠NP であろうという大方の予想を信じるならば）これは，効率よく解くことができないだろうという強い根拠を与える．今回の折り紙の問題で言えば，結局のところ，すべての組合せを試してみなければ，最大値の最小化問題は解けないだろうというのがこの定理の主張である．

一方，合計値の最小化問題については，本書執筆の時点では困難性は示されておらず，未解決である：

未解決問題 5.5.1 長さ $n+1$ の紙とその上の長さ n の折り目パターン P が与えられたとき，折り目幅の合計値の最小化問題は多項式時間で解けるだろうか．それとも NP 完全問題だろうか．

計算量的な困難性は確立されていないものの，部分的な解答はえられている．それが次の定理である．

定理 5.5.4 長さ $n+1$ の紙 P と，その上の長さ n の折り目パターン s と，自然数 k が与えられたとき，折り目幅の合計値が k 以下かどうかを判定する問題は，$O((k+1)^k n)$ 時間アルゴリズムで解くことができる．

これは計算量理論の言葉でいえば，折り目幅の合計値の判定問題は，固定パラメータ容易性 (FPT; Fixed Parameter Tractable) があるという．もう少し噛み砕いていえば，折り目幅の合計値が k 以下で折り畳めるかどうかという問題は，k が小さければ高速に解けるということを意味している．つまり k が十分小さい定数であれば，理論上は $(k+1)^k$ も定数なので，$O((k+1)^k n)$ 時間のアルゴリズムは線形時間で動作する，高速なアルゴリズムになるということである．しかし k が例えば n に比例するくらいの大きな数であれば，これは指数時間かかるアルゴリズムであり，アルゴリズム 1 の「すべて試す」というアルゴリズムと，あまり変わらないアルゴリズムになってしまう点に注意しよう．

以下で，この 2 つの定理の証明を順に示そう．

5.5.2 最大値の最小化問題の NP 完全性

本項では，折り目幅問題の最大値を最小化する問題が NP 完全であることを証明する（正確には，本問題が NP に属するのは明らかなので，困難性を

証明する).NP完全性の証明には,すでにNP完全であることがわかっている他の問題を,いま考えている問題で模倣すればよい.これを専門用語では帰着というので,以下,帰着ということにする.

ここで定理5.1.2と系5.5.1より,じゃばら折りは,折り畳み状態がただ一通りしかなく,しかもどの折り目においても,折り目幅が0である,唯一のパターンであったことを思い出そう.まず,じゃばら折りと同様,特別な性質をもつ折り目のパターンとして,すべて同じ折り目であるパターンを考える.このとき次が成立する.

観察 5.5.5 長さnの山谷パターンsとして,同じものがn個続いたもの,つまりV^nやM^nを考える.このsを実現する折り畳み状態はn通り存在する.そして,それぞれの折り状態における折り目幅は$n-1$である.

これは演習問題5.3.1でも考えたし,図5.1を見ても明らかであろう.これを2つ組み合わせると,興味深いパターンが得られる.

観察 5.5.6 自然数nに対して,sを山谷パターンM^nV^nとする.このとき,sを実現する折り畳み状態はn^2個存在する.このうち,最初のセグメント0と最後のセグメント$2n$が,折り畳み状態において外部から見えたとすると,折り畳み状態は$[0|2n-1|2|2n-3|\cdots|2i|2(n-i)-1|\cdots|1|2n]$か,この裏返しである.

$s=M^5V^5$を実現する2つの折り畳み状態を図5.11に示す.図5.11(a)では,0番目のセグメントと10番目のセグメントが見えていて,観察5.5.6で言及している状態である.この状態を長さ$2n$の渦巻折り畳み状態と呼ぼう.これ以外の折り畳み状態は,図5.11(b)のように,0番目のセグメントと1番目のセグメントが見えている折り畳み状態になるか,あるいは$(2n-1)$番目のセグメントと$2n$番目のセグメントが見えている折り畳み状態になるか,どちらかである.

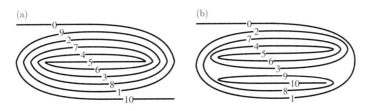

図 5.11 渦巻折り畳み状態(a)とそうでない折り畳み状態(b)

さて，ここでは次の判定問題の NP 困難性を示そう[10]．

入力：長さ $n+1$ の紙と，長さ n の M と V からなる文字列 s と，自然数 k．

出力：上記の紙を長さ 1 に折り畳んだとき，折り目幅の最大値を k 以下にできるか．

困難性を示す元となる問題は 3-PARTITION と呼ばれる次の判定問題である．

3-PARTITION（詳細は [GJ79] を参照のこと）

入力：$3m$ 個の要素をもつ集合 $A = \{a_1, a_2, \ldots, a_{3m}\}$ と自然数 B．ただしここで，それぞれの要素 a_i は自然数の重み $w(a_i)$ をもち，しかもそれぞれの重みは $B/4 < w(a_i) < B/2$ を満たし，かつ $\sum_{j=1}^{3m} w(a_j) = mB$ である．

出力：A を m 個の互いに素な m 個の集合 $A^{(1)}, A^{(2)}, \ldots, A^{(m)}$ に分割して，それぞれの $1 \leq i \leq m$ に対して $\sum_{a_j \in A^{(i)}} w(a_j) = B$ とできるか？

3-PARTITION は強 NP 完全であることがよく知られている [GJ79]．したがって 3-PARTITION から折り目幅の最大値最小化問題への帰着を構成すればよい．つまり，3-PARTITION の問題が 1 つ与えられたときに，そこから紙テープ P と山谷パターン s を作り出し，その折り目幅の最大値を最小化する問題を解けば，元の 3-PARTITION の解が得られるようにすればよい．（直観的には，こうした帰着ができれば，折り目幅の最大値最小化問題が，3-PARTITION と同等か，あるいはそれ以上の難しさを持つことを示したことになる．）そこで以下では，3-PARTITION への入力として，$a_1, \ldots, a_{3m}$ と B が与えられたと仮定して，ここから折り目幅最大値最小化問題の入力，つまり山谷パターン s と自然数 k を構築する方法を示そう．

山谷パターン s と自然数 k の構成方法　まずそれぞれの要素 $a_j \in A$ に対して，次の文字列 x_j を考える．

$$x_j = \begin{cases} V^{w(a_j)m^3} M^{w(a_j)m^3} & j \text{ が奇数} \\ M^{w(a_j)m^3} V^{w(a_j)m^3} & j \text{ が偶数} \end{cases} \tag{5.3}$$

そして次にそれぞれの $j = 1, 2, \ldots, 3m$ に対して，文字列 s_j を次で定義する．

---

[10] 最適化問題と判定問題とでは，少し問題の難しさが違うのではないかと思う読者もいるかもしれない．しかしこれらは，次のように考えれば，本質的に同じ難しさであると考えられる．まず，判定問題が解けるならば，それぞれの $k = 1, 2, \ldots, n$ に対して判定問題を解けば，その Yes と No の境目が最適化問題の解答である．また最適化問題が解ければ，その解答を使えば判定問題も解ける．

$$s_j = \begin{cases} (VM)^m x_j (VM)^m & j \text{ が奇数} \\ (MV)^m x_j (MV)^m & j \text{ が偶数} \end{cases} \qquad (5.4)$$

さらに 2 つの文字列 $t_1 = M^{2Bm^3+16m^2}$ と $t_2 = V^{Bm^3+8m^2+1}M^{Bm^3+8m^2}$ を定義する．この 2 つの文字列 t_1 と t_2 を<u>終端文字列</u>と呼ぶことにする．また $f = (MV)^{m+1}$ とする．さて準備は整った．これらの文字列をすべてつなぎ合わせた，

$$s = t_1 f t_2 s_1 s_2 \cdots s_{3m}$$

が求める山谷パターンの文字列である．そして $k = 2Bm^3 + 16m^2$ とする．この文字列 s と数 k は元の 3-PARTITION の入力から多項式時間で構成できる．

　まずこの文字列の直感的な意図を説明しておこう．t_1 と t_2 は，厚い渦巻折り畳み状態で，これらは折り畳み状態において，両端に来ることになる．両端に挟まれた文字列 f は，じゃばら折りであり，このじゃばら折りの i 番目の谷折りは，集合 $A^{(i)}$ を表していて，あとで他の紙をうまく挟み込むことを狙っている．以下，f の i 番目の谷折りを i 番目の<u>フォルダ</u>と呼ぶことにする．そして中に挟まるそれぞれの x_j は元の 3-PARTITION の要素分の厚みをもっていて，これらを等分に（つまり k に収まるように）それぞれのフォルダに挟み込むことを狙っている．

　ここで 2 つの補題を示そう．この 2 つの補題を組み合わせれば，定理 5.5.3 が証明できる．

補題 5.5.7 3-PARTITION の問題 $\{a_1, a_2, \ldots, a_{3m}\}$ と B が解を持つと仮定する．このとき，上記で構成した山谷パターン s には，最大折り目幅高々 k の折り畳み状態が存在する．

証明 3-PARTITION の解となる A の分割を $A^{(1)}, \ldots, A^{(m)}$ としよう．つまり $A = \dot\bigcup_{i=1}^{m} A^{(i)}$ である．このとき，それぞれの i（ただし $1 \le i \le m$）について，$A^{(i)} \subset A$, $|A^{(i)}| = 3$, $\sum_{a_j \in A^{(i)}} w(a_j) = B$ が成立する．この分割から，1 次元折り紙の折り目幅 k の折り畳み状態を構成しよう．

　まず，部分文字列 $s' = t_1 f t_2$ の折り畳み状態を考える．観察 5.5.5 より，終端文字列 t_1 の折り畳み状態の個数は $k+1$ である．このうち，t_1 から f につなぐことができる「端」が外部に出ている折り方は 1 通りしかない．もし，この t_1 の「端」が内部に折り込まれてしまうと，ft_2 に属するすべての紙の切片が t_1 の端と一緒に内部に折り込まれてしまって，最大折り目幅が k

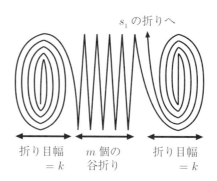

図 5.12 2つの終端文字列 $t_1 \cdot t_2$ と，その間のじゃばら折り f を折り畳んだところ

を越えてしまう．したがって，最大折り目幅を最大 k に限定すると，t_1 の部分の折り方は $[k|k-2|\cdots|k-2i|\cdots|2|0|1|3|\cdots|2i+1|\cdots|k-1]$ としなければならない．じゃばら折り f の折り方は一意的に決まるので，折り状態は $[k+1|k+2|\cdots|k+m+2]$ となる．次にもう1つの終端文字列 t_2 を考える．この部分を折り目幅高々 k で折り畳もうとすると，この部分を渦巻折り状態 $[k+m+3|2k+m+3|k+m+5|2k+m+1|\cdots|2k+m+2|k+m+2]$ として，$(m+1)$ 個目のフォルダに挟み込むしかない．

さて，ここまでで部分文字列 s' は次のように折り畳むことができた（図 5.12）：

$$[k|k-2|\cdots|k-2i|\cdots|2|0|1|3|\cdots|2i+1|\cdots|k-1$$
$$|k+1|k+2|\cdots|k+m$$
$$|k+m+1|2k+m+3|k+m+3|2k+m+1|\cdots|2k+m+2|k+m+2].$$

それぞれの $A^{(i)} = \{a_j, a_{j'}, a_{j''}\}$ については，直感的には，対応する文字列 x_j, $x_{j'}$, $x_{j''}$ を折り畳んで，まとめて i 番目のフォルダに挟み込めばよい．以下でその詳細を記そう．

まず j が奇数のときを考える．部分文字列 x_j の部分の紙を折り畳んで i 番目のフォルダに入れよう．この折り畳みは3つのステップからなる（図 5.13）．まず，s_j の中の最初の $(VM)^m$ は，次のように折る．それぞれの M，つまり山折りを，m 個のフォルダの端から降順に1つずつ収めていく．途中で i 個目のフォルダに到達するので，そうしたら残りの (VM) の繰り返しは，まとめて i 番目のフォルダに畳んで入れてしまう．

次の部分文字列 x_j は，渦巻折り畳みにして i 番目のフォルダに入れる．より正確にいえば，まず x_j の文字列は，紙全体の $[t..t+2w(a_j)m^3+1]$ の区間

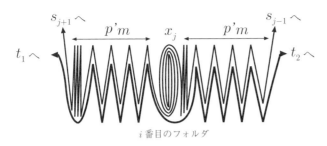

図 5.13 文字列 $s_j = (VM)^m x_j (VM)^m$ の折り方

にある．そこでこれを，$[t|t+2w(a_j)m^3-1|t+2|t+2w(a_j)m^3-3|\cdots|t+2l|t+2(w(a_j)m^3-l)-1|\cdots|t+1|t+2w(a_j)m^3]$ という渦巻折り畳みにして，次にこれを i 番目のフォルダに格納する．

引き続く 2 つ目の $(VM)^m$ は，i 番目のフォルダから，やはり順番に 1 つずつ山折りを降順にフォルダに収めていく．最後に 1 つ目のフォルダに到着したら，残ったじゃばら折りはすべてこの 1 つ目のフォルダに収めておく．

j が偶数の場合は，部分文字列 s_j を奇数と同様の方法で，ただし全体としては逆順，つまり降順であったところは昇順に格納していく．直感的には，終端文字列を折り畳んだ間にあるじゃばら折りのフォルダの上を，奇数番目・偶数番目で左向き，右向きに交互に埋めていくこととなる．

この折り方で，最終的に得られる折り畳み状態の折り目幅の最大値が k を超えないことを示そう．まず終端文字列 t_1 を折り畳んだ部分において，最大の折り目幅を達成するのは，切片 k と $k-1$ の間で，ここが k になっている．同様に t_2 の折り畳みにおける最大折り目幅は，切片 $k+m+3$ と $k+m+2$ の間で，ここも k である．次に i 番目のフォルダに注目すると，ここには 3 つの文字列 $x_j \cdot x_{j'} \cdot x_{j''}$ の渦巻折り畳み状態と，他の $h \in \{1,\ldots,3m\}$ に関する文字列 x_h のじゃばら部分 $(VM)^m$ や $(MV)^m$ の折り目がいくつか収まっている．したがって，全体では高々 $2(w(a_j)m^3+w(a_{j'})m^3+w(a_{j''})m^3)+2\cdot 2\cdot m\cdot 3m = 2Bm^3+12m^2$ となり，これは k の定義より k 未満である． □

補題 5.5.7 の証明は以上である．次の補題 5.5.8 で逆を示そう．

補題 5.5.8 山谷パターン s を与えた 1 次元折り紙に，最大折り目幅 k をもつ折り畳み状態が存在したとき，元になった 3-PARTITION の問題 $\{a_1, a_2, \ldots, a_{3m}\}$ と B には解が存在する．

証明 まず，最大折り目幅が（高々）k の折り畳み状態においては，次の 3 つ

の条件が満たされていることを示そう．(1) 文字列 $s' = t_1 f t_2$ の部分は図 5.12 のような唯一の折り畳み状態になっている．(2) 文字列 x_j はどこか 1 つのフォルダに収まっている．(3) それぞれのフォルダは，ちょうど 3 つの x_j に対応する折り畳み状態を挟み込んでいる．

条件 (1) は観察 5.5.5 と 5.5.6 から成立することがわかる．また，この部分で最大折り目幅がすでに，ちょうど k になることがわかる．この条件 (1) から条件 (2) がいえる．もしそうでなければ，s_j に関する紙の切片が，どちらかの終端文字列に対する折り畳み状態よりも，外側に出て行かなければならない．すると，その折り目の部分で最大折り目幅が k を超えてしまう．次に条件 (3) を背理法で示す．ここで，あるフォルダが高々 2 つの x_j に対応する切片しか挟み込んでいないと仮定しよう．すると，条件 (2) と鳩の巣原理から，どこかのフォルダには少なくとも 4 つの x_j に対応する切片を挟み込まなければならない．そこで，このフォルダに $x_{j_1}, x_{j_2}, x_{j_3}, x_{j_4}$ という 4 つの要素分の紙の切片が挟み込まれていたと仮定しよう．すると，この部分の最大折り目幅が高々 k であることから，$w(a_{j_1}) + w(a_{j_2}) + w(a_{j_3}) + w(a_{j_4}) \leq B$ となるはずだが，一方で 3-PARTITION の入力の条件から，$w(a_{j_1}) + w(a_{j_2}) + w(a_{j_3}) + w(a_{j_4}) > 4(B/4) = B$ であり，これは矛盾である．したがって条件 (3) が成立する．

文字列 s から，条件 (1)～(3) を満たすような最大折り目幅 k の折り畳み状態が得られれば，ここから 3-PARTITION の問題に対する解答を構築することは，簡単である． □

補題 5.5.7 と補題 5.5.8 がえられたので，最後に定理 5.5.3 をきちんと証明しておこう．この 2 つの補題より，構成した 1 次元折り紙が最大折り目幅 k の折り畳み状態をもつ必要十分条件が，元の 3-PARTITION の問題が解を持つことであることがわかった．したがって定理 5.5.3 が成立する．

5.5.3 固定パラメータ容易性

本項では，合計折り目幅が高々 k であるかどうかを判定する $O((k+1)^k n)$ 時間のアルゴリズムを示そう．専門用語でいえば，このアルゴリズムは FPT とよばれる性質をもつ．もう少し詳しく説明すれば，このアルゴリズムは，折り目幅の全体での合計が k で抑えられて，その k がある程度小さいときに，効率よく動作するアルゴリズムである．

ここで k を事前に与える必要があることに注意しよう．つまり，合計折り目

幅が十分小さいと予想してアルゴリズムを実行してみて，うまくいけばよし，うまく行かなければ，最適な折り畳み状態を求める問題は手に負えないことがわかる，というアルゴリズムになっている．実際にはkが少し大きくなると，$(k+1)^k$はとてつもなく大きくなる．それを考えると，例えば$k=1,2,3,\ldots$と順に実行してみて，適当な時間で計算が終わればよし，終わらなければ，これは実用的な時間では最適値を求めることができない文字列であると判断すればよい．

ややいいかげんなアルゴリズムに見えるかもしれないが，現時点ではこの問題の困難性は示されていないため，これが精一杯の結果であるともいえるだろう．ともあれ，山谷パターンsと自然数kが与えられ，ここから合計折り目幅が高々kであるかどうかをnに関する多項式時間で求めるアルゴリズムを示すことにしよう．

まず入力として山谷パターン$s = s_1 s_2 \cdots s_n$と合計折り目幅kが与えられたとする．このとき，それぞれの$i = 1, 2, 3, \ldots, n$に対して部分パターン$s^{(i)} = s_1 s_2 \cdots s_i$を考え，そこまでの合計折り目幅が$k$以下であるようなすべての折り状態をすべて列挙する．具体的には$s^{(i-1)}$までのすべての折り状態に対して，最後のi番目の切片をつなげて，可能な場所に挿入した折り状態をすべて生成する．上記のアイデアを具体的なアルゴリズムの形で表現するとアルゴリズム2と手続き fold(P, i, k)のように書き下すことができる．山谷パターンsと自然数kが入力として与えられたとき，アルゴリズムは，sの平坦折り畳み状態で，合計折り目幅が高々kであるものが存在すれば，それをすべて出力する．もしそうした折り畳み状態が存在しなければ，アルゴリズムは何も出力せずに停止する．

例 5.5.9 与えられた山谷パターンが$MMVVVMMVMVMVVMVMV\cdots$で，今の平坦折り状態が図 5.14 に示した $[0|3|6|5|4|7|8|9|10|11|16|15|14|13|12|2|1]$ であったとする．次の折り目 s_{17} は V なので（まだkに余裕があるとすると），図中に点線で示したところが fold$(P, 17, k)$ の可能な選択肢のすべてである．それぞれの選択肢によって，紙を挿入された折り目では折り目幅が1増える．一方，17番目の切片が選んだ場所によって，s_{17} はそれぞれ 0, 2, 4, 8 という折り目幅を得る．

このアルゴリズムはある意味でかなり自然なアルゴリズムで，合計折り目幅がk以下の範囲の平坦折りを端からすべて試している．したがって，アルゴリズムが正しく動作すること自体はほとんど自明であろう．この自然なア

Algorithm2：合計折り目幅が k 以下の平坦折り畳み状態をすべて列挙するアルゴリズム

入力：$s \in \{M,V\}^n$（ただし $n \geq 1$）と自然数 k
出力：s に合致して，かつ合計折り目幅が高々 k であるすべての平坦折り状態 P

P を区間 $[0,1]$ に置かれた 0 番目の切片で初期化；
fold($P,1,k$);
// 1つ目の切片を現在の P につなぐ．合計折り目幅は k 以下．

Procedure fold(P,i,k)

if $i = n$ then P を出力；
else
　i 番目の切片を取り上げる；
　foreach 現在の折り畳み状態 P のそれぞれの層の間のすき間について以下を実行
　do
　　if i 番目の切片をいま見ているすき間に挿入できる then
　　　i 番目の切片をそのすき間に入れた新たな折り状態を P とする；
　　　i 番目の切片を入れる部分の折り目幅を k' とする；
　　　i 番目の切片を入れることで折り目幅が増加する折り目の個数を j とする；
　　　// $k - (k' + j) \geq 0$ ならば，これはまだ可能な平坦折り状態である．
　　　fold($P, i+1, k-(k'+j)$);
　　end
　end
end

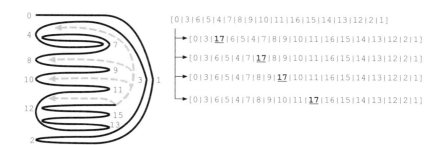

図 5.14　fold($P, 17, k$) が実行可能な選択肢

ルゴリズムの実行時間を大雑把に見積もると，最初の折り方が1通り，次の折り畳みで入れることのできるすき間は高々2通り，次は高々3通り，と考えれば，$O(n!)$ 時間であることは，すぐに示すことができる．しかし，スターリングの公式によれば，

$$n! \sim \sqrt{2\pi n}\left(\frac{n}{e}\right)^n$$

であり，これは大雑把には $O(n^n)$ と見ることができ，これは指数時間アルゴリズムである．ところがこれをもう少し丁寧に評価すると，定理5.5.4で示した通り，$O((k+1)^k n)$ という実行時間を示すことができる．そこでサブルーチン fold(P,i,k) の実行時間をもう少し丁寧に考えてみよう．

まず i 番目の切片の挿入により，アルゴリズム中の変数 k', j が $k' + j = 0$ である場合を考える．これはつまり，$i-1$ 番目の切片が P において外部から見える，一番上か一番下にあり，そして i 番目の切片の折り目幅が 0 であったときである．つまり，これは $i = 0$ であるか，i 番目の切片が，$i-1$ 番目の切片のさらに外側に折られた場合である．

上記の場合を除くと，i 番目の切片をどこに挿入しても $k' + j > 0$ が成立する．ここで i 番目の切片が挿入できる紙の層が h 箇所あったと仮定する．これらに $i-1$ 番目の切片に近い方から $L_1, \ldots, L_h$ と名前をつけると，次がいえる．

- $i \in \{1, \ldots, h-1\}$ のとき，L_i の部分に挿入すると，この挿入に関して $k' \geq i-1$ で $j \geq 1$ である．つまり $k' + j \geq i$ である．
- $i = h$ のときに L_i に挿入すると，$k' \geq i-1 = h-1$ で $j \geq 0$ である．つまり $k' + j \geq h-1$ である．

この議論から，$k - (k' + j) \geq 0$ になるのは $i \in \{1, \ldots, k, k+1\}$ のときだけである．いいかえると，fold(P,i,k) の呼出しにおける分岐の数は，高々 $k+1$ で抑えられる．

上記の場合分けをまとめると，fold(P,i,k) の呼出し回数の最悪時の時間計算量 $t(n,i,k)$ について，以下の漸化式が得られる．

$$t(n,i,k) \leq \begin{cases} O(1) & i = n \text{ か } k < 0 \text{ のとき} \\ (k+1)(t(n,i+1,k-1) + O(n)) & \text{上記以外のとき} \end{cases}$$

この漸化式を解くと $t(n,i,k) = O((k+1)^k n)$ を得る．したがって定理5.5.4

が成立する．

第IV部

発展問題

第IV部では，計算折り紙の最前線の話題を紹介しよう．第II部と第III部に比べるとやや限定的であったり，発展途上であったりする問題で，どちらかといえば，今後の発展が期待される課題の提供という意味合いが強い．「まだこのくらいしかわかっていない」という最前線なので，難易度も意外とばらばらである．問題によっては大学院での研究テーマにもなりえるし，その一方で，良いアイデアが浮かべば高校生でも解けそうなテーマもある．いわば読者への挑戦状であって，読者のレベルに応じて，楽しんだり，悩んだり，考えたりしてもらいたい．

6 ペタル型の紙で折れるピラミッド型

6.1 多角形から折れる凸多面体

　本章では，特殊な展開図と，そこから折ることができる凸多面体について考える．まず，ある多角形が与えられたときに，そこから折ることのできる凸多面体は数多くあることを指摘しておこう．例えば p. 8 でも示した通り，ラテンクロスと呼ばれる多角形からは，23 種類の凸多面体を折ることができる．

　また p. 11 に掲載したとおり，「正方形 6 個でできている立方体の展開図」で，図 1.1 に掲載されていないものがたくさんある．まずは，この興味深いパズルの解答をここで示しておこう．

> ### Column 4
> #### 凸多面体の展開図の難しさ（解答編）
>
> まず「正方形の大きさは 1 種類とは限らない」という方の解答であるが，図 6.1(a) がその一例である．立方体の体積を $1\,\mathrm{cm}^3$，表面積を $6\,\mathrm{cm}^2$ とすれば，これは面積 $2\,\mathrm{cm}^2$ の正方形 2 つと，面積 $1/2\,\mathrm{cm}^2$ の正方形 4 つからできている．このアイデアに基づく展開図は全部で 54 種類あることが，パズル研究家の高島直昭氏によって確認されている[1]．また「正方形の大きさはすべて同じ」という条件でも，「折り目は必ずしも立方体の辺に沿わなくてもよく，切り取り線も同様である」ということに気づくと，図 6.1(b) のような解が思い付く[2]．これはずらす幅は任意の実数なので，解は無限に存在する．

[1] このパズルの考案者である岩井政佳氏のブログ http://www.iwa-masaka.jp/56290.html に掲載されている．

[2] こちらの解答も岩井政佳氏のブログ http://www.iwa-masaka.jp/56291.html にいくつか掲載されている．

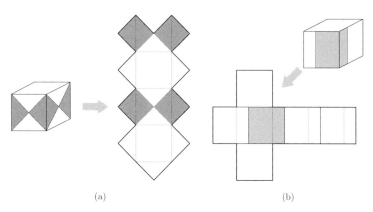

図 **6.1** 立方体の予想外な展開図 2 種類

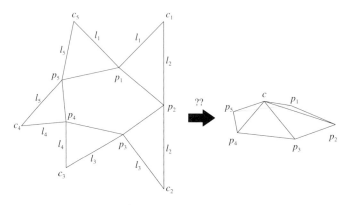

図 **6.2** ペタル多角形を折って得られるピラミッド

6.2 ペタル折り問題とは

さて，ここからが本番だ．本章では，星状の多角形を折って得られるピラミッド型，あるいは逆にピラミッド型を，頂点から切り開いて得られる多角形についての問題を考える．こうした多角形は「星型多角形」と呼びたくなるが，こうした用語は別の文脈で使われることがあるため，本書ではこうした多角形を「ペタル多角形」と呼ぶことにしよう（図6.2）．正確に定義しておこう．多角形 $P = (p_1, c_1, p_2, c_2, \ldots, p_n, c_n)$ が次の 3 つの条件を満たすとき，これを**ペタル多角形** (petal polygon) と呼ぶ．

1. 多角形 $B = (p_1, p_2, \ldots, p_n)$ は凸で，各点 c_i は B の外側にある．このと

き B をペタル多角形の**底** (base) と呼ぼう．
2. 各点 p_i につながっている辺同士は，長さが同じである．つまり，それぞれの $i = 1, 2, \ldots, n$ について，$|p_i c_i| = |c_{i-1} p_i| = \ell_i$ がすべて成立する[3]．
3. c_i における内角の和は 360°以下である．つまり $\sum_{i=0}^{n-1} \angle p_i c_i p_{i+1} \leq 360°$ が成立する．

[3) 点は n の剰余で考える．つまり $n+1$ は 1 とみなす．

上記の用語を使って，本章で考える「**ペタル折り問題** (petal folding problem)」を導入しよう．与えられるものはペタル多角形である．この多角形のそれぞれの頂点 p_i につながった辺は，同じ長さのものが 2 本ずつある．そこで，このペアをそれぞれ糊付けする．そうしてできた立体を P と呼ぼう．もちろん P が必ず存在するとは，現時点では何ともいえないが，仮にできたとして，一番上に糊付けの結果が現れる頂点を**頭頂点** (apex vertex) c と呼ぶことにする．本章では，このペタル折り問題について，3 つの問題を考えよう．

最初に，この n 角形の底 B が平坦になるのは，どういう場合かという問題を考える．平たくいえば，これはきちんとピラミッド型が折れるための条件を考える問題である．これを**ペタルピラミッド折り問題** (petal pyramid folding problem) と名づけよう．つまり，与えられたペタル型多角形 P を折って対応する辺を糊付けしたときに底 B が平坦なピラミッド型（あるいは n 角錐）になるかどうかを判定する問題である．結論を先に示すと，この問題はある事実に気づけば簡単に解ける：

定理 6.2.1 ペタル多角形 P が与えられたとする．このときペタルピラミッド折り問題は線形時間で解ける．

さて判定した結果，P がピラミッドにならない場合を考えよう．直感的には，たとえ P がピラミッド型にならなくても，辺同士を無理矢理糊付けして，全ての点 c_i を頭頂点 c に集めれば，なんらかの立体ができる場合もありそうに思える．今度はこうした問題を考えよう．具体的には，B にうまく折り線を入れれば，P はそれなりの立体になりそうである．こうした B の分割として B の 3 角形分割を考える（3 角形分割の詳細については，少し後で議論する）．まず，すべての辺 $p_i p_{i+1}$ は谷折りにして，c を（折り手から見て）こちら側に集めるとしよう．このとき，B の 3 角形分割をうまく選んで，そこにうまく山折りと谷折りを割り当てれば，閉じた立体を作ることができる．これでできあがる立体を**凸凹ピラミッド** (bumpy pyramid) と名付けよう．凸凹ピラミッドは，まったく自明ではなく，非常に興味深い性質をもつことを本章で学ぼう．例えば，$n = 4$，つまり B が 4 角形の場合ですら，面白い振舞

いを示す．典型的には，P からは 2 つの異なる凸凹ピラミッドが折れて，そのうち一方は凸多面体だが，他方は凹多面体になる．しかし，ある場合には一方しか折れず，さらにある場合には，そもそも立体が折れないこともある．

後で示す通り，一般の n では，こうした折り方は指数関数的に増えていく．そこで，次の問題として，以下の 2 つの問題を考える．

まず，与えられたペタル多角形に対して，凸立体が折れるかどうかを考える．これについては興味深い結果が得られている．

定理 6.2.2 ペタル多角形 P が与えられたとき，P から立体が折れるときは，凸立体は必ず折れる．そのときの折り線は線形時間で計算できる．

指数関数的な個数の立体が存在するにも関わらず，その中には凸な立体が必ず存在し，しかもそれを線形時間で求められるという結果は，非常に興味深い．これはパワーダイアグラムと呼ばれる，一般化ボロノイ図に関する性質を使う．こうした概念についても後述する．

ここで，この問題とアレクサンドロフの定理との関係について指摘しておこう．アレクサンドロフの定理とは，大雑把には次のような主張である．

定理 6.2.3（アレクサンドロフの定理） 凸多面体の幾何構造が与えられると，その形は一意的に決まる．

詳しい定義は本書の範囲を超えるため，例えば [DO07] を参照してもらいたい．凸凹ピラミッドの問題で言えば，P が与えられて，凸多面体が折れるとすれば，その形は一意的に決まるという定理である．この定理そのものは 1942 年に証明されたが，構成的な証明は 2008 年に Bobenko と Izmestiev によって与えられ [BI08]，さらに擬多項式時間アルゴリズムが Kane らによって与えられている [KPD09]．つまり定理 6.2.2 は，Kane らのアルゴリズムで擬多項式時間で計算できる．しかしこのアルゴリズムの実行時間の上界は $O(n^{456.5} r^{1891}/\epsilon^{121})$ 時間（ただし r は最も遠い頂点間の距離と，最も近い頂点間の距離の比で，ϵ は座標の相対的な精度である）という，ほとんど冗談のようなアルゴリズムであり，とても実用的なアルゴリズムとは言えない．著者の知る限り，定理 6.2.1 や定理 6.2.2 は，自明ではない凸多面体に対するアレクサンドロフの定理の，初めての効率のよいアルゴリズムである．

さて，次に凸凹ピラミッドの中で体積が最大の多面体を折る問題を考えよう．一見すると，凸な凸凹ピラミッドがあるのであれば，体積もそれが最大になりそうな気がするのではないだろうか．しかし驚いたことに，その直感は

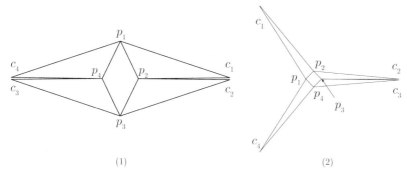

図 6.3 2 通りの凸凹ピラミッドが折れるが，凸な立体よりも凹な立体のほうが体積が大きい 2 例

一般論としては間違っている．まず単純な反例を 2 つ与えよう（図 6.3）．体積を真面目に計算してもよいが，この 2 つの例については，もう少し直感的で簡単な説明ができる．まず図 6.3(1) の方であるが，凸に折るには線分 p_1p_3 に沿って谷折りにすればよい．しかしこれは，ぺちゃんこなので，体積はほとんど 0 である．一方，線分 p_2p_4 に沿って山折りにして，中に凹ませると，こちらのほうがずっと大きな体積を実現できる．もう 1 つの図 6.3(2) のほうでは，線分 p_2p_4 に沿って谷折りにすると，ほぼ 3 角形 $p_1p_2p_4$ を底とするピラミッド（3 角錐）と同じになる．このとき点 p_3 は 3 角形 p_2cp_4 の内部の点と見なせばよい．その一方で，線分 p_1p_3 に沿って山折りにすると，この凹みはあまり大きくないため，立体は全体として，正方形を底とする少し凹んだピラミッド（4 角錐）になるので，おおむね 2 倍くらいの体積を達成できる．どちらも実作してみると，すぐに理解できるだろう．

なお，後で示すように，辺の長さがすべて与えられたとき，そこから 4 面体の体積を簡単に計算する公式が知られている [Sab98]．したがって，底 B の 3 角形分割が 1 つ与えられれば，個々の 3 角形ごとに作られる 4 面体の体積を計算して，その和を計算すれば，全体の立体の体積は容易に求めることができる．しかし一般に底 B の 3 角形分割の方法は指数通りあるため，すべての場合について体積を計算して最大値を求めるのは得策ではない．本章では，動的計画法を用いた効率のよいアルゴリズムを紹介する．

定理 6.2.4 頂点を $2n$ 個もつペタル多角形 P が与えられたとき，P から折れる体積最大の立体は，$O(n^3)$ 時間で計算できる．

直感的には，凸な立体が体積最大になる場合が多いように思われる．つま

り図 6.3 の例は，ある意味で例外的なケースであると考えられる．しかし，その特徴づけはわかっていない．

未解決問題 6.2.1 ペタル多角形 P から折れる凸多面体が体積最大となるのは，どのような場合だろうか．あるいは，凸多面体が体積最大とならない条件とはどのようなものだろうか．

6.3 3角形分割・ボロノイ図・パワーダイアグラム

まず，本章で必要な計算幾何の概念を始めに導入しておこう（本書では計算幾何に関する知識は前提とはしていないため，必要な概念だけを簡単に紹介する．さらなる詳細に興味のある読者は例えば [BCKO10] などを参照してもらいたい）．

多角形 B が与えられたとき，この多角形の内部に，それ以上は引けなくなるまで直線分を引く．ただしこのとき，直線分は B の 2 頂点を結ぶもので，かつ B の辺や，それまでに引いた直線分と交差してはいけない．それ以上引けなくなるまで引くので，B の内部の面はすべて 3 角形になる（4 角形以上の多角形が残っていれば，まだ線を引くことができるので，すべての面が 3 角形になることは容易にわかる）．このとき，この直線分によって区切られた B を B の **3 角形分割** (triangulation) と呼ぶ．以下では特に B が凸多角形の場合を考える．まず B の 3 角形分割 T を任意に 1 つ考える．この 3 角形分割における，個々の 3 角形の隣接関係を表現するグラフ $G(T) = (V, E)$ を考えよう．具体的には，次のようにグラフを定義する．

$$V = \{v \mid v \text{ は } B \text{ の 3 角形分割の中の 3 角形の 1 つ}\}$$
$$E = \{\{u, v\} \mid u \text{ と } v \text{ は 1 辺を共有する}\}$$

直感的には，それぞれの 3 角形が頂点に対応し，2 つの 3 角形が隣接してつながっていれば，間に辺を引いている．こうして定義される $G(T)$ を T の**双対** (dual) と呼ぶ[4]．なお双対という関係は双方向に用いる概念なので，逆に T を $G(T)$ の双対と呼ぶこともある．このとき次が成立する．

定理 6.3.1 n を 3 以上の任意の自然数として，n 頂点からなる凸多角形 $B = (p_1, p_2, \ldots, p_n)$ の 3 角形分割 T を 1 つ考える．このとき，上記の規則

[4] p. 15 に出てくる立体の双対も参照のこと．

で作られたグラフ $G(T)$ について，次が成立する．(1) $G(T)$ は木である．(2) $G(T)$ は頂点が $n-2$ 個ある．

上記は計算幾何の基本的な定理なので，簡単な証明を示す．興味のある読者は，例えば文献 [BCKO10] を参照されたい．

証明 （略証）
(1) $G(T)$ が連結で閉路をもたないことを示せばよい．連結であることは，B が凸多角形であることから，ほぼ自明であろう．閉路をもたないことは，背理法で示せばよい．もし閉路をもったとすると，B の 3 角形分割の 3 角形が輪状に並んでいることとなる．するとその輪によって，外部と内部の領域が分断される．すると元の B の内部の領域に頂点が必要となり，B が凸であるという仮定に反する．したがって T は閉路をもたず，木となることがわかる．

(2) これは B の頂点数 n に関する帰納法で示すことができる．$n=3$ の場合は自明である．$n>3$ の場合，(1) から $G(T)$ は木である．木には必ず葉が 2 つ以上ある（これはグラフ理論の基本である．証明が必要な読者は，例えば [Die96] などを参照されたい）．この葉 ℓ に対応する 3 角形 t は，B の上で 1 つの 3 角形としか隣接していない．これはつまり，t の 3 辺のうち，2 辺は B の辺であることを意味している．つまり t は B 上の連続する 3 点からなる 3 角形である．これを p_{i-1}, p_i, p_{i+1} とする．この B から p_i を除いた多角形 $B' = (p_1, p_2, \ldots, p_{i-1}, p_{i+1}, \ldots, p_n)$ は，T から葉 ℓ を取り除いた木 T' に対応する 3 角形分割を持つ．したがって帰納法より定理が成立する． □

上記の証明の中で，B の 3 角形分割 T の中には，B 上の連続する 3 点を使った 3 角形 t が少なくとも 2 つは含まれていることを示した．こうした 3 角形のことを，この 3 角形分割 T の耳 (ear) と呼ぶ．

次にボロノイ図 (Voronoi diagram) を導入しよう．n 頂点からなる頂点集合 $P = \{p_1, p_2, \ldots, p_n\}$ が与えられたとして，ここからボロノイ図を構築する．以下，各要素 p_i をボロノイ図の母点 (site) という．ボロノイ図とは，平面上の各点を，どの母点に最も近いかという観点で分割したものである．もう少し正確にいえば，与えられた点集合 P に関するボロノイ図 $V(P)$ とは，次の条件を満たす領域の分割である（図 6.4）[5]．

- それぞれの領域には，母点がちょうど 1 つだけ含まれている．
- 領域内の各点において，そこから最も近い母点は，同じ領域に含まれる母点である．

[5] ボロノイ図は，計算幾何学では非常に重要な役割を果たし，多くの応用を持つ．そのためボロノイ図をメインテーマとする国際会議が定期的に開催されるほどである．Web 上を検索すると，ボロノイ図を生成するスクリプトが多数見つかるが，本書の図 6.4 は Alex Beutel 氏の Web ページ (http://alexbeutel.com/webgl/voronoi.html) のスクリプトで生成した．

図 **6.4** ボロノイ図の例（☞口絵参照）

2つ以上の母点から等距離にある点は，ボロノイ図における分割の境界線となる．この境界線は，直線分か半直線であり，これを**ボロノイ辺** (Voronoi edge) と呼ぶ．少し考えればわかるが，ボロノイ辺は，その両側にある母点の垂直二等分線である．例えば3本のボロノイ辺が1点に接続しているとき，この点は3つの母点から等距離にあることもわかるだろう．こうした点のことを**ボロノイ頂点** (Voronoi node) という．

さて，本書ではこのボロノイ図を一般化した**パワーダイアグラム** (power diagram) を使用する[6]．ボロノイ図では，あるボロノイ辺は2つの母点の垂直二等分線であった．ボロノイ図の考え方で言えば，双方から等距離にあるとも言える．ここで，母点に対して「重み」を与えることを考える．例えば点 p_i と p_j がそれぞれ，重み $w(p_i) = x$, $w(p_j) = y$ をもつとしよう．ボロノイ図では，母点はどれも同じ重みで，例えばすべての頂点 p に対して $w(p) = 1$ であったとすればよい．パワーダイアグラムでは，この p_i と p_j の間にある線分 ℓ への距離が，重みに比例するようにボロノイ図を拡張したものである．つまり，この場合，ℓ 上の任意の点 q に対して，$|p_i q| : |p_j q| = w(p_i) : w(p_j)$ が成立するものとする．これは例えば施設配置などの応用を考えれば自然な拡張であると言えよう．

本章では，凸配置の点集合に対するパワーダイアグラムを計算する必要がある．これは Aggarwal らによって，線形時間で計算するアルゴリズムが与えられている [AGSS89]．ここで，凸配置の点集合に対するパワーダイアグラムにおけるボロノイ辺を考えよう．このとき次が成立する．

---

[6] 著者の探した範囲では，この用語に対する和訳はないようである．「勢力図」とでもしたいところであるが，やや意味が違うので，本書では直訳の「パワーダイアグラム」を用いることにする．本書では必要な性質だけを考えるが，さらなる詳細は例えば [Aur87] を参照されたい．

補題 6.3.2 一般の凸配置に置かれた点のパワーダイアグラムに対して，ボロノイ辺を辺とみなして，ボロノイ頂点を頂点とみなすと，この頂点集合 V と辺集合 E とで構成されるグラフ $G = (V, E)$ が得られる．このとき G は連結で閉路を持たない．また G の各頂点の次数は 3 である．

証明 点の配置は凸配置なので，内部に母点がない．したがってボロノイ辺は凸配置の内部に閉路を作らない．また，外部においても，辺同士が交差することはないので，凸配置の点集合に対するパワーダイアグラムは，閉路をもたない連結図形である．また点の位置は一般の位置なので，それぞれの頂点の次数は 3 になる． □

平たくいえば，ボロノイ辺を辺と見なし，ボロノイ頂点を頂点とみなすと，この頂点と辺で構成されるグラフは「木」となる．ただし，もとの凸配置の上で隣接する 2 つの頂点の間を通る線（2 つの頂点を結ぶ線分に対する垂線）は，無限遠まで続くため，この「木」はいわゆる葉をもたない．正確に言えば，すべての葉が無限遠にある木であると考えることもできる．

6.4 ペタルピラミッド折りの準備

ペタル多角形を導入したとき（p. 130）に，3 つの条件を挙げた．このうち 3 つ目の「頭頂点 c の角度が合計で 360° 以下」という条件は，$n > 3$ のときに重要な意味をもってくるため，ここでそれについて少し考えよう．内角 c_i の合計が 360° を超えてしまうと，この頂点における曲率は負の値になり，どんな多面体を作っても鞍点となってしまう．単純な例を図 6.5 に示そう．B の周辺と $p_1 p_3$ に沿って山折りにすると，頭頂点 c は周囲の角度が 360° を越える鞍点になる．特に最初の 2 つの問題においては，凸な多面体だけを考察の対象にしているので，頭頂点が鞍点になる場合は最初から除外してよい．ある意味で，これはペタルが短すぎる場合と考えてよい．最後の問題（体積最大化）では，こうした状況も考えても意味はあるかもしれないが，これは未解決問題として残しておく．

今度は，折りのプロセスをもう少し詳しく考えてみよう．まず，P は xy 平面上に置かれていると仮定して，P 上のそれぞれの点 p は座標 $(x(p), y(p))$ で与えられるとする．折っている途中の状況では，P は 3 次元空間上にあるため，各点 p は座標 $(x(p), y(p), z(p))$ で表現されるとしよう．平面上，あるい

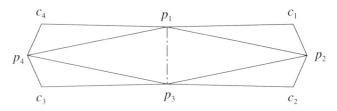

図 6.5 この展開図は条件 3 を満たしておらず，頂点 c が鞍点になってしまう

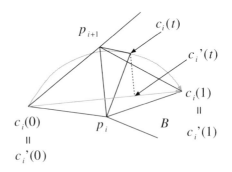

図 6.6 $\triangle p_i p_{i+1} c_i(t)$ を折るときの $c_i'(t)$ の軌跡

は空間上で 2 点 p と q を考えて，両端点 p と q をもつ線分 pq を含む，端点のない直線のことを $\overline{pq}$ と書くことにする．ここで 3 点 $p_i p_{i+1} c_i$ からなる 3 角形を T_i と書くことにする．この 3 角形 T_i を，線分 $\overline{p_i p_{i+1}}$ に沿って多角形 B の上に折ることを考える．完全に反対側まで折って B に重ねてしまうと，T_i は線分 $\overline{p_i p_{i+1}}$ に沿って反転するが，この途中経過の移動を時間に関する関数と考えよう．つまり時刻 $t = 0$ においては T_i はまったく折られておらず，時刻 $t = 1$ においては T_i は線分 $\overline{p_i p_{i+1}}$ を軸に反転して，B の上に重なっていると考える（図 6.6）．この 3 角形 T_i の反転において，点 c_i は $c_i(0)$ から $c_i(1)$ に移動すると考えよう．もしこの c_i が途中で頂点 c に到達して糊付けされて（凸凹）ピラミッドを形成するとすると，$0 < t < 1$ を満たすある時刻 t において，$c = c_i(t)$ となるわけである．この c_i が動いているときに，これを xy 平面上に射影した点を c_i' としよう．つまり $c_i = (x(c_i), y(c_i), z(c_i))$ であったとき，この射影は $c_i' = (x(c_i), y(c_i), 0)$ となる．さてここで，c_i が空間内を $c_i(0)$ から $c_i(1)$ まで移動するときに射影 c_i' が xy 平面上で描く**軌跡** (trace) τ_i を考える．実際の動きを想像すると，この τ_i は xy 平面上の直線分 $c_i(0)c_i(1)$ であることがわかる．以下では点 c_i が空間上で動くときに描く軌跡 $c_i(0)c_i(1)$ よりも，それが xy 平面上に射影されて描く軌跡 τ_i を中心に考えていこう．

補題 6.4.1 底となる多角形 B に対して，3角形 T_i を，B に重なるまで直線 $\overline{p_i p_{i+1}}$ に沿って谷折りにしたとする．するとこのとき $c_i(t)$ が平面上に描く軌跡 τ_i は，点 p_i を中心とする半径 $|p_i c_i|$ の円 C_i と，点 p_{i+1} を中心とする半径 $|p_{i+1} c_i|$ の円 C_{i+1} の 2 つの交点 c_i, c_i' を結ぶ弦となる．つまり，τ_i は線分 $\overline{p_i p_{i+1}}$ に垂直な線分で，c_i と c_i' を結ぶ．そして c_i' は $\overline{p_i p_{i+1}}$ に関する c_i の鏡像である．

この補題は，もはや証明が不要なほど簡単に見てとれるだろう．しかしこの補題で示した性質は非常に有用かつ重要である．この軌跡 τ_i は，補題から簡単に作図・計算できることにも留意しよう．

6.5 ピラミッドを折る

本章では，底 B を xy 平面上に固定して，各点 c_i は，z 座標が正になる手前方向に谷折りにされると考える．このとき xy 平面上に射影された軌跡が τ_i であった．(この様子を遠方から見ると，これは T_i を線分 $\overline{p_i p_{i+1}}$ に沿って「谷折り」にすると考えるのが自然であろう．つまりここでは初期状態では $p_i = (x(p_i), y(p_i), 0)$ であり，折っている途中の点 $c_i = (x(c_i), y(c_i), z(c_i))$ ではいつでも $z(c_i) \geq 0$ である．)

このとき補題 6.4.1 から明らかに，すべての点 c_i が共通の頭頂点に到達するためには，対応する軌跡 τ_i が平面上の共通の 1 点で交わればよい．しかし，これは冗長で，$n-1$ 点の軌跡が共通の点で交われば，最後の n 個目の 1 点も必ずそこに到達して交わることが証明できる．

補題 6.5.1 ペタル多角形 P の底 B が n 角形だったとする．このとき P で (凸凹でない通常の意味での) ピラミッドを折れる必要十分条件は，$n-1$ 個の軌跡 τ_i が共通の 1 点 c' で交わることである．

証明 ここでは 3 次元空間を考えて，それぞれの点 p_i は xy 平面上に載っていると仮定する．ここでそれぞれの点 p_i を中心とする半径 ℓ_i の球 S_i を考えると，S_i は点 c_{i-1} と点 c_i を通る．(見方を変えれば，点 c_{i-1} と点 c_i は球 S_i 上の点である．) 各軌跡 τ_i を考えると，これは 2 つの球の共通部分 $S_i \cap S_{i+1}$ である円板を xy 平面に射影したものである．ここで $n-1$ 個の軌跡が共通の点 c' で交わるとすると，すべての球が点 c' を通っていて，逆に言うと点 c' はすべての球の上に載っているので，最後に残った軌跡も，対応する 2 つの球

がこの点を通ることから，点 c' を通る．したがって $n-1$ 個の軌跡が 1 点 c' で交わるなら，n 個の軌跡すべてがその点 c' で交わることがわかる．

まず，もし P がピラミッドを折れるなら，すべての c_i が共通の頭頂点 c に集まるはずである．つまり，すべての $i=1,\ldots,n$ に対して $c_i(t_i)=c$ を満たす $0<t_i<1$ が存在する．したがって補題 6.4.1 より，射影 c' はすべての軌跡 τ_i の上に載っている．

次に逆を示そう．ある i に対して，点 c' が軌跡 τ_i を通るなら，$c'_i(t_i)=c'$ となる $0<t_i<1$ が存在する．ここで，点 $c_i(t_i)$ は 2 つの球の共通部分 $S_i \cap S_{i+1}$ 上の点なので，この 2 つの球は c' の上空では同じ高さのところを通っている．同様に点 $c_{i-1}(t_{i-1})$ は 2 つの球の共通部分 $S_{i-1} \cap S_i$ 上の点であり，よってこの 2 つの球は c' の上空で同じ高さのところを通っている．推移律により，すべての球は c' の上空で同じ高さの点を通っており，すべての $c_i(t_i)$ は同じ点 c を通ることとなり，これが折られたピラミッドの頭頂点である． □

定理 6.2.1 を証明するには，すべての軌跡が通る共通の点 c' を線形時間で見つけられることを示せばよい．この点の候補は，線形等式 $(c'-c_i)\cdot(p_i-p_{i+1})=0$ からなる n 元連立 1 次方程式の解である．補題 6.5.1 より，$n-1$ 個の式を調べればよく，例えば $n=3$ の場合はいつでも候補の点は 1 点となる．また $n>3$ の場合は，適当に 2 つ選んで連立方程式を作って，その解が他の式を満たすかどうかを調べればよい．こうして候補となる点 c' を求めたら，c' から線分 $\overline{p_i p_{i+1}}$ までの距離が，c_i から線分 $\overline{p_i p_{i+1}}$ までの距離よりも短いことを確認すればよい．これは，

$$\left|(p_i-p_{i+1})^\perp \cdot (c'-p_i)\right| \leq (p_i-p_{i+1})^\perp \cdot (c_i-p_i)$$

を計算して確認すればよい．上記の計算は全体で線形時間でできるので，定理 6.2.1 が証明できた．

定理 6.2.1 に基づけば，逆にピラミッドの展開図を作図することができる．つまり底面の凸多角形 B を xy 平面上に置き，頭頂点にしたい点の射影を原点 o として B の内部に定める．そして 3 角形のフラップをひとつ，c_i が十分長くなるよう（もしくは希望する長さ）に決める．このとき，o の真上に頭頂点 c が来るピラミッドを計算できる：

定理 6.5.2 凸多角形 $B=(p_1,p_2,\ldots,p_n)$ を xy 平面上に置き，内部に原点 o を置く．次にある i に対して，ある長さ ℓ_i を $\ell_i > |p_i o|$ となるように決める．すると，$|p_i c|=\ell_i$ となるペタル多角形で，頭頂点 c の射影が原点 o になるピ

ラミッドが折れるものが存在する．また，その点列 $(p_1, c_1, p_2, c_2, \ldots p_n, c_n)$ を計算することができる．

証明 一般性を失うことなく，長さ ℓ_1 を $\ell_1 > |p_1 o|$ となるように決めたと仮定する．まず 3 角形 $op_1 c$ を考えよう．$\ell_1 > |p_1 o|$ としたので，$\ell_1 = |p_1 c|$ であり，また $p_1 o$ の長さ $|p_1 o|$ もわかっているので，頭頂点 c の高さつまり $|co|$ が $\sqrt{\ell_1^2 - |p_1 o|^2}$ で計算できる．この高さを基準として，$i > 1$ のそれぞれについて 3 角形 $op_i c$ を考えれば，$|cp_i|$ は $|cp_i| = \sqrt{|co|^2 + |op_i|^2}$ で計算できる．明らかに $|op_i| < |cp_i| = \ell_i$ なので，こうして計算した ℓ_i から，ペタル多角形を構築できる． □

6.6 4 頂点の凸凹ピラミッド折り

ここからは，凸凹ピラミッド，つまり底面の 2 頂点をつなぐ対角線に沿った折りも許した立体を折ることを考えよう．以下，話を単純にするために，凸凹ピラミッドの底面は，すべてが 3 角形に折られると仮定する．つまり底面に 4 つの頂点が平坦なまま 4 角形の形で残ることはなく，底面は完全に 3 角形分割されて，それに沿って折られると仮定する．

まず $n = 3$ のときは，ペタル多角形の底面は最初から 3 角形であり，4 面体の 6 本の辺の長さ（とそのつながりの関係）が与えられた場合と考えることができる．もし与えられた長さの 6 辺に対して 4 面体が存在するならば，アレクサンドロフの定理より，その形は一意的に決まる．そしてサビトフの等式を用いれば体積を定数時間で計算することができる [Sab98]．Column 5 からもわかるとおり，$n = 3$ のときに限っては，定理 6.2.1 の代わりに，この等式を使うことができる．与えられたペタル多角形 P の各辺の長さから体積を計算して，実数解をもつかどうかを判定すればよい．

> ### Column 5
>
> ### 4面体の体積の計算式
>
> 本文で挙げたサビトフの等式は，より一般的な多面体を扱っていて，4面体という特別な立体の体積については，もっと古くから知られている．ここで具体的な式を示しておこう．4面体の頭頂点を c，底面が p_1, p_2, p_3 で，それぞれの辺の長さを $|cp_1| = \ell_1$, $|cp_2| = \ell_2$, $|cp_3| = \ell_3$, $|p_1 p_2| = \ell_4$, $|p_2 p_3| = \ell_5$, $|p_3 p_1| = \ell_6$ としたとき，この4面体の体積 V について，次の等式が成立する．
>
> $$V^2 = \frac{1}{144}(l_1^2 l_5^2 (l_2^2 + l_3^2 + l_4^2 + l_6^2 - l_1^2 - l_5^2) + l_2^2 l_6^2 (l_1^2 + l_3^2 + l_4^2 + l_5^2 - l_2^2 - l_6^2)$$
> $$+ l_3^2 l_4^2 (l_1^2 + l_2^2 + l_5^2 + l_6^2 - l_3^2 - l_4^2) - l_1^2 l_2^2 l_4^2 - l_2^2 l_3^2 l_5^2 - l_1^2 l_3^2 l_6^2 - l_4^2 l_5^2 l_6^2)$$
>
> この右辺の値が正のときは V は実数解をもち，それが体積である．一方，右辺の値が負のときは体積が存在しない，つまりそのペタル多角形から4面体は折れないということがわかる．

次に $n = 4$ という特殊な例を考えよう．この時点で問題はすでに非自明になり，そして，この場合をよく考えておくと，一般の場合について解くときに非常に便利である．

ここで $P = (p_1, c_1, p_2, c_2, p_3, c_3, p_4, c_4)$ をペタル多角形とする．このとき P から凸凹ピラミッドを折ろうとすると，折れる対角線の候補が2つ，$p_1 p_3$ を折る場合と $p_2 p_4$ を折る場合とが考えられる．この2つの候補について次の定理が成立する．

定理 6.6.1 ペタル多角形 $P = (p_1, c_1, p_2, c_2, p_3, c_3, p_4, c_4)$ について，次の3つのいずれかが成立する．(1) 凸凹ピラミッドは1つも折れない．(2) 凸ピラミッド1つだけが折れる．(3) 凸ピラミッドが1つと凹ピラミッドが1つ折れる．さらに，与えられた P が上記の3つの場合のどれに該当するか，P から（定数時間で）計算できる．

証明 まず対角線 $p_2 p_4$ に沿って底面に折り目を入れ，ともかく凸凹ピラミッドを折ったと仮定する．すると，このピラミッドは2つの4面体 $cp_1 p_2 p_4$ と $cp_3 p_2 p_4$ を共通の3角形 $cp_2 p_4$ で糊付けしたものであると考えることができる．この凸凹ピラミッドが折れる必要十分条件は，この共通の3角形がきちんと3角形を形成すること，すなわち3辺 $|p_2 p_4|$ と $|cp_2| = \ell_2$ と $|cp_4| = \ell_4$

が 3 角不等式を満たすことである．ここで，それぞれの i に対して，中心を p_i とする半径 ℓ_i の円を C_i とする．すると 3 角不等式が満たされる必要十分条件は，実は C_2 と C_4 が交差することである．円 C_1 と C_3 についても同じ議論をすることができる．ここから，次の 3 つの場合があることがわかる．

場合 1: 円のペア (C_1, C_3) と (C_2, C_4) がどちらも交差しない場合（図 6.7(1)）．これは，4 つの 3 角形の高さが，底面と比べると短すぎる場合である．したがって（実際にやってみるとすぐにわかるが），ピラミッドを折ることはできない．

場合 2: 2 つのペア (C_1, C_3) と (C_2, C_4) のうち，一方だけが交差する場合（図 6.7(2)）．一般性を失うことなく，図 6.7(2) のように C_1 と C_3 が交差したと仮定する．この場合 3 点 cp_2p_4 は，3 辺が 3 角不等式を満たさないため，3 角形をなさない．つまり対角線 p_2p_4 に沿って底面を折っても，ピラミッドを作ることはできない．したがって，対角線 p_1p_3 に沿って折ったときだけピラミッドを作ることができる．

以下，このピラミッドが凸であることを背理法で示そう．対角線 p_1p_3 に沿って（手前から見て）山折りにして，底面が凹んだピラミッドができたと仮定する．ここで 3 点 p_2cp_4 を通る平面 H を考える．線分 p_1p_3 が H と交わる点を h としよう．するとピラミッドの断面において，p_2 と p_4 をつなぐ点 c を通る線分 p_2cp_4 の長さは，p_2 と p_4 をつなぐ点 h を通る線分 p_2hp_4 の長さよりも長くなるはずである．これは円 C_2 と C_4 が交差しないことと矛盾する．したがって，凸凹ピラミッドを作るためには，対角線 p_1p_3 に沿って谷折りにして，凸ピラミッドを作るしかない．

場合 3: 図 6.7(3) のように (C_1, C_3) と (C_2, C_4) が両方交差する場合．アレク

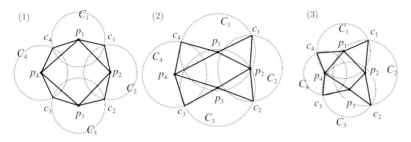

図 6.7 $n = 4$ のときの凸凹ピラミッドの可能な 3 つの場合：(1) ピラミッドは 1 つも折れない．(2) 凸ピラミッド 1 つだけが折れる．(3) 凸ピラミッドと凹ピラミッドが 1 つずつ折れる．

サンドロフの定理より，2つとも凸なピラミッドになることはありえない．つまり2つとも凹になるか，一方が凸で他方が凹になるかのどちらかとなる．ここでは後者になることを証明しよう．

まず対角線 p_1p_3 に沿って折る場合を考える（図 6.8）．できあがった多面体は，3角形 $T = (p_1, p_3, c)$ を共有する2つの4面体 $cp_1p_2p_3$ と $cp_1p_4p_3$ とからなると見なせる．この3角形 T は，もとのペタル多角形の上では，円 C_1 と C_3 の交点と，線分 p_1p_3 とを結んだところに現れていると考えられる（図 6.8 中太線）．このとき円 C_1 と C_3 の交点は2つあるので，それぞれ t_1, t_2 とする．つまり T は $t_1p_1p_3$ や $t_2p_1p_3$ と合同な3角形であり，直感的にはこれが p_1p_3 上に立ち上がって，折られた凸凹ピラミッドの頭頂点を下から支える構造になる．

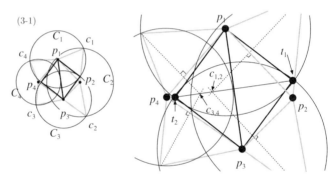

図 **6.8** (3) 線分 p_1p_3 に沿って折ったところと，その拡大図．

ここでさらに4つの交点を考える．各 i, j に対して，点 $c_{i,j}$ を線分 $\overline{c_i(0)c_i(1)}$ と $\overline{c_j(0)c_j(1)}$ の交点とする．定理 6.5.1 から，2点 $c_{1,2}$ と $c_{3,4}$ はどちらも直線 $\overline{t_1t_2}$ に載っている．

ここで図のように点 $c_{1,2}$ のほうが点 $c_{3,4}$ よりも点 t_1 に近いならば，線分 p_1p_3 を沿って多面体にするときは，谷折りにして，点 c_1 と点 c_2 を糊付けした部分を，点 c_3 と点 c_4 を糊付けした部分に近付けて糊付けしなくてはならない．一方で点 $c_{3,4}$ のほうが点 $c_{1,2}$ よりも点 t_1 に近い場合は，点 c_1 と点 c_2 を糊付けした部分を，点 c_3 と点 c_4 を糊付けした部分から遠ざかるように，線分 p_1p_3 に沿って山折りにして糊付けしなければ立体を作ることができない．

上記の2通りのうち，点 $c_{1,2}$ のほうが点 $c_{3,4}$ よりも点 t_1 に近い場合に，今度は線分 p_2p_4 に沿って折ることを考える．上記の議論と同様に点 $c_{2,3}$ と点

$c_{4,1}$ を考えて，円 C_2 と円 C_4 の交点のうち，点 p_1 に近い方を t'_1 とすると，点 $c_{1,2}$ のほうが点 $c_{3,4}$ よりも点 t_1 に近い場合は，すなわち点 $c_{2,3}$ のほうが点 $c_{4,1}$ よりも点 t'_1 に近い場合であることがわかる．つまり上の解析と同様に，この場合は線分 p_2p_4 を山折りにして，点 $c_{2,3}$ と点 $c_{4,1}$ を遠ざけなければ立体にすることはできない．

線分 p_1p_3 を山折りにしなければ立体にできない場合も同様に考えると，この場合は線分 p_2p_4 を谷折りにしなければ立体にできない．

以上の議論から，一方の対角線を選ぶと凸ピラミッドができて，他方の対角線を選ぶと凹ピラミッドができることが示された． □

6.7 凸ピラミッドを折る問題

本節では，与えられたペタル多角形が底面が平らなままでは折れない場合に，凸なピラミッドを折る問題を考えよう．定理 6.6.1 で見たとおり，$n = 4$ のときは，凸凹ピラミッドは折れないか，凸なものだけ折れるか，あるいは凸なものと凹なものが折れるかの 3 通りであった．つまり凸なピラミッドは，他とは違う意味をもっている．凸立体のひとつの特徴はアレクサンドロフの定理である．幾何的な構造が決まった場合，アレクサンドロフの定理により，凸立体は一意的に決まる．ペタル多角形の文脈で言えば，ペタル多角形から凸立体が折れる場合，その形は一意的に決まる．実は一般の n について考えると，ペタル多角形から凸凹ピラミッドが折れるとき，その中のひとつは必ず凸であり，他のものはすべて凹である．これはやや不思議な印象を受ける．n が大きいときは，3 角形分割は n に関して指数関数的に増えていく．一般に，このうちのいくつかは立体にならない（$n = 4$ のときの定理 6.6.1 の場合 (2) が好例だ）．そして立体がいくつか作れる場合，そのうちのただひとつだけが凸立体で，残りはすべて凹立体なのである．これを理解することが本節の目的だ．本節では定理 6.2.2 を証明しよう．そのために，より具体的な次の補題 6.7.1 を示そう．

補題 6.7.1 $2n$ 頂点からなるペタル多角形 $P = (p_1, c_1, p_2, c_2, \ldots, p_n, c_n)$ が与えられたとする．もし P から凸凹ピラミッドがひとつでも折れるなら，一意的に決まる凸ピラミッドが必ず折れる．さらに，底面 B の 3 角形分割のうちで凸ピラミッドを折るための折り線を線形時間 $O(n)$ で計算できる．

補題 6.7.1 の主張は，一見するとどうやって示せばよいのか，途方にくれてしまうかもしれない．しかし 6.6 節の 4 点の場合の解析を精査してみると，ヒントが見えてくる．この主張はパワーダイアグラムと密接な関係があり，パワーダイアグラムの定義と，ペタルの折りの間の関係性に気づけば，それほど難しくはない．具体的には，パワーダイアグラムとペタルの折りの間には，自然で美しい対応関係があり，それを用いれば補題 6.7.1 を示すことができる．具体的には，まず以下の定理を示そう．

定理 6.7.2 点列 $P = (p_1, c_1, p_2, c_2, \ldots, p_n, c_n)$ をペタル多角形とし，底を $B = (p_1, \ldots, p_n)$ とする．それぞれの点 p_i における重みを $\ell_i = |p_i c_i|$ と定義して，B のパワーダイアグラム G を計算する．このときこのパワーダイアグラムをグラフと見なし，その双対の 3 角形分割を T とすると，T は B の対角線の集合である．もし P が凸凹ピラミッドを折れるなら，T に属する対角線を谷折りにして，パワーダイアグラム G で与えられる順に糊付けすれば，凸ピラミッドが折れる．

証明 凸ピラミッドが存在するなら，その唯一性はアレクサンドロフの定理から保証されている．そこでここでは，パワーダイアグラムとの関連性の部分に焦点をあてて，やや直感的な証明を与えよう．

定理 6.6.1 では，それぞれの点 p_i を中心とする半径 ℓ_i の円 C_i が重要な役割りを果たしていた．円 C_i と円 C_{i+1} の 2 つの交点を考えると，図 6.6 で観察したように，一方は $c_i(0)$ で，他方はこのフラップを底 B に重なるように折ったときに点 c_i が移動する先となる点 $c_i(1)$ であった．そしてこの 2 点を通る直線は，フラップを折るときの $c_i(t)$ の軌跡の射影である．この射影をよく考えると，これは底 B の頂点 p_i と p_{i+1} の間を $\ell_i : \ell_{i+1}$ の比で分割する，線分 $\overline{p_i p_{i+1}}$ の垂線となっている．つまりこの線分 $c_i(0)c_i(1)$ は，平面上の 2 点 p_i と p_{i+1} に重さ ℓ_i と ℓ_{i+1} を割り当てたときのパワーダイアグラムになっている．

さて B は凸多角形なので，補題 6.3.2 より，B のパワーダイアグラム G は連結で閉路を持たない．例を図 6.9 に示そう．パワーダイアグラムの一部の辺は実際には無限遠まで伸びる．もう少しいえば，B のそれぞれの辺 $p_i p_{i+1}$ の間を通る辺は，通常の木であれば「葉」につながっている部分であるが，これが有限の範囲では収まらずに無限遠にまで伸びている．そして c_i を頂点とするフラップは，この無限遠まで伸びる直線の上に乗っていて，B 上に折り畳んだと考えると，$c_i(0)$ から $c_i(1)$ まで移動する．そして $c_i(t)$ を底 B の載っ

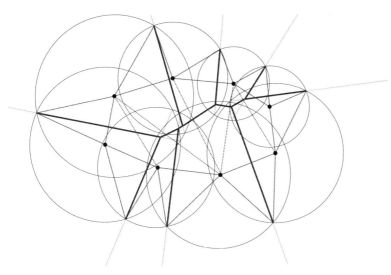

図 6.9 パワーダイアグラムの例：赤い線が元々の底 B とその周囲のペタルたち．ペタルのそれぞれの辺を半径とする円を描き，それに基づくパワーダイアグラムを構成する（青い線）．するとペタルの頂点の軌跡はパワーダイアグラムに沿って動く．そこから底面の 3 角形分割，すなわち底面の折り線が得られる（点線）．（☞口絵参照）

た平面に射影すると，射影した像が線分 $c_i(0)c_i(1)$ になるのであった．ここでは c_i の軌跡を考えたいので，$c_i(0)$ から先の無限遠に続く辺は不要である．そこで便宜上，これを切り落として得られるグラフをパワーダイアグラム G と考えよう．つまり G は有限の木であり，それぞれの葉は，各頂点 $c_i(0)$ に対応付けられている．簡単のため，G の葉を対応する c_i と同一視する．

ここで折り畳み動作と G の関係を考えよう．葉 c_i につながっている辺と葉 c_{i+1} につながっている辺が，G の内部頂点 w につながっていたとしよう[7]．この 2 つの頂点 c_i と c_{i+1} を折り，糊付けしたところを考える．糊付けしてできあがった頂点を新たに $c_{i,i+1}$ と名付けよう．このとき B の頂点 p_i, p_{i+1}, p_{i+2} の部分の上空に頂点 $c_{i,i+1}$ ができあがっていて，仮想的に 3 角形 $p_i p_{i+2} c_{i,i+1}$ を貼りつければ，4 面体ができる．この 3 角形 $p_i p_{i+2} c_{i,i+1}$ を新たなフラップと考えてみよう．つまり B から 3 角形 p_i, p_{i+1}, p_{i+2} と 2 つのフラップ $p_i c_i p_{i+1}$ と $p_{i+1} c_{i+1} p_{i+2}$ を切り取って，その代わりに 3 角形 $p_i p_{i+2} c_{i,i+1}$ を新たなフラップとして取り付ける．すると B は 1 つ角の少ない多角形 B' に置き換えられる．この一連の処理を行って得られた新しいペタル多角形を P' とする．すると，ここまでの処理はすべて局所的に実行できたことから，ここから先

[7] パワーダイアグラムではこうした「隣り合った葉のペア」がいつでも存在するのであるが，ここでは証明は省略する．補題 6.3.2 にあるように G の内部頂点が次数 3 であることから示せる．

は，P の折り畳みも，P' の折り畳みも，同じように扱うことができる．つまり P' における新たなフラップ $p_i p_{i+2} c_{i,i+1}$ は，いずれ谷折り方向に折られて，他のフラップと糊付けされることとなる．これをもとの P の文脈で考えれば，もとの 2 つのフラップ $p_i c_i p_{i+1}$ と $p_{i+1} c_{i+1} p_{i+2}$ を糊付けしたあと，仮想的な 4 面体 $c_{i,i+1} p_i p_{i+1} p_{i+2}$ は，線分 $p_i p_{i+2}$ に沿って谷折りにされ，仮想的な 3 角形 $p_i p_{i+2} c_{i,i+1}$ は仮想的なフラップとして，別のフラップと糊付けされることとなる．つまり B の上の対角線 $p_i p_{i+2}$ に沿って谷折りにすることで，再帰的に凸なピラミッドを作ることができる．

上記の議論を再帰的に続けていけば，次の手順で糊付けしていけばよいことがわかる：まず，G の上で隣接した 2 つの葉 c_i と c_{i+1} がつながった内部頂点 w に注目する．この 2 つのフラップを糊付けして 3 角形 $p_i p_{i+1} p_{i+2}$ とともに P や B から取り除き，新たな B' の線分 $p_i p_{i+2}$ を新たなフラップ $c_{i,i+1} p_i p_{i+2}$ で置き換える．グラフ G の上で言えば，葉 c_i と c_{i+1} を取り除き，w を新たな木 G' の新たな葉であると考える．以下，同じことを繰り返せばよい．

ここで G の双対として，B の 3 角形分割 T を考えれば，上記の手順で新たな内部頂点 w を選ぶことが 3 角形分割の辺 $p_i p_{i+2}$ を選ぶことに相当する．したがってこの 3 角形分割 T が凸ピラミッドを折るための対角線を与えてくれていることは，もはや，すぐにわかるだろう． □

あとはパワーダイアグラムが線形時間で計算できることを示せば証明は完了である．

補題 6.7.3 凸配置 B のパワーダイアグラムは $O(n)$ 時間で計算できる．

証明 ここでは Aggarwal らが線形時間アルゴリズムを 1989 年に示した [AGSS89] という事実だけを指摘して，証明は省略する．具体的なアルゴリズムはある種の分割統治法であるが，かなり技巧的である． □

ちなみにパワーダイアグラムの特殊な（あるいは単純な）ものとしてボロノイ図があるわけだが，一般の点配置に関してボロノイ図を $O(n \log n)$ 時間で計算するアルゴリズムも，それほど単純ではない．こうしたアルゴリズムはいくつかあるが，長い歴史と多くの方法があり，一筋縄ではいかない．例えて言えば通常のアルゴリズムのソーティングと同じく，基本的で，さまざまなアプローチがあり，そしてそれほど簡単なものではない（計算時間をそれほど速くしようと思わなければ，それほど難しい問題ではないという点でも似ている）．本問題のように凸配置であることを利用すると，これを線形

時間に改善できるわけだが，計算幾何学の中でもコアな部分であり，本書の範囲を超えてしまう．興味のある読者は計算幾何学の本格的な教科書，例えば [BCKO10] などを参照されたい．

6.8　体積最大の凸凹ピラミッド

最後に体積最大の凸凹ピラミッドを計算するアルゴリズムを紹介しよう．大抵の場合は，凸ピラミッドが体積最大になるように思われるが，図 6.3 に示したように，凸ピラミッドよりも凹ピラミッドのほうが体積が大きくなる場合がある．まず，3 角形分割が 1 つ与えられた場合は，サビトフの結果 [Sab98] を使えば体積が計算できることに注意しよう．

補題 6.8.1　ペタル多角形 P と，その底 B の 3 角形分割 T が与えられたとき，そこから折れる凸凹ピラミッドの体積は線形時間で計算できる．

証明　定理 6.3.1 の証明で示したとおり，T は少なくとも 2 つ耳をもつ．これを p_{i-1}, p_i, p_{i+1} とする．すると P を T に沿って折ったとき，$cp_{i-1}p_ip_{i+1}$ は 4 面体になる．6 辺の長さがすべてわかるので，この 4 面体の体積は（Column 5 で示した式を使って）定数時間で計算できる．以下，定理 6.7.2 の証明と同様に，P からフラップ 3 角形 $p_{i-1}p_ic_{i-1}$ と $p_ip_{i+1}c_i$ を取り除き，さらに B から 3 角形 $p_{i-1}p_ip_{i+1}$ を取り除き，新たなフラップ $p_{i-1}p_{i+1}c_{i,i+1}$ で置き換えたペタル多角形 P' と，P' の 3 角形分割 T' を構成して，同様に耳の部分に 4 面体を作って体積を求めていく．こうして得られた一連の 4 面体の体積をすべて加えれば，できあがる凸凹ピラミッドの体積となる． □

とはいうものの，凸 n 頂点の多角形の 3 角形分割の個数は指数関数[8]であるので，すべての場合を試すと効率が悪い．実はこうした，指数通りある 3 角形分割の中で，最も良い値をもつ分割を見つけ出すという問題に共通して使える便利な方法がある．以下の定理でそれを示そう．

[8] 具体的には $\frac{1}{n-1}\binom{2n-4}{n-2}$ 個である．

定理 6.8.2　$2n$ 頂点からなるペタル多角形 $P = (p_1, c_1, p_2, c_2, \ldots, p_n, c_n)$ が与えられたとする．ここで P の底を $B = (p_1, p_2, \ldots, p_n)$ とする．このとき，体積を最大とする B の折り線（B の 3 角形分割）を $O(n^3)$ 時間で計算することができる．

証明 3角形分割に関して，動的計画法を用いる．

ここでは頂点 i から頂点 $i+k$ までの頂点を使った部分的な凸凹ピラミッドに対して部分問題 $S(i,k)$ を定義する（以下，$1 \leq i \leq k < n$ と仮定して話を進める．インデックスが n を超えてしまった場合はインデックスを 1 に戻して適宜処理するものとする）．この部分問題に対して，この部分のペタル多角形だけで折れる体積最大のピラミッドの体積の最大値を $w(i,k)$ とする．これは，頂点 $p_i, c_i, \ldots, c_{i+k-1}, p_{i+k}$ という P の一部を取り出し，ここに 3 角形 $c'p_ip_{i+k}$ を新たにフラップとして付け加えて新たなペタル多角形 P' を作り，この P' で折れる体積最大の凸凹ピラミッドの体積と考えることができる．ただしここで，頂点 c' は $|c'p_i| = \ell_i$, $|c'p_{i+1}| = \ell_{i+1}$ という長さとなるように作る．ここで $k=1$ のときは 2 つの同じ大きさのフラップを張り合わせると考えて，$w(i,1) = 0$ と考える．また $k = n-1$ のときは P' は P そのものなので，$w(1, n-1)$ を計算すればよいことになる．

さて，3 角形分割に関する動的計画法にはよくあることだが，B の対角線で問題を 2 つに分けるのでは，結局，管理するテーブルの大きさが指数サイズになり，うまくいかない．3 角形で問題を部分問題に分割するところがポイントである．

ここで数の 3 つ組 (i,j,k) に対して，対応する底 B の頂点を用いた $\triangle p_i p_{i+j} p_{i+k}$ と，それぞれの対応する長さ ℓ_i, ℓ_j, ℓ_k に対して，（必要ならば）仮想的に追加した 3 つのフラップとで 4 面体を作ることを考える．この 4 面体の体積を $V(i,j,k)$ としよう．これは Column 5 の方法で計算できる．こうして得られた $V(i,j,k)$ が $V(i,j,k) \geq 0$ を満たすとき，つまり 4 面体が成立するとき，この 3 つ組を<u>有効</u>であると言おう．すると，$1 < k < n$ を満たす k に対して $w(i,k)$ は次の式を満たすことがわかる．

$$w(i,k) = \begin{cases} \max_{1 \leq j < k} V(i,j,k) + w(i,j) + w(i+j,k) & (i,j,k) \text{ が有効なとき} \\ -\infty & \text{それ以外} \end{cases}$$

したがってそれぞれの頂点 $i = 1, 2, \ldots, n$ に対して，それぞれ $k = 1, 2, \ldots, n-1$ と k を小さいほうから順に計算していけば，標準的な**動的計画法** (Dynamic Programming) で $O(n^3)$ 時間で解くことができる．また，それぞれの部分問題を解くときに，最大値を与えるインデックス j を覚えておけば，体積を最大にする折り線（B の 3 角形分割の 1 つ）を復元することができる． □

6.9 残された問題

定理 6.2.3 の判定アルゴリズムの紹介でも述べたとおり，与えられた多角形から，与えられた凸多面体が折れるかどうかを判定するという一般的な問題を解く多項式時間アルゴリズムは存在するが，現時点では $O(n^{456.5} r^{1891}/\epsilon^{121})$ 時間という，実用的とはとても言えないものである．本章で扱った凸凹ピラミッド折り問題は，高速に解けることがわかったが，一般的な凸多面体に対する問題を解くわけではなく，かなり特殊な例を扱っている．この間を埋めるアルゴリズムを考えるのは，本書執筆時点では，とても有望な問題であると考えられる．凸凹ピラミッドそのものは，非常に特殊な形であるが，一般の凸多面体の頂点付近だけを考えると，これと同じ問題を考えることができるかもしれない．つまり一般の凸多面体の展開を局所的に解くときに使えるのかもしれない．

そうした発展を見据えつつ，凸凹ピラミッドに関しては，次の問題は解けていない．

未解決問題 6.9.1 凸凹ピラミッド問題について，凸多面体が体積も最大となるための条件とはなんだろう．逆に凸でない多面体が体積最大となるための条件でもよい．

必要条件も十分条件も，まったくわかっていない．なんとなく「極端に」「歪んだ」もの以外は，凸であるものが体積も最大になるような直観はあるものの，この「極端」とか「歪んだ」という直観に対して，もっときちんとした特徴づけを与えることは，残された課題である．

また本章で考えた凸凹ピラミッドは，凸凹とは言っても，すべての場合を網羅しているわけではない．例えば頭頂点が 360° を超えて鞍点になる場合や，底 B をジグザグに折り返して，その結果一部のフラップが裏返ってしまい立体が中に入り込んでしまう形状など，極端な場合は考えていない．こうした立体にも通用する一般論は，まだまだ発展途上だ．

7 ジッパー展開(zipper unfolding)

　第1章でも述べた通り，どんな凸多面体が与えられても，辺に沿ってうまく切り開けば，必ず（重なりのない）展開図が得られると予想されている．これは数百年も解けていない未解決問題であり，一朝一夕には解けそうにない．この予想が難しい要因として，辺展開が2つの側面を持つことが挙げられる．

　まず第一に，凸多面体の頂点と辺をいわゆるグラフと見なしたときの，グラフ理論的側面である．グラフの上で考える展開図は，必ずこのグラフの全域木となるのであった．つまりグラフ理論という側面から予想を見ると，これはある指標での「良い」全域木を求める問題であると見なすことができる．グラフが与えられたときに全域木をどれでもよいから1つ求めるのは簡単であるが，一般に「良い」全域木を見つけるのは難しい問題であることが多い．しかも今の問題でいえば，何を指標に「良い」のかがあまり明確ではない．これが難しさを与える1つの側面である．

　もうひとつは，辺展開のもつ幾何的な側面である．結局のところ，凸多面体と切るべき辺が与えられたとき，それぞれの面がどのように展開されるかとか，その結果，全ての面が平面上にどのように配置されるかとかいった問題を考えるのは，非常に複雑な幾何の問題である．

　つまり，すべての面をうまく幾何的に広げたとき，面同士が重なりを持たないという意味での良い性質を持つ全域木を求めなければならないわけである．

　こうした幾何的・グラフ理論的な難しさを併せ持つ問題に対する1つのアプローチとして，なんらかの制限を加えて，限定的な場合についてこの問題を解くというのは自然な発想であろう．解ける範囲を少しずつ広げていけば，いつかは，どんな凸多面体も辺展開する方法が見つかるか，あるいは逆に，どのように辺展開しても，必ずどこかで重なってしまう凸多面体が見つかるに違いない．

　本章ではこうした研究トピックの最前線として，まず，辺展開ができることがわかっている凸多面体の最前線を紹介しよう．多面体に幾何的な制限を

加えることで，良い性質を持つ全域木が必ず存在することが保証できた立体たちである．これは意外なほど，きわめて限定的な場合しかわかっていない．次に，**ハミルトン展開** (Hamiltonian unfolding) と呼ばれる特別な展開方法を考える．これは全域木に制限を加えて，「木」を「路（パス）」に限定した展開方法である．つまり経路には枝分かれがなく，直観的に説明すれば，ある頂点にハサミを入れたら，そのままジョキジョキと切り進み，それだけで全体を切り開くという方法に限定した議論である．こうした特殊な展開図については，いくつかの結果が知られている．

7.1 辺展開できる凸多面体たち

まず，辺展開ができることがわかっている凸多面体を紹介しよう．**ドーム** (dome) は底 B があり，それ以外の側面はすべて B と 1 つの辺を共有する．直観的には，底と側面だけからなり，上には頂点しかない立体である．**角錐台** (prismoid) とは，上蓋 T と下底 B をもつ立体で，T と B は同じ数の角をもつ多角形で，それぞれの対応する角の角度が等しく，辺が平行なものである．ここから，側面はどれも台形であることがわかる．凸ドームと凸角錐台は，どちらもいつでも必ず辺展開できることが知られている．その展開方法は**火山展開** (volcano unfolding) と呼ばれている．直観的には，底の周囲に側面を張り巡らせるように展開する．角錐台の場合は，上蓋 T をどこかの側面の上につないでおけばよい．こうして聞くと簡単そうに見えるが，側面同士が重ならないことや，いつでもどこかには上蓋が重ならないように広げることができることを保証するのは，それほど簡単ではない．詳しい議論は，[DO07] を参照してもらいたい．

角錐台を包含する立体として，**擬角柱** (prismatoid) が知られている．2 つの多角形を上蓋 T と下底 B として用意して，これを平行になるように配置し，凸包をとると，擬角柱が得られる．T と B は必ずしも角の数は同じでなくてもよく，角度も違っていて構わない．擬角柱の側面は必ず 3 角形か台形になる．本書執筆現在，いつでも必ず辺展開できるかどうかがわかっていない凸多面体のうち，最も小さなクラスはこの擬角柱である．

未解決問題 7.1.1 どんな凸擬角柱でも，いつでも必ず辺展開できるだろうか？

7.2 ハミルトン展開

次にカットする線に制限を加えた場合について考える．具体的には全域木に制限を加えて，「木」を「パス」に限定した展開図である．展開図の性質から，この経路は多面体の上のすべての頂点をちょうど一度ずつ訪問することとなる．これはグラフ理論の言葉でいえば，**ハミルトン路** (Hamilton path) である．そのため，この展開方法を**ハミルトン展開** (Hamiltonian unfolding) と呼ぶ [DDL+10]．工業的な視点でいえば，こうした展開はジッパーで実現でき，実際にこうしたアイデアで作られた製品は，いくつかある（図 7.1）．

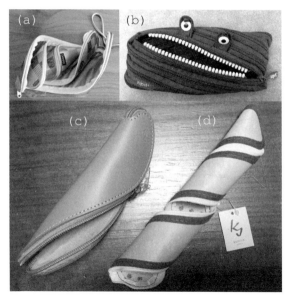

図 **7.1** ジッパー展開できるさまざまな容器類．(a) はシルク製，(b) はプラスチック製，(c) は革製で，(d) はなんと木製である．

グラフ理論的な観点からいうと，ハミルトン展開問題は，多面体の上の頂点と辺から導出されるグラフの上でのハミルトン路問題と深い関連がある．つまり，もしその多面体がハミルトン展開できるなら，対応するグラフは当然ハミルトン路をもつ．しかしハミルトン路をもつからといって，ハミルトン展開できるとは限らない．開いてみると紙が重なってしまうかもしれないからだ．2010 年にこの概念を導入した Demaine らは，正多面体や準正多面

体など，さまざまな具体的な多面体に対してハミルトン展開の有無を調査した [DDL+10]．

彼らは，その中で**菱形 12 面体** (rhombic dodecahedron) がハミルトン展開を持たないことを示したが，それは菱形 12 面体から導出されるグラフがそもそもハミルトン路を持たないからであった．当時，他にもハミルトン展開を持たない立体はいくつか示されていたが，それはどれも対応するグラフがハミルトン路を持たないという理由からであった．

しかし，これは少し話がおかしな方向に流れている．そもそもは，凸多面体の辺展開の難しさを研究するにあたって，2 つの側面のうちの一方を制限することで，他方を研究するというアプローチだったはずである．つまりハミルトン展開に制限したそもそもの動機が，面の重なりという幾何的な性質を研究するために取り入れた制約だったという由来を考えると，「グラフがハミルトン路を持たないからハミルトン展開できない」という論法は，どうも筋が悪いように思われる．そもそもハミルトン展開に制限することに妥当性があるのかどうなのか，疑問が湧く．

こうした背景を踏まえると，対応するグラフがハミルトン路を持ち，しかもジッパー展開すると必ず重なってしまうという「幾何的な性質」をもつ凸多面体はないだろうかという問題にたどり着く．平たく言えば，ジッパー展開する方法は数多くあって，しかしどう切り開いても，どうにも面が重なってしまってうまくいかないという，じれったい凸多面体は存在しないのだろうか．答を先に言ってしまえば，ある．以下でこうした興味深い性質をもつ凸多面体を紹介しよう．

以下で示す一連の凸多面体は，単純なドーム型であり，7.1 節で示したとおり，通常の方法で展開するのは簡単である．しかし展開方法をハミルトン展開に限定してしまうと，興味深いことに，どのようにハミルトン展開しても重なりが生じてしまう．また，このドームには指数関数的に多くのハミルトン路が存在する．この例は，非常に単純な凸多面体に限って展開図の有無を議論しようとしても，グラフ理論的なアプローチだけではうまくいかず，幾何的な議論が避けて通れないことを示している．

7.2.1 ハミルトン展開できない凸多面体

7.1 節で導入したドームを考えよう．これは底 B と，B とそれぞれ 1 つの

辺だけを共有する側面からなる凸多面体であり，端的にいって，かなり単純な立体である．ところがうまく作ると，「指数関数的に多くのハミルトン路が存在する」にも関わらず，「どんなハミルトン展開も，必ず重なってしまう」という興味深い立体が構成できる．具体的な立体を示す前に，幾何的な補題を 1 つ示しておこう．

補題 7.2.1 正整数 n に対して，$\theta = \frac{2\pi}{n}$ とする．また頂点の角度が θ である 2 等辺 3 角形を T とする．T の等しい 2 本の辺の長さは単位長とする．T と合同な 3 角形を 8 つ用意して，図 7.2 のように並べる．ただしここで太線は 2 つの 3 角形に共有されているとする．このとき $n > 12$ であれば，3 角形 T_4 と 3 角形 T_8 は重なる．

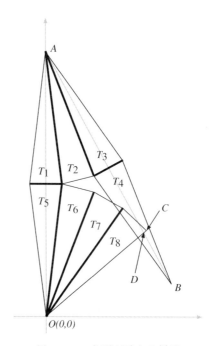

図 **7.2**　3 角形が重なる様子

直観的には十分 n が大きければ 3 角形 T_4 と 3 角形 T_8 が重なるのは，ほとんど自明であるが，正確な値を求めておこう．

証明　長さを計算するため，3 角形 T_5 の頂点を原点 $O = (0,0)$ とし，T_1 と T_5 の頂点同士をつなぐ線を y 軸とする．3 角形 T_1 と T_4 の頂点をそれぞれ A と B とする．すると，それぞれの座標は以下のように計算できる．

$$A = \left(0, 2\sin\tfrac{\theta}{2}\right), B = \left(2\sin\tfrac{\theta}{2}\sin 2\theta, 2\sin\tfrac{\theta}{2}(1-\cos 2\theta)\right)$$

一方,T_8 の底角のうち T_5 から遠い方の底角の点を C とすると,その座標は以下の通り.

$$C = \left(\cos\tfrac{7\theta}{2}, \sin\tfrac{7\theta}{2}\right)$$

ここで線分 AB と OC の交点 D を考える.(正確には線分 AB を含む直線と線分 OC を含む直線の交点である.)このとき $|OD| < 1$ であれば,点 D は3角形 T_4 と T_8 の両方に含まれることになる.単純な計算により,

$$D = \left(\frac{2\sin\tfrac{\theta}{2}}{\cot 2\theta + \cot\tfrac{7\theta}{2}}, \frac{2\sin\tfrac{\theta}{2}\tan 2\theta}{\tan 2\theta + \tan\tfrac{7\theta}{2}}\right)$$

であることがわかるので,

$$|OD|^2 = 4\sin^2\tfrac{\theta}{2}\left(\frac{1}{(\cot 2\theta + \cot\tfrac{7\theta}{2})^2} + \frac{\tan^2 2\theta}{(\tan 2\theta + \tan\tfrac{7\theta}{2})^2}\right)$$

となる.この値は $n > 12$ のときに1未満となるため,T_4 と T_8 は重なりをもつ. □

定理 7.2.2 ハミルトン展開では展開できないドームが無限に存在する.

証明 任意の非負整数を n として,ドーム $D(n)$ を次のように構成する.底 $B(n)$ は正 $2n$ 角形である.この $B(n)$ の頂点を順に $p_1, p_2, \ldots, p_{2n}$ とする.このドーム $D(n)$ は,$B(n)$ の中心に立てた垂線上に頂点 c を持つものとする.この頂点 c の高さは極めて低いものとする.そして頂点 c を中心とする小さな円 C を描き,この C 上に等間隔に n 個の点 $q_1, q_2, \ldots, q_n$ をとる.つまりこの n 点は c を中心とする正 n 角形をなす.話を単純にするために,c の高さと,C の半径を「ほぼ0」としておく.ここでそれぞれの $i = 1, 2, \ldots, n$ に対して,辺 $\{p_{2i-1}, q_i\}$ と $\{p_{2i}, q_i\}$ を追加する.円 C を適当に回転することによって,それぞれの3角形 $q_i p_{2i-1} p_{2i}$ を2等辺3角形にしておこう.さらにそれぞれの $i = 1, 2, \ldots, n$ に対して,頂点 c と点 q_i をつなぐ辺を追加する.例として $n = 3$ のときのドーム $D(n)$ を上から見たところを図 7.3 に示す.直感的に言えば,底 B の上には,2等辺3角形の側面 n 枚と,それによく似た5角形の側面 n 枚が交互に並んでぐるりと取り囲んでいる.このドーム $D(n)$ は,数多くのハミルトン路があるにも関わらず,$n > 12$ のときにはハミルトン展開できないことを示そう.

7 ジッパー展開 (zipper unfolding)

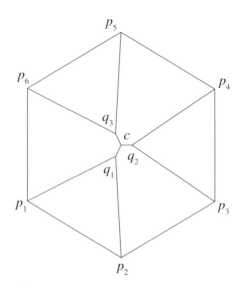

図 **7.3** ドーム $D(3)$ を上から見たところ

ここで，ハミルトン路 P に沿って切り開けば $D(n)$ の展開図ができると仮定しよう．経路 P 上の各頂点 v に対して，v につながっている P の辺の本数を $\deg_P(v)$ と書くことにする．ここで P はハミルトン路なので，2つの両端点では $\deg_P(v)=1$ であり，それ以外のすべての頂点では $\deg_P(v)=2$ である．したがって，$\deg_P(c)$ は 1 か 2 であり，頂点 q_i は，ほとんどすべての頂点において $\deg_P(q_i)=2$ となる．この事実を少し考えると，ほとんどすべての q_i において，経路 (p_{2i-1}, q_i, p_{2i}) が P の一部であることがわかる．つまり，ほとんどすべての 2 等辺 3 角形は，底と共有している辺を軸に，花びらのように裏返しに展開される．

以下で 2 つの場合を考える．まず c が P の端点であった場合である．一般性を失うことなく，(c, q_1, p_1) が経路 P の端の部分であったとする．すると c は辺 (c, q_1) 以外に切られていないので，P は $1 < i \leq n$（つまり $i = 1$ 以外）を満たすすべての i に対して (p_{2i-1}, q_i, p_{2i}) を部分経路として含んでいる．するとハミルトン経路は 2 通りの構成方法しかない．1 つは $(c, q_1, p_1, p_{2n}, q_n, p_{2n-1}, \ldots, p_4, q_2, p_3, p_2)$ であり，もう 1 つは $(c, q_1, p_1, p_2, p_3, q_2, p_4, \ldots, p_{2n-1}, q_n, p_{2n})$ である．

1 つ目の場合は図 7.4(b) と (c) のような状況になる．まず図 7.4(b) の点線に沿って切る．次にフタの部分，つまり 3 角形 $p_1 p_2 q_1$ とすべての 5 角形から

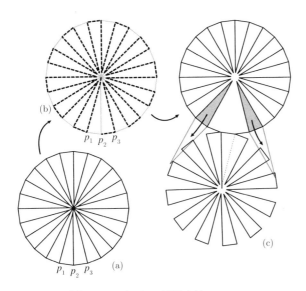

図 **7.4** $D(12)$ の展開方法の1つ

なる部分を裏返しにする(図7.4(c)).そして残りの3角形を裏返しに開くが,このとき,C が十分小さく,ドームの高さが十分低く,そして $n > 12$ のとき,補題 7.2.1 より,グレーの3角形がフタと重なってしまう.つまりこの場合,重なりなく展開することができない.2つ目の場合はもっと簡単で,フタに最も近い3角形が,やはり裏返したときに重なってしまう.したがって,c がハミルトン路 P の端点だったときは,どんな展開も重なってしまう.

次に c が P の端点でなかった場合を考えよう.一般性を失うことなく,ある i に対して経路 (q_i, c, q_1, p_1) が P の一部であったと仮定する.まず q_i が端点だったときは,1つ目の場合とほぼ同じ議論が使える:もし $q_i = q_2$ か $q_i = q_n$ であったときは,2つの3角形のうちのどちらか,それ以外の場合は,2つの3角形がどちらもフタの部分と重なってしまう.そこで経路の一部が (p_j, q_i, c, q_1, p_1) を含んでいたときを考える.ここで $j = 2i-1$ か $j = 2i$ である.いま考えている $D(n)$ の頂点と辺から得られるグラフから頂点 $\{p_j, q_i, c, q_1, p_1\}$ をすべて取り除くと,グラフは2つの部分グラフに分割されてしまう.そこで頂点集合 $\{p_2, p_3, \ldots, p_{j-1}, q_2, q_3, \ldots, q_{i-1}\}$ から導出されるグラフを右側のグラフと呼び,他方の $\{p_{j+1}, p_{j+2}, \ldots, p_{2n}, q_{i+1}, \ldots, q_n\}$ から導出されるグラフを左側のグラフと呼ぶことにしよう.すると P は3つの部分に分けて考えることができる.具体的には右側のグラフの頂点をすべて訪問する経路 P_r と,左側のグラフの頂点をすべて訪問する経路 P_l と,P_r と P_l をつなぐ経路

(p_j, q_i, c, q_1, p_1) である．ここで P_r と P_l のうちの大きい方の部分経路 P' を考えると，P' に経路 (p_j, q_i, c, q_1, p_1) をつないだ部分に対して，1 つ目の場合と同じ議論を適用することができて，やはり重なりを生じることがわかる． □

ハミルトン展開では，切り開く経路におけるそれぞれの頂点の次数は 2 か 1 であった．ここでの議論は，次数を高々 $k \geq 2$ の一般の木に拡張することができる．

定理 7.2.3 任意の正整数 $k \geq 2$ を固定する．展開する木の最大次数を高々 k としたとき，この条件を満たすどんな木でも（重なりを起こすために）辺展開できないドームが無限に存在する．

まずドーム $D(n)$ では，中央の頂点 c を除くと，どの頂点の次数も 3 であることに注意しよう．つまり，定理 7.2.3 で考えている次数が制限されている木において，次数が 3 よりも大きい頂点は，中央の頂点だけである．

証明 与えられた k に対して $n > 6k$ を満たすドーム $D(n)$ を考える．$D(n)$ の頂点と辺から導出されるグラフの全域木のうち，最大次数が高々 k である任意のものを T とする．このとき $D(n)$ を T の辺を切って展開すると，必ず重なりを生じることを証明しよう．定義より，中心の頂点 c の次数は高々 k である．ここで T 上で頂点 v に隣接する頂点集合を $N_T(v)$ とし，$N_T(N_T(c)) = \cup_{q \in N_T(c)} N_T(q)$ とする．さらに頂点集合 $\{c\} \cup N_T(c) \cup N_T(N_T(c))$ で導出される T の部分木を T_c とする．するとそれぞれの q_i は，せいぜい p_{2i-1} と p_{2i} からしか葉を供給できないため，T_c は高々 $2k$ しか葉をもたない．ここで平均値に関する定理[1] より，T_c の 2 つの葉 p と p' で，間に少なくとも $(n-k)/k > 5$ 個の 3 角形が底の境界上に連続して並ぶペアが必ず存在する（図 7.5）．T の

[1] これは「平均点以上のスコアを出した人が必ず存在する」という当たり前の定理である．当たり前であるが，存在性を示すときには非常に強力である．

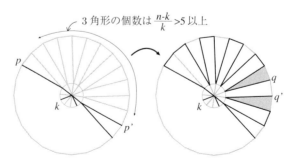

図 **7.5** 木の最大次数が制限されているとき

辺に沿ってドームを展開すると，この連続した3角形は，定理7.2.2の証明で見たものと同じ様相を呈する．正確には，p と p' の間の5角形の集合はフタを構成し，底 B の境界上のある辺 $\{q, q'\}$ に沿って全体が裏返しになる（図7.5）．そして p と p' の間の3角形がすべて裏返しになると，点 q と点 q' をフタと共有する2つの3角形（図7.5のグレーの3角形）は，補題7.2.1よりフタと重なってしまう． □

定理7.2.3と7.2.2で見たドーム $D(n)$ は，n について多項式個しかハミルトン路をもたない．しかし，この個数を指数関数的にまで，増やすことができる．

系 7.2.4 定理7.2.3と定理7.2.2は，頂点数に対して指数関数的な個数のハミルトン路を持つドームに拡張することができる．

証明 ドーム $D(n)$ に対して，それぞれの2等辺3角形 $p_{2i-1}q_ip_{2i}$ を2分割して $p_{2i-1}q_ir_i$ と $p_{2i}q_ir_i$ に分ける．ただしここで，r_i は辺 $p_{2i-1}p_{2i}$ の中点として新たに導入した点である（図7.6）．定理7.2.3の証明で示したとおり，$D(n)$ のハミルトン展開ではほとんどすべての2等辺3角形 $p_{2i-1}q_ip_{2i}$ は (p_{2i-1}, q_i, p_{2i}) に沿って切られて，裏返しになるのであった．この操作は分割したあとも変わらない．しかし新たな4頂点 $\{p_{2i-1}, q_i, r_i, p_{2i}\}$ を通過するようにハミルトン展開を構成しようとすると，局所的に2つの選択肢

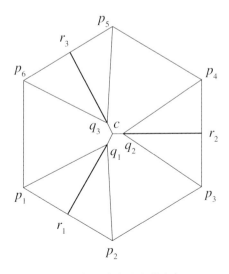

図 **7.6** $D'(3)$ を上から見たところ

が生まれる．具体的には経路 $(p_{2i-1}, q_i, r_i, p_{2i})$ に沿って切るか，あるいは経路 $(p_{2i-1}, r_i, q_i, p_{2i})$ に沿って切るかのどちらかである（図7.7）．したがって $D'(n)$ は指数的に多くのハミルトン路をもつ．ここで n を十分大きくすれば，定理7.2.3と定理7.2.2の主張は，$D'(n)$ に対しても成立することがわかる．
□

図 7.7 指数的に多くのハミルトン路を持つドーム $D'(n)$ を横から見たところ．

7.3 辺展開やハミルトン展開できる凸多面体の現状のまとめ

どんな凸多面体でも辺展開できるという未解決予想に対して，今はとても弱い結果しか知られていないことがわかっただろうか．ここでは未解決な問題（特に，あと少しで解けそうな問題）を列挙しておこう．

まず，7.1節で見たとおり，ドームは，火山展開でいつでも辺展開できる．しかし7.2.1項で示したとおり，ハミルトン展開に限定すると，辺展開できないこともある．一方角錐台は，ドームと同様に火山展開で辺展開できることが知られている．ではハミルトン展開はどうだろうか．このあたりから，知られていることは，やや込み入ってくる．実は**入れ子角錐台** (nested prismoid) という特殊な条件を満たす角錐台であればハミルトン展開をもつことが知られている．少し議論が複雑になるので，本書では省略したが，入れ子角錐台の直感的な定義はそれほど難しくない．角錐台には，平行なフタと底があるが，これらを真上から覗いたとき，フタが底に完全に含まれるものを入れ子角錐台とよぶ．形式的には，フタの射影が底に完全に含まれているものである．この入れ子角錐台はハミルトン展開をもつ．直観的には，入れ子角錐台の側面をリボン状に広げて，上蓋と下底をそれぞれの側にうまく配置することで展開できる．では一般の角錐台はどうだろうか．これは未解決である．部

分的な結果として，次の2つの結果が知られている．

まず，角錐台にはハミルトン路は多項式個しかないことが示されている．したがって，系 7.2.4 に示したドームとは対照的に，可能なハミルトン路をすべて生成して1つひとつ調べていけば，多項式時間アルゴリズムですべてチェックすることができる．つまりアルゴリズム的な観点からは，難しい問題ではない．

また角錐台から上蓋と下底を取り除いた，側面のリボン状の部分「だけ」を切り開くという問題が研究されている．もう少し具体的には，「角錐台からフタと底を取り除き，側面のどこか1つの辺を切って開いたとき，これはいつでも重ならずに広げられるか？」という問題が解かれている．この問題の答だけをいえば，実はいつでも [Yes] である．これは直観的には，自明に感じられるかもしれないが，実は非常に複雑な問題である．入れ子角錐台の側面について，この答が [Yes] であるという事実の証明は，それだけで1編の論文 [ADL+2008] になっているし，さらに一般の角錐台の側面についても，答が [Yes] であるという事実の証明は，入れ子角錐台の論文の著者の1人である Greg Aloupis 氏の博士論文 [Alo2005] になっている．ともあれ，結論だけ見れば，どんな角錐台の側面でも，うまく一箇所だけ切れば重ねずに広げられる．したがって，入れ子角錐台と同様に，ハミルトン路で切って広げた後，上蓋と下底がどこにも重ならないようにうまくつけられることを証明できれば，一般の角錐台もハミルトン展開できることが証明できるのであるが，この部分が未解決である[2]．まとめると，以下がジッパー展開に関する最前線の未解決問題である．

[2] 博士論文の著者の Greg Aloupis 氏に直接聞いてみたこともあるが，「複雑だね」とのことであった．

未解決問題 7.3.1 どんな角錐台でもハミルトン展開できるだろうか．

8 レプ・キューブ

8.1 レプ・キューブの歴史と準備

本章ではレプ・キューブという新しい概念と，知られている結果を紹介しよう．なんといっても 2016 年に生まれたばかりの概念なので，研究すべきテーマは多い．まずレプ・キューブの歴史をごく簡単に紹介しよう．

最初に登場するのが 3.1 節で紹介したポリオミノである．これは Solomon W. Golomb が 1954 年に考案して研究したものである [Gol94]．それ以来，パズル業界では非常に広く研究されてきた [Gar08]．例えば文献 [Gar08] の図 82 では，12 種類あるペントミノ（面積 5 のポリオミノ）をすべて使って，1 辺の長さが $\sqrt{10}$ の立方体をカバーする方法が示されている．

さて 1962 年，Golomb はもう 1 つの興味深い概念であるレプ・タイルを考案した．ある多角形を k 個にうまく分割すると，それがどれも合同で，しかも元の多角形と相似にできるとき，この多角形を次数 k の**レプ・タイル** (rep-tile) とよぶ[1]．詳しくは文献 [Gar14, 19 章] を参照されたい．

それから話は 2016 年に飛ぶ．著者がよく参加する合宿形式の研究集会で，Martin L. Demaine が次のような問題を提唱した．「立方体の展開図となるようなポリオミノで，これを k 個のポリオミノに分割して，それぞれが立方体の展開図となっているものはあるだろうか？」その研究集会でいくつかの解が見つかり，なかなか面白いということで，著者が中心となって論文にまとめた．そのときに上記の Golomb の 2 つの有名な概念に似ていることから，著者がこれを**レプ・キューブ** (rep-cube) と命名した[2]．

ここで k 個に分割して得られた展開図がどれも同じ面積であったとき，元の展開図を次数 k の**正則** (regular) なレプ・キューブと呼ぶことにしよう．さらに k 個に分割して得られた展開図がすべて合同だったとき，元の展開図を次数 k の**一様** (uniform) なレプ・キューブと呼ぶことにしよう．

[1] なお rep-tile は，reptile（爬虫類）の言葉遊びである．

[2] 実は Solomon W. Golomn は 1932 年生まれで，2016 年に逝去された．それを悼んでの命名でもある．また後日，レプ・キューブと同様の概念について，パズル業界の先行研究が少し見つかった．これについては第 11 章を参照されたい．

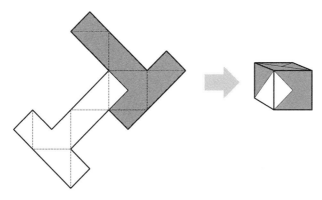

図 8.1　次数 2 の一様レプ・キューブの例

　ここで具体的な例を見てみよう（図 8.1）．T 型の図形は，おなじみの立方体の 11 種類の辺展開図のうちの 1 つである（図 1.1）．しかしこれを 2 つ合わせた図中の多角形を図中に点線で示した対角線で折ると，大きさ $\sqrt{2} \times \sqrt{2} \times \sqrt{2}$ の立方体が得られる．2 つの展開図は合同なので，これは一様なレプ・キューブの例にもなっている．実はこのレプ・キューブは，上記の研究集会で著者が最初に見つけ出した，記念すべき「レプ・キューブ第 1 号」でもある（直観的にわかりやすい方ではないが，第 1 号ということで例として挙げた．実際には，もっとわかりやすい例も以下で登場するので，安心してもらいたい）．

8.2　正則なレプ・キューブ

　まず正則なレプ・キューブを示そう．手作業（一部プログラムによる探索）により，数多くのレプ・キューブが見つかっている．具体的には以下の定理が知られている．

定理 8.2.1　$k = 2, 4, 5, 8, 9, 25, 36, 50, 64$ のそれぞれについて，次数 k のレプ・キューブが存在する．

　証明　具体的に作って示せばよい．図 8.1，図 8.2，図 8.3，図 8.4 に小さい k についての解を示す．図 8.2 の $k = 4$ の場合と，図 8.3 の $k = 9$ の場合は一様であることにも注意しよう．また $k = 25$ の解は，11 種類の辺展開図がすべて使われていることにも注意しよう．

　$k = 36$ の場合については，図 8.5 のパターンを 6 つ用意して，これを 11 種類

166 | 8 レプ・キューブ

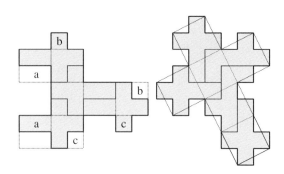

図 8.2 次数 $k=4,5$ のレプ・キューブの例

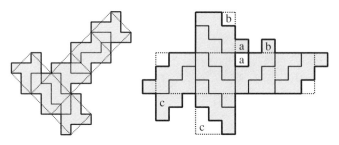

図 8.3 次数 $k=8,9$ のレプ・キューブの例

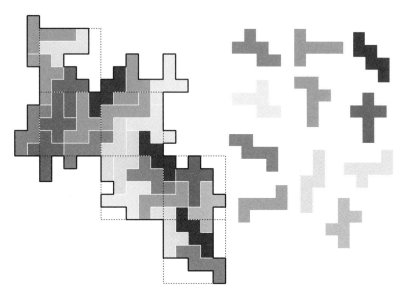

図 8.4 次数 $k=25$ のレプ・キューブ．11 種類の展開図がすべて使われている（☞口絵参照）

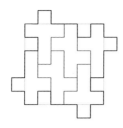

図 8.5 次数 $k = 36$ のレプ・キューブを作るためのパターン

図 8.6 次数 $k = 50$ のレプ・キューブの例
11 種類の展開図がすべて使われている（☞口絵参照）

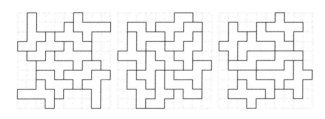

図 8.7 次数 $k = 64$ のレプ・キューブを作るためのパターン

ある通常の立方体の辺展開図と同じ配置に並べて接着すれば，36 個の辺展開図で 1 つの立方体を折ることができる．$k = 50$ の場合，大きさ $\sqrt{50} \times \sqrt{50} \times \sqrt{50}$ の立方体に対して 50 個の辺展開図を貼りつけるプログラムを構築して，図 8.6 に示すパターンが得られている．このパターンも，11 種類ある通常の立方体の辺展開図がすべて使われている．$k = 64$ の場合は，図 8.7 の左のパターンを底にして，図 8.7 の中央のパターンを 4 枚側面に貼りつけて，図 8.7 の

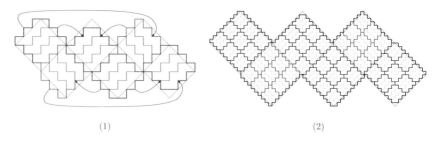

図 8.8　一様で正則なレプ・キューブの構成方法

右のパターンをフタにすればよい．これを適宜（辺展開の方法と同様に）切り開けば，さまざまなレプ・キューブが構成できる． □

次にレプ・キューブが無限に存在することを示す．まず，一様なレプ・キューブに限定しても，無限に存在することを示そう．

定理 8.2.2　任意の正整数 i に対して，次数 $k = 18i^2$ の一様な正則レプ・キューブが存在する．つまり，一様で正則なレプ・キューブは無限に存在する．

証明　これは図 8.3 の $k = 9$ の例で使った展開図による構成方法である．ただし $k = 9$ の例のような方向に置いたのでは，どうもうまく敷き詰めることができないようだ．そこで展開図の方向に対して「斜めに置く」というアイデアを使う．すると図 8.8(1) に示した通り，$k = 18$ に対する解が得られる．さらにこの解を細分していけば，無限に構成することができる．具体的な $i = 3$ に対する構成例を図 8.8(2) に示す．一般の i に関する構成方法は，この図から明らかであろう． □

次に一様に限定しない場合の正則レプ・キューブについても，改めて無限に存在することを示しておこう．これは定理 8.2.2 とはまったく違うアプローチを使っていて興味深い．具体的には，定理 8.2.1 の $k = 36$ の結果と他の結果をうまく組み合わせて使う．

定理 8.2.3　任意の正整数 k', i と集合 $\{2, 4, 5, 8, 9, 18i^2, 25, 36, 50, 64\}$ の任意の要素 ℓ に対して，次数 $36\ell k'^2$ のレプ・キューブが存在する．つまり，正則なレプ・キューブは無限に存在する．

証明　まず ℓ の値に応じて，定理 8.2.1 や定理 8.2.2 の証明で示したパターンを 1 つ選ぶ．次に，このパターンの中の単位正方形を k'^2 個の小さい正方形に分割する．さらにこの小さい正方形の一つひとつを，図 8.5 の $k = 36$ のパ

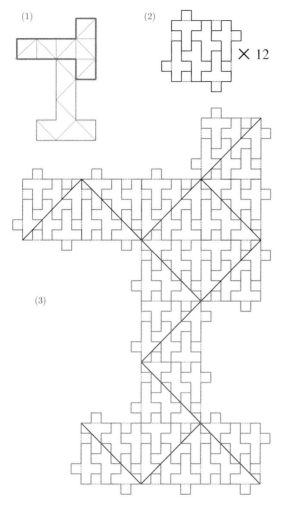

図 **8.9** $k = 2$ のパターンに $k = 36$ のパターンを埋め込んで得られる $k = 144$ の正則レプ・キューブ

ターンで置き換える.具体例を図 8.9 に示す.これは図 8.2 の $k = 2$ のパターンを用いたものである.このパターンの凸凹は,置き換えによって展開図としての性質を変えない.したがってできあがった多角形はやはり立方体の展開図となり,定理が成立する. □

8.2.1 正則なレプ・キューブの全列挙

すでに 3.2.3 項で紹介した通り，面積が小さい場合は，「目的とする箱を重なりなくカバーすることができるポリオミノ」を小さい方から順に列挙していけば，例えば $1 \times 1 \times 5$ の箱と $1 \times 2 \times 3$ の箱を両方折れる展開図を全列挙することができた．まったく同じ方法を使って，面積の小さい正則なレプ・キューブなら全列挙できる．具体的には，次のように計算すればよい．

入力：k;
出力：次数 k で面積 $6k$ のすべてのレプ・キューブ；
S_1 を立方体の辺展開図 11 種類からなる集合とする；
for $i = 2, 3, 4, \ldots, k$ do
 $S_i := \emptyset$;
 for S_{i-1} の部分展開図 P を 1 つずつ取り出し，以下を実行 do
  for S_1 の辺展開図 P' を 1 つずつ取り出し，以下を実行 do
   for
   P と P' のそれぞれの辺を接着して $\hat{P}$ を作り，以下を実行
   do
    if
    $\hat{P}$ が重なりをもたず，かつ大きさ $\sqrt{k} \times \sqrt{k} \times \sqrt{k}$ の立方体をカバーすることができる
    then
     $\hat{P}$ がまだ S_i に登録されていなければ登録する；
    end
   end
  end
 end
end
S_k を出力する；

それぞれの繰り返しにおいて，可能なすべてを調べて，対称形を除いてメモリを節約することや，部分展開図を調べるところなど，ほとんどの部分は 3.2.3 項で示した方法がそのまま適用できる．

ただしアルゴリズムの各所で毎回「すべての可能な場合」を調べるので，実際には思いのほか小さな k までしか実行できない．次数 $k = 4$ の場合の（部

表 8.1 次数 $k=4$ で面積 24 の正則レプ・キューブを求める途中で現れる部分展開図の個数の推移.

（部分）展開図の集合 S_i	S_1	S_2	S_3	S_4
展開図の個数	11	2345	114852	7185

図 8.10 正則で一様なレプ・キューブで，次数 $k=2$ で面積が 12 であるもの一覧

分）展開図の個数の推移の様子を表 8.1 に示す．著者らの研究グループでは，$k=2$ と $k=4$ の場合が解析できた．その結果は次のようにまとめることが

図 **8.11** 正則で非一様なレプ・キューブで，次数 $k=2$ で面積が 12 であるもの一覧

できる．

定理 8.2.4 正則なレプ・キューブで次数 $k=2$ で面積 12 のものは全部で 33 種類ある．また正則なレプ・キューブで次数 $k=4$ で面積 24 のものは全部で 7185 種類ある．

次数が $k=2$ であるものについては，全部で 33 種類あった．このうち，一様なものが 17 種類あり，非一様なものが 16 種類あった．一覧を図 8.10 と図 8.11 に示す．特に一様なもののうち，4 種類は回転対称であることがわかる．

次数が $k=4$ であるものについては，7185 種類あったが，一様なレプ・キューブはその中に合計 158 種類あった．一例を図 8.12 に示す．158 種類のうち，98 種類は同じ展開図（図 8.13(b)）を用いるものであった．それ以外の展開図の使用頻度についても図 8.13 に示した．

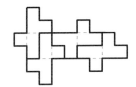

図 8.12 次数 $k=4$ における一様なレプ・キューブの一例

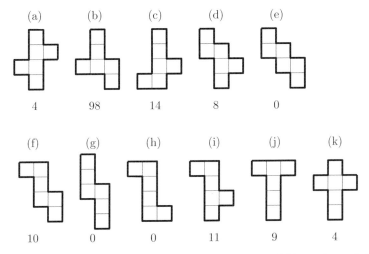

図 8.13 次数 $k=4$ で面積 24 の一様レプ・キューブ 158 種類における，各展開図の出現頻度

次数 $k=4$ で面積 24 のレプ・キューブの中には，回転対称なレプ・キュー

ブや，4つの展開図への分割方法が複数通りあるレプ・キューブが存在した．後者の実例を図 8.14 に示す．7185 種類というデータの中では，これらの異なる分割は別のレプ・キューブとして数えられている．しかし本来の定義からすれば，これらは同じレプ・キューブとして考えるべきかもしれない．

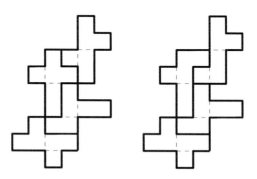

図 **8.14** 分割の方法が 2 通りある次数 4 のレプ・キューブの例

レプ・キューブを組み立てて立方体にすると，逆にそこから立方体の「分割パターン」が得られる．図 8.10 と図 8.11 をよく見ると，異なるレプ・キューブから，同じ「分割パターン」をもつ立方体になるものがたくさんある．この「分割パターン」で分類すると，一様なレプ・キューブを生み出す立方体の分割は 3 種類であり，非一様なレプ・キューブを生み出す立方体の分割も 3 種類，合計 6 種類の分割が得られる．効率よくレプ・キューブを生成するには，こうした分割に基づくアプローチのほうが有利かもしれない．

8.3　正則なレプ・キューブが存在しない場合

すでに見たように，$k = 2, 4, 5$ ではレプ・キューブが存在し，手作業でもいくつかは見つけることができ，さらに $k = 2, 4$ ではコンピュータで全列挙することも可能であった．ここで $k = 3$ が抜けていることに気づいた読者もいるだろう．実は $k = 3$ のとき，正則なレプ・キューブは存在しない．つまり次の定理が成立する．

定理 8.3.1　次数 $k = 3$ のとき，正則なレプ・キューブは存在しない．

本節ではこれを証明しよう．まず立方体 Q を折れる任意のポリオミノ（必

ずしも面積6とは限らない）を P としよう．すると補題4.2.2より，P は凸多角形ではない．多角形 P が凸でないことから，P を折ることで2.3.1項で見た回転ベルトは現れることはない（この事実のきちんとした証明は本書では示さない．興味のある読者は文献[DO07]を参照されたい）．さてポリオミノ P から立方体 Q を折ったとき，定理2.1.3より，Q の頂点は P の外周上にある．さらに定理2.3.4より，Q の頂点は，すべて格子点上の点であるとしてよい．P はポリオミノなので，Q の頂点は P の外周上の格子点に現れる，$90°$，$180°$，$270°$ の点のどれかである．つまり，$270°$ の点が単体で角になるか，$180°$ の頂点に $90°$ の頂点を接着するか，あるいは $90°$ の頂点を3つ集めて角を作るかのいずれかの場合しかありえない．

ではいよいよ定理8.3.1の証明に移ろう．次数3の正則なレプ・キューブ $\hat{P}$ が存在したと仮定して矛盾を導き出そう．このポリオミノ $\hat{P}$ は，3つの同じ面積のポリオミノ P_1, P_2, P_3 に分割することができて，$\hat{P}$ も P_1, P_2, P_3 も，しかるべき大きさの立方体が折れる．そこで $\hat{P}$ と P_i から折れる立方体をそれぞれ $\hat{Q}$ と Q_i としよう（$i=1,2,3$）．ここで Q_i の1辺の長さを ℓ とする．つまり P_i は面積 $6\ell^2$ のポリオミノで，$\hat{P}$ は面積 $18\ell^2$ のポリオミノである．ここで ℓ は必ずしも整数ではないかもしれないが，$6\ell^2$ は整数であることに注意しよう．

さてここでポリオミノ P_1 に注目する．これは面積 $6\ell^2$ のポリオミノで，大きさ $\ell \times \ell \times \ell$ の立方体 Q_1 が折れるものであった．定理2.3.4より，P_1 をうまく配置すると，Q_1 の頂点がどれも大きさ ℓ の正方格子上の格子点に載るように広げることができる．この格子上の Q_1 の頂点のうち，距離が ℓ である2つの頂点 v_1 と v_2 を考える（実際には距離が ℓ の2頂点が必ず存在するとは限らない．しかしその場合でも，同様の議論をすることができる）．このときベクトル $\overrightarrow{v_1v_2}$ は2つの自然数 a と b によって (a,b) と表現できる．これらの自然数 a,b に対しては $a^2+b^2=\ell^2$ が成立する（同様のアイデアは文献[DO07, Ch. 5.1.1]や文献[AHU16]でも使われている）．同じ議論を $\hat{P}$ と $\hat{Q}$ にも適用すれば，2つの自然数 $\hat{a}$ と $\hat{b}$ に対して $\hat{a}^2+\hat{b}^2=3\ell^2$ が成立する．つまり $\hat{a}^2+\hat{b}^2=3(a^2+b^2)$ である．

したがって，こうした自然数の組が存在しないことを言えばよい．矛盾を導くため，$\hat{a}^2+\hat{b}^2=3(a^2+b^2)$ を満たす自然数が存在したと仮定する．一般性を失うことなく，この式の値（つまり $\hat{a}^2+\hat{b}^2$ の値）は条件を満たす最小の正の数であるとする．ここで，自然数 i に対して $(3i\pm 1)^2 = 9i^2 \pm 6i + 1$ である．つまり任意の平方数 x は，3の倍数か，3で割ると1余ることがわ

かる．ここで $\hat{a}^2+\hat{b}^2=3(a^2+b^2)$ は 3 の倍数なので，$\hat{a}$ と $\hat{b}$ はどちらも 3 の倍数でなければならない．つまり $\hat{a}=3\hat{a}'$ と $\hat{b}=3\hat{b}'$ と書ける．するとここで $(3\hat{a}')^2+(3\hat{b}')^2=9(\hat{a}'^2+\hat{b}'^2)=3(a^2+b^2)$ となり，$a^2+b^2=3(\hat{a}'^2+\hat{b}'^2)$ を得る．しかしこれは $\hat{a}^2+\hat{b}^2$ の値の最小性に矛盾する．したがって，こうした自然数 $a,b,\hat{a},\hat{b}$ は存在せず，定理 8.3.1 が証明された． □

8.3.1 正則なレプ・キューブが存在しそうな場合と存在しなさそうな場合

定理 8.3.1 の議論を少し違った形で考えると，「正則なレプ・キューブが存在しそうな数」と「正則なレプ・キューブが存在しなさそうな数」とを弱い形で分類することができる．つまり，例えば $k=2,4,5$ などはレプ・キューブが存在することを示したわけだが，こうした k の値が満たしている性質を明確にすれば，どういう k に対してレプ・キューブが存在しそうか，ある程度予想できる．例えば面積 6 のポリオミノを k 個（これを $P_1, P_2, \ldots, P_k$ としよう）糊付けした面積 $6k$ のポリオミノ $\hat{P}$ を考えよう．この $\hat{P}$ がレプ・キューブであるためには，$a^2+b^2=(\sqrt{k})^2=k$ であるような自然数 a と b が存在しなくてはならない．こうした数について，パズル業界等でよく知られた次の定理がある（[Ser00] など参照）．

定理 8.3.2 (1) p を素数とする．このとき p がある非負整数 a,b によって $p=a^2+b^2$ と表すことができる必要十分条件は，$p=2(a=b=1)$ であるか，あるいは $p \equiv 1 \pmod{4}$ のときである．(2) x を合成数として，x を素因数分解した結果が $p_1^{d_1} p_2^{d_2} \cdots p_m^{d_m}$ であったとする．このとき x が同様に $x=a^2+b^2$ と表すことができる必要十分条件は，$p_i = 3 \pmod 4$ を満たすどの素因数についても，d_i が偶数であることである．

定理 8.3.2(1) はフェルマーによって出題され，オイラーによって証明された「2 つの平方数に関するフェルマーの定理」として知られている．

定理 8.3.2 によって判定できるとはいえ，正則なレプ・キューブが存在しそうな数を小さい方から列挙しておくのは有用であろう．具体的に小さい方から $0 \leq a \leq b$ を列挙して計算すると，$k=2, 4, 5, 8, 9, 10, 13, 16, 17,$ $18, 20, 25, 26, 29, 32, 34, 36, 37, 40, 41, 45, 49, 50, 52, 53, 58, 61, 64, 65,$ $68, 72, 73, 74, 80, 81, 82, 85, 89, 90, 97, 98, 100, \ldots$ といった数のときに

正則なレプ・キューブが存在しそうであり，これは定理 8.2.1 に現れる自然数 $2, 4, 5, 8, 9, 25, 36, 50, 64$ を含んでいることもわかる．逆にここに現れない $k = 3, 6, 7, 11, 12, 14, 15, 19, 21, 22, 23$ といった数は，正則なレプ・キューブは存在しないと考えられる．$k = 3$ の場合には具体的に証明したが，一般の数について統一的に扱う方法は，未解決である．

未解決問題 8.3.1 与えられた自然数 k に対して，正則な次数 k のレプ・キューブが存在するかどうかを高速に判定する方法があるだろうか．

上記の定理 8.3.2 に合致しない数 ($k = 6, 7, 11, 12$ など) について，存在しないことを証明するほうが簡単であろう．

8.4 正則でないレプ・キューブとピタゴラス数への拡張

まず試行錯誤によって，次の2つの正則でないレプ・キューブが見つかっている．

定理 8.4.1 次数 $k = 2, 10$ の非正則なレプ・キューブが存在する．

証明 それぞれのレプ・キューブを図 8.15 に示す．

次数 $k = 2$ のものを図 8.15 の左側に示す．全体としては大きさ $\sqrt{5} \times \sqrt{5} \times \sqrt{5}$ の立方体を折れるが，2つに分割するとそれぞれ大きさ $2 \times 2 \times 2$ と単位立方体を折ることができる．面積の整合性は $6 \times (\sqrt{5})^2 = 6 \times 1^2 + 6 \times 2^2 = 30$ となる．

次数 $k = 10$ のものは図 8.15 の右側に示す．このパターンは面積は 150 である．9つの単位立方体の展開図を見るのは易しい．この部分で面積 54 を占めている．残り 96 個の正方形で大きさ $4 \times 4 \times 4$ の立方体の展開図を作り上げている．そして全体として大きさ $5 \times 5 \times 5$ の立方体の展開図となっている．これらの面積は $150 = 6 \times 5^2 = 6 \times (3^2) + 6 \times (4^2) = 6(3^2 + 4^2)$ という関係を満たしている． □

8.4.1 正則でないレプ・キューブを構成する方法

次に正則でないレプ・キューブを生成する構成的な方法を示そう．

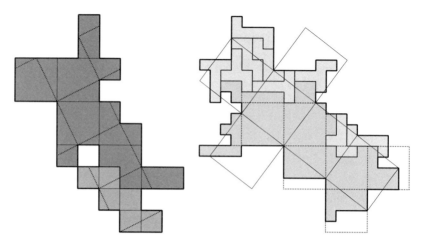

図 8.15　次数 $k = 2, 10$ の正則でないレプ・キューブ

定理 8.4.2　正則でないレプ・キューブは無限に存在する．具体的には，次数 k の正則なレプ・キューブが存在したとき，任意の自然数 i に対して，次数 $k + 35i$ の正則でないレプ・キューブを構成することができる．

証明　これは本質的には定理 8.2.3 の応用である．定理 8.2.3 では，複数の展開図の中にある正方形を，すべて一度に図 8.5 に示したパターンで置き換えたが，よく考えてみると，すべてにこの置き換えを適用する必要はない．もう少し具体的な例を挙げて説明しよう．図 8.16(1) は，図 8.1 に示した次数 2 のレプ・キューブである．このうち，上の展開図に現れる正方形だけを図 8.5 に示したパターンで置き換えてみる．するとこの展開図は 36 個の小さな展開図に分解される．このとき，元の展開図の境界線が，直線からジグザグな線になってしまう．そこで残った他の展開図の方も，周囲の境界線を合わせてジグザグにしてやればよい．こうして得られた図 8.16(2) は，次数 37 の正則でないレプ・キューブである．この 37 個の展開図の一番小さい展開図から，また 1 つ適当に選んで同じ手続きを実施すると，図 8.16(3) に示した次数 72 の正則でないレプ・キューブが得られる．以下同様に繰り返せば，正則でないレプ・キューブを無限に生成することができる．　□

上記の構成方法は，自由度がかなり高いし，他にも無限に生成する方法がありそうである．そこから，次の未解決問題が生まれる．

未解決問題 8.4.1　あるところから先は，どんな自然数 k に対しても正則でない次数 k のレプ・キューブが存在するのではないだろうか．つまり「ある

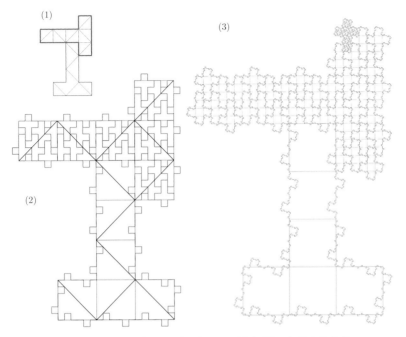

図 8.16 正則でないレプ・キューブを無限に生成する方法

下界 K が存在し，どんな自然数 $k > K$ に対しても次数 k のレプ・キューブが存在する」という条件を満たす自然数 K が存在するのではなかろうか．

正則でないレプ・キューブについて，他にわかっていることはあまりないが，特にピタゴラス数と関係があってもよさそうだという予想のもと，現在研究が進められている．以下ピタゴラス数との関係について，わかっていることを紹介しよう．

8.4.2 ピタゴラス数

まずピタゴラス数 (Pythagorean triple) とは何かを紹介しよう．ピタゴラス数とは $a^2 + b^2 = c^2$ を満たす自然数の 3 つ組 (a, b, c) のことで，例えば $(3, 4, 5)$ や $(5, 12, 13)$ はそれぞれ $3^2 + 4^2 = 9 + 16 = 25 = 5^2$, $5^2 + 12^2 = 25 + 144 = 169 = 13^2$ を満たす代表的なピタゴラス数である．以下では $a < b < c$ と仮定しよう．一見するだけでは，こうした 3 つ組をどうやって見つければよいのかわからないが，実はピタゴラス数については以

下の特徴づけが古くから知られている．

定理 8.4.3 2つの正の自然数 m と n が，次の3つの条件を満たすとする：(1) m と n は互いに素．(2) $0 < n < m$．(3) $m - n$ が奇数．このとき，$(m^2 - n^2, 2mn, m^2 + n^2)$ はピタゴラス数である．また逆に，どんなピタゴラス数も，上記の3つの条件を満たす m と n で $(m^2 - n^2, 2mn, m^2 + n^2)$ の形で表すことができる．

本書ではこの証明は省略するが，証明は初等的である．この3つの条件を満たす m, n を順番に見つけていけば，ピタゴラス数はいくらでも作り出すことができる．例えば $m = 2, n = 1$ とすれば $(3, 4, 5)$ が得られるし，$m = 3, n = 2$ とすれば $(5, 12, 13)$ が得られる．なお，3つ組 $(m^2 - n^2, 2mn, m^2 + n^2)$ の中で $m^2 + n^2$ が最大であることはすぐにわかるので，$c = m^2 + n^2$ とすればよいが，m と n の選び方によって，$m^2 - n^2$ と $2mn$ のどちらが大きいかが変わってくる．したがって，$a < b$ としたとき，$m^2 - n^2$ と $2mn$ のどちらが a でどちらが b になるかは，場合によって違ってくる．

さてこうしたピタゴラス数 (a, b, c) において，$6a^2 + 6b^2 = 6c^2$ であるから，次の自然な問題が考えられる．

未解決問題 8.4.2 ピタゴラス数 (a, b, c) に対して，対応する次数2のレプ・キューブは存在するだろうか．つまり大きさ $6c^2$ のポリオミノ P_c で，次の2つの条件を満たすものは存在するだろうか．(1) P_c から $c \times c \times c$ の立方体が折れる．(2) P_c を2つのポリオミノ P_a と P_b に分割したとき，P_a からは大きさ $a \times a \times a$ の立方体が折れて，P_b からは大きさ $b \times b \times b$ の立方体が折れる．

この問題は未解決問題である．そこで上記の条件 (2) を少し緩めて，次の問題を考えてみよう．

未解決問題 8.4.3 ピタゴラス数 (a, b, c) に対して，大きさ $6c^2$ のポリオミノ P_c で，次の2つの条件を満たすものを考える．(1) P_c から $c \times c \times c$ の立方体が折れる．(2) P_c を k 個のポリオミノ $P_1, \ldots, P_k$ に分割して，そのうちのいくつかを糊付けして作ったポリオミノ P_a からは大きさ $a \times a \times a$ の立方体が折れて，残りを糊付けして作ったポリオミノ P_b からは大きさ $b \times b \times b$ の立方体が折れる．与えられたピタゴラス数に対して，最小の k はいくつか．

これは解があることはすぐにわかる．ポリオミノ P_c を $6c^2$ 個の単位正方形にまで細切れにすれば簡単だ．元々の未解決問題では $k = 2$ が目標なのであ

るが，これを最小化問題として定式化しなおした．この k は自明な解答 $6c^2$ からどこまで減らせるだろう．今のところ $k=5$ というのが最もよい解である．これを紹介しよう．

8.4.3 ピタゴラス数に対する 5 ピース解

ここで示すのは次の定理である．

定理 8.4.4 自然数の 3 つ組 (a,b,c) を $a<b<c$ を満たす任意のピタゴラス数とする．このとき，次の条件を満たす 5 つのポリオミノからなる集合 $S(a,b,c)$ が存在する．(1) この 5 つのポリオミノを合わせると大きさ $c \times c \times c$ の立方体が折れる．(2) このうちの 1 つは大きさ $a \times a \times a$ の立方体が折れ，残り 4 つのポリオミノを合わせると大きさ $b \times b \times b$ の立方体が折れる．

つまり定理 8.4.4 は，未解決問題 8.4.3 に $k=5$ という上界を与えている．定理 8.4.4 は一般のピタゴラス数について成立するが，感覚を得るために実例を図 8.17 に挙げよう．これはピタゴラス数 $(3,4,5)$ に対する解である．図 8.17(a) が大きさ $3 \times 3 \times 3$ の立方体が折れるポリオミノで，図 8.17(b) が大きさ $4 \times 4 \times 4$ の立方体が折れるポリオミノである．これらをつなぎ変えた図 8.17(c) は，あまりそうは見えないかもしれないが，紙に実際に描いて切り抜

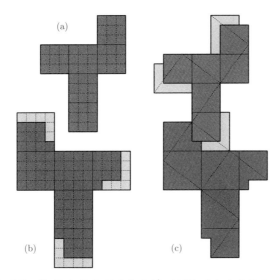

図 8.17 ピタゴラス数 $(3,4,5)$ に対する 5 ピース解．(a) 大きさ $3 \times 3 \times 3$ の立方体の展開図・(b) 大きさ $4 \times 4 \times 4$ の立方体の展開図・(c) 大きさ $5 \times 5 \times 5$ の立方体の展開図．(☞口絵参照)

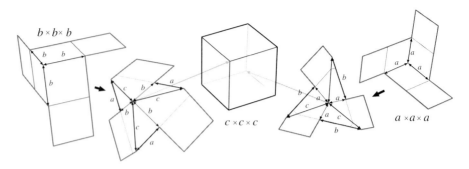

図 8.18 構成方法の大まかなアイデア

いて点線に沿って折ってみると，確かに大きさ $5 \times 5 \times 5$ の立方体を折れるポリオミノであることがわかる．こうした構成が，任意のピタゴラス数について一般に可能であることを示そう．

証明 まず図 8.18 に大まかな構成方法のアイデアを示す．最初のステップは，大きさ $a \times a \times a$ の立方体と $b \times b \times b$ の立方体をそれぞれ，1つの頂点から対称に切り開いていく．1つの頂点には3つの辺がつながっているが，まずこれを隣の頂点まで切る．そこからさらに先の辺を切るが，このとき，最初の頂点に隣り合った3つの頂点から，それぞれ同じ方向に切らないと，カット同士がぶつかってしまう．そこで向きを揃えて，それぞれのカットがぶつからないように，さらに遠くの3つの頂点に至るまで切る．そのあと，これまで切った線に沿って立方体を広げる．最初に切り始めた1つの頂点から3つの正方形が開かれて，それぞれの正方形は，反対側の頂点に集まっている3つの正方形にそれぞれ別々につながった状態になる．別の言い方をすれば，この時点での立体は，大きさ 1×2 の長方形を3枚，風車状につないだ形になっている．この風車型は，3枚の長方形が集まっている頂点を中心とした回転対称な形である．そこで紙をうまく丸く広げると，この頂点を中心，つまり頂点とする，円錐のような形になる．この円錐の縁は，長方形の反対側が見えているので，デコボコである．このデコボコ円錐に便宜上 S_a, S_b とそれぞれ名前をつけておこう．このデコボコ円錐の頂点の周囲の紙は合計で 270° 分あるので，この頂点に適当に折り目をつければ，大きさ $c \times c \times c$ の立方体のある角，つまり頂点にぴったりと押しつけることができる．さてここで，S_a と S_b の頂点を，大きさ $c \times c \times c$ の立方体の相対する2つの頂点にぴったりと押しつけて張り付けることを考える．

この構成方法の最も重要なポイントは，この「S_a, S_b の頂点」を「大きさ

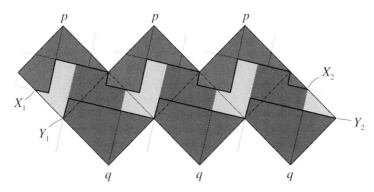

図 8.19 大きさ $c \times c \times c$ の立方体の展開図（☞口絵参照）

$c \times c \times c$ の立方体の頂点」に押しつける際，捻ることである．つまり元の小さい 2 つの立方体の上の正方格子を，大きい立方体上の正方格子に合わせないことがポイントである．うまく捻ると，大きい立方体のすべての頂点を，S_a や S_b の外周部に載せることができる．この捻って張り付けた円錐上に，元とは別の折り線を入れることで，3 辺の長さが (a, b, c) である 3 角形を作り出すことが，この構成方法のポイントである．具体的な構成方法は，2 つの小さい立方体の大きさに応じて，2 つの場合が考えられる．

$a < b < 2a$ の場合：例えば最も有名なピタゴラス数 $(3, 4, 5)$ はこちらに該当する．この場合を大きさ $c \times c \times c$ の立方体の展開図の上に図示したものを図 8.19 に示す．全体の外枠は大きさ $c \times c \times c$ の立方体の展開図である．ここで p というラベルのついた 3 つの頂点は，大きな立方体の上では 1 つの頂点に集まる部分であり，大きさ $a \times a \times a$ の小さな立方体をデコボコ円錐 S_a に開いたあと，S_a の頂点をあてがう点である．図中には，この小さい立方体の 6 つの面はすでに描かれていて，この S_a のフチは 2 点 X_1 と X_2 をつなぐジグザグの線をなしている．逆側の q というラベルのついた 3 つの頂点は，大きな立方体のもう一方の頂点に集まる部分である．そしてここには，大きさ $b \times b \times b$ の小さな立方体をデコボコ円錐 S_b に開いたあと，S_b の頂点をあてがう．図中には，こちら小さい立方体の面は，まだ 3 つしか描かれていない．この 3 つの正方形からなるジグザグの線は 2 点 Y_1 と Y_2 をつないでいる．したがって，ここでやらなければならないのは，大きさ $b \times b$ の正方形をあと 3 つ，ジグザグ線 $X_1 X_2$ と $Y_1 Y_2$ の間に挟まれたベルト部分から，なるべく少

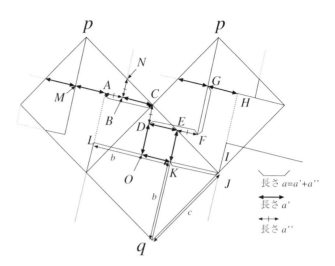

図 8.20　ポリオミノの長さの詳細

ない分割によって作り出すことである.

まず図 8.20 に示したとおり，大きさ $b \times b$ の正方形の辺を伸展する形で格子を構成する．するとジグザグ線に挟まれたベルト部分は 6 つの部品に分割される．具体的には 6 角形 $ACDEKL$ と，これに対称なものがあと 2 つ，そして 6 角形 $EFGHJK$ と，これに対称なものがあと 2 つある．ここで示すことは，2 つの 6 角形 $ACDEKL$ と $EFGHJK$ を線分 $ACDE$ と線分 $GFEK$ とで糊付けすると，大きさ $b \times b$ の正方形 $HJKL$ ができあがるということである．この主張が正しければ，定理の主張が成立することは明らかであろう．

ベルトの該当部分を詳しく見る（図 8.20）．まず辺の長さが $|xy| = a$, $|yz| = b$, $|zx| = c$ である直角 3 角形を xyz とする．するとベルトの 2 つの 3 角形 pMC と JKq はこの 3 角形 xyz に合同である．ここで簡単のため $a' = b - a$，$a'' = a - a' = 2a - b$ と書くことにする．すると $|MC| = b$ と $|MB| = a$ なので，$|BC| = b - a = a'$ である．辺 BC と辺 CD は小さい立方体を折るときには大きさ $a \times a$ の正方形の 2 辺をなすので，$|CD| = a - a' = a''$ である．3 角形 NBC と 3 角形 CDE は合同なので，$|DE| = a'$ であり，よって $|EF| = a''$ である．3 角形 COJ は直角 3 角形 xyz と合同なので，$|CO| = a$ かつ $|DO| = a'$ であり，したがって $|EK| = a'$ である．ここで $|EF| = a''$ かつ $|KJ| = a$ なので，$|GH| = |MA| = a'$ となる．よって $|AC| = b - a' = a$ である．したがって，ジグザグ線 $ACDE$ とジグザグ線 $GFEK$ は対応する

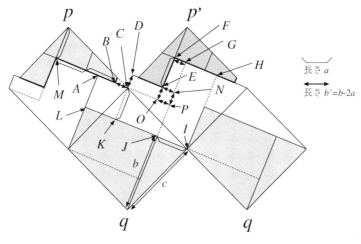

図 8.21 $2a < b$ の場合の形

長さがすべて同じで，かつそれぞれの角度が直角なので，ぴったりと糊付けすることができる．辺 $|LK|$ の長さが b であることと，ベルト全体の面積を考えれば，結果として得られる長方形 $LKJH$ は正方形となる．

$2a < b$ の場合： 例えば $(3, 4, 5)$ の次に有名なピタゴラス数 $(5, 12, 13)$ は，こちらの条件を満たす．証明の基本的なアイデアは $a < b < 2a$ の場合と同じである．しかし今の場合は図 8.20 において $a'' = 2a - b < 0$ なので，ベルトの形が変わってしまう．ともかく，まずは大きさ $a \times a$ の正方形を 6 枚と，大きさ $b \times b$ の正方形を 3 枚，大きさ $c \times c \times c$ の大きな立方体の展開図上に張り付ける．このときの展開図の様子の一部を図 8.21 に示す（張り付けた正方形はグレーで表現している）．図では，視認性を高めるため，大きさ $a \times a$ の小さい正方形の周囲のカット線をジグザグ線に変更してある．実際，この議論は，大きさ $c \times c \times c$ の立方体の上で（展開することなく）進めることができることに注意する．いずれにせよ，ベルトの形が $a < b < 2a$ の場合とは少し違っているため，それに合わせてカット線分の引き方を変更する必要はあるものの，やることは同じである．つまり，大きさ $b \times b$ の正方形をあと 3 枚，このベルト部分から，少ない数の切片で作り出せばよい．今回は図中の線分 ENJ に沿って切り離して，大きさ $b \times b$ の正方形を作る．

まず 2 つの 3 角形 qIJ と ICK は，直角 3 角形 xyz（ただし $|xy| = c$, $|yz| = a$, $|zx| = b$）と合同であることを確認しておこう．そして JL は大きさ

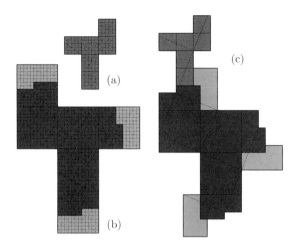

図 8.22 ピタゴラス数 $(5, 12, 13)$ に対する 5 ピース解. (a) 大きさ $5 \times 5 \times 5$ の立方体の展開図・(b) 大きさ $12 \times 12 \times 12$ の立方体の展開図・(c) 大きさ $13 \times 13 \times 13$ の立方体の展開図. (☞口絵参照)

$b \times b$ の一辺となっている. したがって, $|IK| = |JL| = b$ と $|IJ| = a$ に注意すれば, $|IJ| = |KL| = a$ を得る. よって $|AC| = a$ である. ここで $|CD|$ の長さを b' とおく. すると辺 CD は辺 BC に糊付けされることと, 3 角形 CpM が直角 3 角形 xyz に合同であることから, $|CD| = |BC| = b' = b - 2a$ である. 一方, 3 角形 $p'CO$ が直角 3 角形 xyz に合同なので, $|DE| = |CO| = a$ である. 大きさ $a \times a$ の正方形に注目すると $|EF| = a$ を得る. さらに, $|FG| = |IK| - |CO| - |GH| = b - 2a = b'$ である. したがって, 長方形 $ENPO$ は実際には大きさ $b' \times b'$ の正方形であり, そして $|DN| = a + b' = b - a$ である. これらの事実より, $|AC| = |EF| = a$ と $|CD| = |EN| = b' = b - 2a$ と $|DN| = |NJ| = a + b' = b - a$ を得る. したがって 6 角形 $ACDNJL$ のジグザグ線 $ACDN$ を 6 角形 $FHIJNE$ のジグザグ線 $FENJ$ に糊付けすると, 大きさ $b \times b$ の正方形となる.

例えば, いま考えている場合に該当するピタゴラス数 $(5, 12, 13)$ からは, 図 8.22 に示したポリオミノが得られる.

上記より, どちらの場合も定理を得る. なお, n と m に関する制約から, $a = b$ と $2a = b$ という 2 つの場合は, どちらもありえないことがわかる. □

定理 8.4.4 より, 以下の系を得る.

系 8.4.5 以下の条件を満たすポリオミノの 5 つ組と自然数の 3 つ組 (a, b, c)

は無限に存在する．(1) すべて糊付けすると大きさ $c \times c \times c$ の立方体の展開図になる．(2) 1つのポリオミノは大きさ $a \times a \times a$ の立方体の展開図であり，残りの4つのポリオミノを糊付けすると大きさ $b \times b \times b$ の立方体の展開図になる．

8.5 未解決問題

レプ・キューブについては，2016年に研究が始まったばかりで，未解決問題が数多くある．

まず，正則なレプ・キューブがある自然数とない自然数の分類が挙げられる．8.3.1項でも見たとおり，$k = 2, 4, 5, 8, 9, \ldots$ という「レプ・キューブが存在しそうな数列」はいくらでも増やすことができ，実際これは定理8.2.1に現れる自然数 $2, 4, 5, 8, 9, 36, 50, 64$ を含んでいる．しかし現時点では，実際にその条件を満たすレプ・キューブを作るという以上の方法は，わからない．つまり以下の問題は未解決である．

未解決問題 8.5.1 $a^2 + b^2 = (\sqrt{k})^2 = k$ を満たす自然数 a と b が存在する自然数 k について，次数 k の正則レプ・キューブはいつでも存在するのだろうか．

また逆に，上記の数列に入らない自然数について，次数 k のレプ・キューブは存在しないといつでも言えるだろうか．直観的には，こうした場合にレプ・キューブを構成するのは不可能であるように見える．定理8.3.1の証明では $k = 3$ のときを議論しているが，このとき後半で3という数の性質を少し使っている．この部分を一般化できるだろうか．つまり以下の問題も未解決である．

未解決問題 8.5.2 $a^2 + b^2 = (\sqrt{k})^2 = k$ を満たす自然数 a と b が存在しない自然数 k について，次数 k の正則レプ・キューブが存在しないことを証明せよ．

一連の研究を通じて，特殊な正則レプ・キューブがいくつか見つかった．例えば「一様なレプ・キューブ」や「回転対称なレプ・キューブ」である．一様なレプ・キューブについては，次の問題が興味深い．

未解決問題 8.5.3 立方体の辺展開図は11種類ある（図1.1）が，11種類の

すべてについて，一様なレプ・キューブが存在するだろうか．

図 8.8, 図 8.10, 図 8.13 より，11 種類のうち，一様なレプ・キューブが見つかっていないものは図 8.13(h) だけである．これだけを使った一様レプ・キューブは存在するだろうか．逆に，11 種類の展開図をすべて含んでいるものはどうだろう．図 8.4 に示した $k = 25$ の例と，図 8.6 に示した $k = 50$ の例は 11 種類すべての展開図を含んでいるので，この問題には解がある．今のところ $k = 25$ が最小の例であるが，もっと k を小さくできるだろうか．折り紙作家として有名な前川淳氏は，著者に次のようなパズルを提案してくれた：立方体の 11 種類の辺展開図の裏と表を区別しよう．すると T 型のものと十字型のものを除く 9 種類には，裏と表と 2 種類ずつ違った形が存在する．これをすべて集めると，$9 \times 2 + 2 = 20$ となり，20 枚の展開図が得られる．この面積は合計で 120 であり，3.4.1 項で考えたような長さ $\sqrt{5}$ の斜めの折り線を考えれば，1 辺の長さが $2\sqrt{5}$ の立方体にできてもよい．はたしてこうしたレプ・キューブは存在するだろうか．

未解決問題 8.5.4 立方体の辺展開図は 11 種類ある．$k = 25, k = 50$ なら 11 種類すべてを含む次数 k のレプ・キューブが存在する．こうした k の最小はいくつだろうか．特に前川氏の条件を満たす $k = 20$ のレプ・キューブは存在するだろうか．

正則でないレプ・キューブについては，わかっていないことが多い．正則でないレプ・キューブの存在しそうな次数 k についても，分割の方法が多様であるため，組合せの方法は爆発的に増えてしまう．例えば面積だけを考えれば，大きさ $c \times c \times c$ の立方体を，大きさ $b \times b \times b$ の立方体の展開図 1 つと，大きさ $1 \times 1 \times 1$ の立方体の展開図 $c^2 - b^2$ 個に分割できてもよいが，こうしたレプ・キューブはいつでも存在するだろうか．図 8.15 右のレプ・キューブはこの条件を満たしている．例えば以下の問題が考えられる．

未解決問題 8.5.5 正則でないレプ・キューブは無限に存在するが，特殊な例として，以下の 2 つはどうだろう．(1) ピタゴラス数 (a, b, c) に対応するレプ・キューブはいつでも存在するか．(2) 自然数 $1 < b < c$ に対して，大きさ $c \times c \times c$ の立方体を，大きさ $b \times b \times b$ の立方体の展開図 1 つと，大きさ $1 \times 1 \times 1$ の立方体の展開図 $c^2 - b^2$ 個に分割するレプ・キューブは，いつでも存在するだろうか．

ここでレプ・キューブの定義を改めてふりかえってみると，レプ・キュー

ブとはポリオミノ P で，(1)P そのものが立方体の展開図であり，(2) これを k 個のポリオミノ $P_1, P_2, \ldots, P_k$ にうまく分割すると，それぞれが立方体の展開図となっているものであった．しかし 8.2.1 項の $k=4$ の全列挙の解を観察すると，次数 $k=4$ で面積 24 のレプ・キューブの中には，上記の条件 (2) の分割方法が複数通りあるものが見つかった（図 8.14）．この場合「ポリオミノ P がレプ・キューブである」ということの意味が曖昧になってしまう．この問題を回避するには「立方体の表面の分割」としてレプ・キューブを考え直す必要があるかもしれない．これは未解決問題というよりは，今後の研究課題と言えそうだ．

8.6　2重被覆正方形と正 4 面体への拡張

展開図を展開図に分割するというアイデアを自然に敷えんすると，別の問題を考えることができる．ここでは自然な拡張として，2 重被覆正方形と，正 4 面体を取り上げる．ここで**二重被覆正方形** (doubly-covered square) とは，2 枚の正方形の対応する辺同士を完全に糊付けした図形であり，違和感はあるかもしれないが，数学の分野では基本的な「立体」と考えられている．表面積は 2 で，体積は 0 である．

この 2 つの立体を扱う前に，これらに共通して使える基本的な補題を示しておこう．

補題 8.6.1　円周が a で高さが b の円筒を P とする（両側は開いている側面だけの図形である）．任意の角度 $0 < \theta \le 90°$ に対して，$x = \frac{b}{\sin \theta}$, $y = a \sin \theta$ と定義し，円周が x で高さが y の円筒を Q とする．このとき P と Q は共通の展開図を持つ．

証明　円筒 Q の構成方法を図 8.23 に示す．まず，図 8.23(1) の点線に沿って P を切る．すると辺の長さが a と $x = \frac{b}{\sin \theta}$ である平行 4 辺形が得られる．そこでこれを長さ x の辺に沿って巻き直すと，図 8.23(3) のように望みの大きさの円筒 Q が得られる．　□

角度 θ を，90° から 0° に極めて近いところにまで近づけていけば，x は b 以上，いくらでも大きな値に設定できるところに注意する．

さて 2 重被覆正方形の議論に移ろう．上記の補題を使うと，2 重被覆正方形について，次の定理が証明できる．

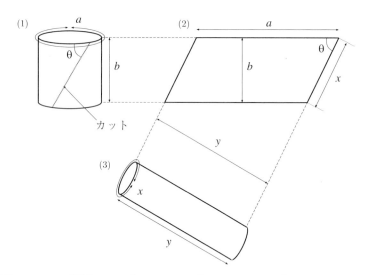

図 8.23 (1) 周長が a で高さが b の円筒. (2) 2つの円筒の共通の展開図. (3) もう1つの周長が x で高さが y の円筒.

定理 8.6.2 $\sum_i a_i = A$ を満たす任意の正の実数の列 $A, a_1, a_2, \ldots, a_k$ に対して，面積 A の2重被覆正方形の展開図 P で，次の条件を満たすものが存在する．(1) P は面積 $a_1, a_2, \ldots, a_k$ の k 個の多角形に分割できて，かつ (2) それぞれの多角形が2重被覆正方形を折ることができる．

証明 定理の主張とは順序を少し変えよう．まず面積 A の2重被覆正方形を，それぞれの面積が $a_1, a_2, \ldots, a_k$ となるように，下の辺と平行な $k-1$ 本の水平線で k 個のピースに分割する（図 8.24）．この分割の結果，面積 a_1 と a_k に対応する（一方が糊付けされた）2つの封筒型と，面積 $a_2, \ldots, a_{k-1}$ に対応する $k-2$ 個の円筒形が得られる．2つの封筒型は，他と合わせるため，一辺を切って円筒形にしておく．

さてここで i 番目の面積 a_i の円筒形に注目する．この円筒の円周の長さは $2(\sqrt{A/2}) = \sqrt{2A}$ であり，したがって高さは $a_i/\sqrt{2A}$ である．ここで $a_i < A$ なので，$a_i/\sqrt{2A} < \sqrt{a_i/2}$ である．したがって，補題 8.6.1 より，この i 番目の円筒と，円周が $2\sqrt{a_i/2}$ で高さが $\sqrt{a_i/2}$ の円筒は共通の展開図をもつ．この円筒の上下を畳んで糊付けすれば，面積 a_i の2重被覆正方形となる．したがって定理が成立する． □

定理 8.6.2 で用いた手法は，そのまま正4面体にも適用できる．

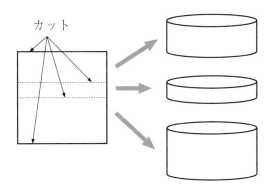

図 8.24　1つの2重被覆正方形を3つの円筒に分割する様子

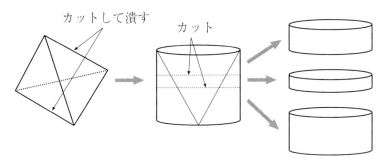

図 8.25　1つの正4面体を3つの円筒に分割する様子

定理 8.6.3　$\sum_i a_i = A$ を満たす任意の正の実数の列 $A, a_1, a_2, \ldots, a_k$ に対して，面積 A の正4面体の展開図 P で，次の条件を満たすものが存在する．(1) P は面積 $a_1, a_2, \ldots, a_k$ の k 個の多角形に分割できて，かつ (2) それぞれの多角形が正4面体を折ることができる．

証明　図 2.11 と同じ方法で，正4面体の向かい合うねじれの位置にある辺をそれぞれカットすると円筒ができあがる（図 8.25）．この円筒のサイズを計算すると，円周が $\sqrt{\frac{4A}{\sqrt{3}}}$ で，高さが $\sqrt{\frac{\sqrt{3}A}{4}}$ となる．この円筒に対して定理 8.6.2 と同じ方法を適用すると，同じく対応する面積を持つ円筒で正4面体を折れるものが構成できる．以下同様に証明できる．　　□

9 正4面体とジョンソン=ザルガラー立体との共通の展開図

9.1 整凸面多面体への拡張

すでに 4.2 節や 4.3 節で見たとおり，複数の正多面体に対する共通の展開図は，どうも一筋縄ではいかず，現時点ではあるともないとも，なんとも言えない．その一方で，2.3 節で紹介したとおり，正4面体の展開図に関してだけは p2 タイリングという，美しく，また使いやすそうな特徴づけが知られている．

そこで，一方を正4面体の展開図に限定し，他方をもう少し一般的な多面体の辺展開に限ってみるとどうだろう．本章では後者として「整凸面多面体の辺展開図」を考える．整凸面多面体の種類はかなり多い．したがって，これらの辺展開の中には，正4面体の展開図が紛れ込んでいてもよさそうではないか．そして実際，その解答は [Yes] である．具体的には次の定理が知られている．

定理 9.1.1
(1) 整凸面多面体のうち，J17 と呼ばれている立体は，全部で 13014 個の辺展開をもつが，そのうち 87 個は正4面体を折れる．特にこの 87 個のうち，78 個は正4面体を折る方法が 1 つしかないが，8 個は 2 通りの折り方をもち，1 個は 3 通りの折り方をもつ．
(2) 整凸面多面体のうち，J84 と呼ばれている立体は，全部で 1109 個の辺展開をもつが，そのうち 37 個は正4面体を折れる．特にこの 37 個のうち，32 個は正4面体を折る方法が 1 つしかないが，5 個は 2 通りの折り方をもつ．
(3) 上記以外の整凸多面体から正4面体を除いたものは，どの辺展開も正4面体の展開図とはならない．

つまり正多面体 5 種類，半正多面体 13 種類，アルキメデスの角柱と反角

柱，さらにジョンソン＝ザルガラー立体92種類のうち，辺展開図で正4面体が折れる立体は，J17とJ84しか存在しない[1]．しかもJ17やJ84の辺展開図の中には，正4面体を折る方法が複数存在するものがあるというのが定理9.1.1の主張である．この，定理9.1.1(1)と(2)の中で特に印象的な「複数の折り方で正4面体を折れる展開図」の例を図9.1と図9.2に示そう[2]．本章で示す結果は，基本的には4.2節の結果の拡張であるが，特に対象とする立体の数が多く，それぞれの立体が天文学的な数の展開図をもつため，これら

[1] もちろん正4面体の展開図を除いての話である．

[2] ここで示した以外の展開図は https://www.al.ics.saitama-u.ac.jp/horiyama/research/unfolding/common/ で公開されている．

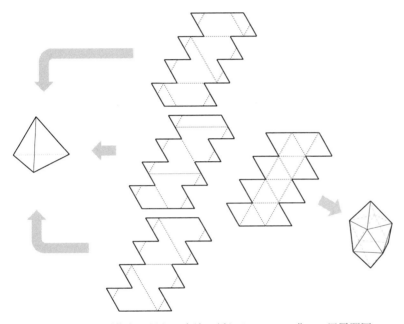

図 9.1 正4面体を3通りの方法で折れる，J17の唯一の辺展開図

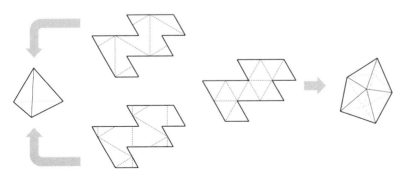

図 9.2 正4面体を2通りの方法で折れる，J84の5個の辺展開図のうちの1つ

を効率よく扱うために，さらなる技法が必要となる．以下では，すべての技法についての詳細を示すことはせず，大まかなストーリーと技法の直観的な理解を目指そう．詳しくは第 11 章で紹介する論文 [AHU15, AHU16] を参照されたい．

9.1.1　p2 タイリングを作れない整凸面多面体

まずいくつかの簡単な性質から，どんな辺展開も p2 タイリングになりえない立体が数多く存在する．例えば正 12 面体は 12 枚の正 5 角形の面で構成されるが，すでに 4.2 節で議論したとおり，角度の単位が 108° の整数倍であることから，180° の回転とコピーを基本とする p2 タイリングには，絶対にならないことがわかる．正 n 角形で $n > 6$ である正多角形を面にもつ各立体も，p2 タイリングはもちえない．詳しい証明は文献 [AKL$^+$11] に譲るが，次の定理が知られている．

定理 9.1.2 ([AKL$^+$11])　本章で考えている多面体のうち，$n = 5$ や $n \geq 7$ を満たす正 n 角形を含む多面体は，どの辺展開図も p2 タイリングにはならない．

したがって，4.2 節の結果も考え合わせれば，この時点で「正 4 面体が折れる辺展開図をもつ可能性のある多面体」は，アルキメデスの 6 角柱と 6 反角柱，そして JZ 立体のうち J1, J8, J10, J12, J13, J14, J15, J16, J17, J49, J50, J51, J84, J86, J87, J88, J89, J90 となる．以下，議論が煩雑になるので，アルキメデスの 6 角柱と 6 反角柱についての議論は省略し，ジョンソン=ザルガラー立体に集中しよう．だいぶ絞り込んではいるが，まだ一つひとつ調べるには，数が多い．もう少し精緻な議論を考えよう．

9.1.2　p2 タイリングを作れる整凸面多面体

実は，上に挙げた p2 タイリングの議論から「正 4 面体が折れる辺展開図をもつ可能性のある多面体」はほとんどが定理 2.3.2 に示した「4 単面体の展開図」の性質を満たしていて，実際に 4 単面体を折れる辺展開図をもっていることがわかっている．具体的な例が [AKL$^+$11, AHU16] に数多く掲載されている．例えば J86 の p2 タイリングの例を図 9.3 に示す．こうした辺展開図は 4 単面体なら折れることがわかる．

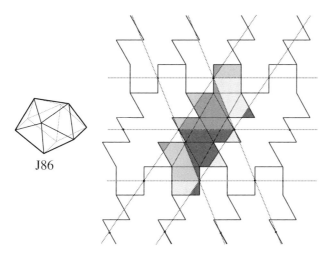

図 9.3 J86 の p2 タイリング．点線に沿って折ると 4 単面体が折れる．4 単面体のそれぞれの面ごとに色付けしてある．

なお，図 9.3 の中では折り線を点線で示し，3 角形ごとに色を付けてあるが，それでも図だけでここから折れる 4 面体を想像するのはかなり困難であろう．しかしタイリングであることと，それぞれの頂点を示す点が回転対称の中心になっていることを見て取るのは簡単である．この事実からも，タイリングによる特徴づけの強力さがわかるだろう（もちろん図を実際に切り抜いて組み立てれば，4 単面体が折れることは，即座に理解できる）．

演習問題 9.1.1 図 9.4 は J89 の辺展開図の 1 つである．これが p2 タイリングであることを確認し，ここから折れる 4 単面体を 1 つ見つけてみよう．

このように数多くの辺展開図からさまざまな 4 単面体を折ることができる．しかし，これらはどれも正 4 面体にはならない．この事実を示すには，もう少し定量的な議論が必要となる．ここでは面積と辺の長さに注目しよう．

いま考えているジョンソン＝ザルガラー立体 J1, J8, J10, J12, J13, J14, J15, J16, J17, J49, J50, J51, J84, J86, J87, J88, J89, J90 は，どれも単位正方形（面積 1）と正 3 角形（面積 $\sqrt{3}/4$）だけから構成されている．それぞれの面積を $S_1, S_8, S_{10}, \ldots, S_{89}, S_{90}$ としよう．こうした表面積をもつ正 4 面体が存在したと仮定すると，そこからこの正 4 面体の 1 辺の長さを求めることができる．それぞれの長さを $L_1, L_8, L_{10}, \ldots, L_{89}, L_{90}$ としよう．これらをすべてまとめたものを表 9.1 に示す．

さて，ある JZ 立体 J_i の辺展開図を 1 つ考えよう．これを多角形 P_i とす

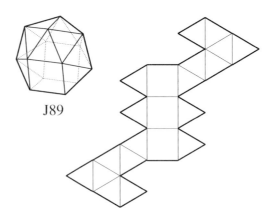

図 9.4　J89 の辺展開図の例．これは p2 タイリングになっている．

る．多角形 P_i のそれぞれの辺の長さは単位長である．まず，4.2 節で使った議論を一般化する．これは重要な性質なので，形式的な補題としてきちんとまとめておこう．

補題 9.1.3　多角形 P の辺がすべて単位長であり，この P から凸多面体 Q が折れたとする．しかも Q の頂点はどれも，その周囲の紙の角度が 180° よりも大きかったとする．すると Q の任意の頂点 v は次の性質を満たす．(1) v は P の外周上の点である．(2) v は P の単位長の辺の端点か中点にある．

証明　性質 (1) は定理 2.1.3 からただちに言える．したがって (2) に注目しよう．まず性質 (2) について，Q 上のある頂点 v は，一般に P 上の外周のいくつかの点に散らばることに注意しよう．こうしたいくつかの点が貼り合わされて，その角度の総和が Q 上の v の頂点周辺の紙の角度に一致するわけである．

また凸多面体 Q から展開図として P を作るときに Q を切る線は，定理 2.1.1 より，Q の頂点のある全域木 T となる．そして補題 4.2.2 と同じ議論により，P が凸でないことが示される．つまり P の外周上には，180° を超える頂点 v が必ず存在する．

ここで T の任意の部分木 T' を考える．つまり Q を部分的に切って P を作る途中で現れる切口と思えばよい．この切口は必ずしも平坦とは言えないが，これについても補題 4.2.2 と同じ議論ができて，この切口における T' の葉にあたる点を考えれば，そこに必ず 180° を超える点がある．これを便宜的に「切口における非凸性」と呼ぶことにしよう．

表 9.1 ジョンソン=ザルガラー立体 J_i と，同じ面積 S_i をもつ正 4 面体の 1 辺の長さ L_i.

立体名	J1	J8	J10	J12	J13
立体					
□の個数	1	5	1	0	0
△の個数	4	4	12	6	10
L_i	$\sqrt{\frac{\sqrt{3}}{3}+1}$ $=1.255\cdots$	$\sqrt{\frac{5\sqrt{3}}{3}+1}$ $=1.971\cdots$	$\sqrt{\frac{\sqrt{3}}{3}+3}$ $=1.891\cdots$	$\sqrt{1.5}$ $=1.224\cdots$	$\sqrt{2.5}$ $=1.581\cdots$

立体名	J14	J15	J16	J17	J49
立体					
□の個数	4	5	0	2	3
△の個数	8	10	16	6	6
L_i	$\sqrt{\sqrt{3}+\frac{3}{2}}$ $=1.797\cdots$	$\sqrt{\frac{4\sqrt{3}}{3}+2}$ $=2.075\cdots$	$\sqrt{\frac{5\sqrt{3}}{3}+\frac{5}{2}}$ $=2.320\cdots$	2	$\sqrt{\frac{2\sqrt{3}}{3}+\frac{3}{2}}$ $=1.629\cdots$

立体名	J50	J51	J84	J86	J87
立体					
□の個数	1	0	0	2	1
△の個数	10	14	12	12	16
L_i	$\sqrt{\frac{\sqrt{3}}{3}+\frac{5}{2}}$ $=1.754\cdots$	$\sqrt{3.5}$ $=1.870\cdots$	$\sqrt{3}$ $=1.732\cdots$	$\sqrt{\frac{2\sqrt{3}}{3}+3}$ $=2.038\cdots$	$\sqrt{\frac{\sqrt{3}}{3}+4}$ $=2.139\cdots$

立体名	J88	J89	J90		
立体					
□の個数	2	3	4		
△の個数	16	18	20		
L_i	$\sqrt{\frac{2\sqrt{3}}{3}+4}$ $=2.270\cdots$	$\sqrt{\sqrt{3}+\frac{9}{2}}$ $=2.496\cdots$	$\sqrt{\frac{4\sqrt{3}}{3}+5}$ $=2.703\cdots$		

さて性質 (2) の証明に移ろう．まず P は凸ではなく，その外周上に $180°$ を超える頂点 v が必ず存在するのであった．多角形 P から凸多面体 Q を折るとき，この頂点 v に他の「辺」を接着することはできない．なぜなら全体で $360°$ を超えてしまって，Q が凸であることに矛盾するからである．そこで 2 つのケースが考えられる．

ケース 1：頂点 v が単体で接着される場合．つまり v の両側の辺同士が互いに接着される場合である．この場合，両側の単位長の辺同士は，完全に接着されなければならない．間に別の紙が入ると，その部分での角度が $360°$ を

超えてしまって，Q の凸性に矛盾するからである．単位長の辺同士を完全に接着した結果，v の両隣の頂点が接着されて新たな頂点 w となる．w での角度が 180 度を超えていたときは，v を w で置き換えて，頂点数に対して帰納的に議論を進めればよい．w での角度が 180 度以下であったときも，切口がまだ残っていて，Q が完成していなければ，上記の「切口の非凸性」から帰納的に議論を進めていくことができる．

ケース 2：頂点 v に他の頂点 v' が接着される場合．一般に 3 つ以上の頂点が接着されることもありえる点に注意する．いずれにせよ，ケース 1 と同様に，通常は単位長の辺同士が接着される．以下，切口が複数に分割されるが，切口ごとに帰納的に議論を進めればよい．

したがって，どちらのケースにせよ，基本的には単位長の辺ごとに接着が行われると考えてよい．唯一の例外が，隣接する頂点同士を接着する場合である．この場合は，単位長の辺の中点にも Q の頂点が生成される．

以上をまとめると，Q の頂点が現れうる P の外周上の点は，P の単位長の辺の端点か中点に限定されることがわかる． □

いま考えている J_i と P_i について，補題 9.1.3 を適用しよう．いまは P_i から折れる凸多面体として正 4 面体を仮定しているのであった．この場合，凸性や非凸性についての注意が必要であるが，正 4 面体では頂点の周囲の紙は 180° であることと，それ以外の場所では紙が 360° であること，さらにいま考えている P_i がもともと補題 9.1.3 の条件を満たす凸多面体の展開図であったことを考え合わせると，やはり同様の結果を示すことができる．具体的には，仮に P_i から正 4 面体が折れたとすると，正 4 面体の 4 つの頂点は，どれも P_i の単位長の辺の端点もしくは中点にしか存在し得ない．

つまり今の状況をまとめると，次の 2 つが成立している．

- P_i は正三角形と正方形をいくつかつなぎ合わせた，どの辺も単位長である非凸多角形である．
- 正 4 面体の 1 辺 L_i の両端点は，P_i 上の単位長の辺の端点か中点である．

ここで 4.2 節で出てきた強力な技法「ベクトルの可換性」に再登場してもらおう．上記の議論より，L_i は 1/2 長のベクトルをいくつか加えたものであり，P_i は正三角形と正方形から作られているため，それぞれのベクトルは 30° の倍数でしか向きを変えない．今は L_i の始点と終点の位置だけが問題になっているので，ベクトルの可換性から，これらのベクトルを向きについて小さい

順に並べ替えても「最終的にたどり着く点は変わらない」という意味で問題ない．この並べ替えて得られるベクトルを $\vec{L_i}$ と書くと，これは 4 つの自然数 k_1, k_2, k_3, k_4 を用いて，

$$\vec{L_i} = \frac{k_1}{2}(1,0) + \frac{k_2}{2}(\cos 30°, \sin 30°) + \frac{k_3}{2}(\cos 60°, \sin 60°) + \frac{k_4}{2}(0,1)$$

と表現できる．この時点で L_i に 2 重根号が出てくる JZ 立体，具体的には J1, J8, J10, J14, J15, J16, J49, J50, J86, J87, J88, J89, J90 はただちに棄却されて，あとには J12, J13, J17, J51, J84 だけが残る．

最後はコンピュータの力を借りて，力ワザで解決しよう．具体的には上記の k_1, k_2, k_3, k_4 に自然数を代入して，全体の長さが 2 以下のものをすべてチェックする．すると J17 と J84 以外の長さは，ベクトルとして実現できないことがすぐに確認できる．以上から，J17 と J84 以外は解をもたないことが証明された．

> **Column 6**
>
> ## ベクトルの強力さ
>
> 本章で紹介した内容は，文献 [AHU16] の内容に基づいている．最初にこの研究成果を国際会議で発表した [AHU15] とき，著者らは誰もベクトルを使うことを思い付かず，「単位長の辺を 30 度単位で自己交差しないように並べたジグザグ線」の長さの上界を出し，そのあと可能なすべての組合せをコンピュータで列挙して確かめた．このときの計算時間は 10 時間程度が必要であった．しかしジャーナルに論文を発表するために書き直していたとき，ベクトルを使用すれば劇的な高速化ができることに気づいた．しかもプログラムの書き換えはほんの数行であったので，早速やってみたところ，計算時間は実に 1 秒未満へと短縮された．ざっと数万倍の高速化に成功したわけだ．アルゴリズムの改善が劇的な効率化につながる好例と言えよう．

9.1.3　正 4 面体と共通の展開図をもつ整凸面多面体

さて最後に J17 と J84 の辺展開図の中に，正 4 面体があることを示そう．定理 9.1.1 で示した通り，J17 には 13014 個の辺展開があり，そのうち 87 個が正 4 面体が折れる．また J84 には 1109 個の辺展開があり，そのうち 37 個は正 4 面体が折れる．また，これらの正 4 面体が折れる展開図のうちのいくつかは，折り方が複数通り存在する．

これらの事実を示すには，2つの問題を解かなければならない．具体的には，(1) 与えられた多面体のすべての辺展開図を列挙することと，(2) 与えられた辺展開図から正4面体が折れるかどうかを調べて，折れる場合は何通りの折り方があるかをすべて調べることである．

どちらの問題も，実際にどのようなアルゴリズムで解けばよいのか，必ずしも自明ではないだろう．以下では，節を改めて，ここで考えている J17 と J84 に限定せず，やや一般的な形で，こうした問題をどのように解けばよいのか概略を与えよう．

9.2　与えられた凸多面体のすべての辺展開図の列挙

まず，凸多面体 Q が与えられたとき（本問題の場合は J17 や J84），辺展開を列挙する問題を考える．ここで有用な性質は定理 2.1.1 である．つまり，凸多面体の頂点と辺をグラフと見なすと，このグラフの上の全域木がすなわち辺展開を与える．したがって Q の頂点と辺をそのままグラフと見なして，そのグラフの全域木をすべて列挙すればよい．与えられたグラフの全域木の列挙という問題は，グラフ理論やグラフアルゴリズムの文脈でよく研究されているテーマである．

ここで1つ注意が必要である．上では「辺展開」とだけ言っていて，「辺展開図」とは言っていない．ここまでの話では，辺を切り開く方法の列挙だけを言っている．実際に切り開いてみたときに展開図になるかどうか，平たく言えば紙が重ならないかどうかという点は「まだ」考えていない．2.2 節でも述べたとおり，現状，この「開いたときに紙が重なるかどうか」を調べる万能な方法は存在しない．また，立体が対称性をもつ場合，回転したり裏返したりすると同じ形になってしまう展開図は，すべて「同じもの」と見なすのが自然である．こうした重複のチェックは，Column 7 で示すとおり，ある程度一般的な手法が存在するが，問題ごとに工夫が必要である．

> **Column 7**
>
> ## 対称性のチェック
>
> 幾何的な列挙の問題では，回転や裏返しによって同一となる図形は，本質的に同じものの重複と見なして，1つしか出力したくないことが多い．よくある手法は，「何らかの順序を前もって決めておいて，最小のものだけを出力する」という方法である．例えばポリオミノを2次元配列 $p[i, j]$ に記録することを考えよう．大きさ n, m の長方形の内部に座標 (i, j) を考えて，そこにポリオミノがあるときは1，ないときは0と記憶するわけである．この $p[i, j]$ は，そのポリオミノの表現に固有の2進数と見なすことができる．具体的には例えば，
>
> $$\sum_{0 \leq i \leq n-1, 0 \leq j \leq m-1} p[i + j \times n] \times 2^{i + j \times n}$$
>
> と計算すればよい．あるポリオミノの表現には，最初の配置と，それ以外に裏返しと回転をすべて考えると，全部で8通りの違った表現がありえる．つまり8種類の自然数は，どれも本質的に同じポリオミノを表している．そこでこの8つの値の中の最小値を，このポリオミノの正規表現と見なすわけである．実際にアルゴリズムがすべてのポリオミノを列挙するときには，1つの表現を見つけたら，8種類の対称形をすべて生成して，いま見つけた表現が最小値のときだけ出力すれば重複を防ぐことができる．

このように，与えられた立体の辺展開図をすべて求めるには，全域木を1つ作ったあとで，それが切り広げたときに重なりをもたないことと，対称性を確認しなければならない．この部分の計算は意外とやっかいである．しかも少し複雑な立体になると辺展開の方法が指数関数的に増えてしまうため，「与えられた凸多面体のすべての辺展開（図）を列挙する」という問題は，実際上はかなりの難問である．

こうした爆発的に増えるデータを効率よく扱う技法として，近年，(3.4.1項でも紹介した) **BDD** と呼ばれる一種のデータ構造が活発に研究されている．BDD とは Binary Decision Diagram の略であり，2部決定図とも呼ばれる．概念的には単純な2部決定木であり，これをデータとして保持するときに共通構造を共有することで圧縮するデータ構造である．2部決定木は，例えば占いの一種などにも見受けられる自然な構造であり，次のようにまとめられる．

2部決定木：いくつかのパラメータに，[Yes/No] を順番に割り当てていくところを想像しよう．これを「どちらを割り当てたか」で枝分かれしていく根

つき木構造で表現する．これが 2 部決定木である．

2 部決定図： 上記の 2 部決定木は，部分的にまったく同じ構造をもつことがある．同じ構造を持った部分木は，これらをすべて 1 つにまとめてしまう．つまり 2 部決定木では根を除くどの頂点も，入ってくる枝は 1 つしかないが，2 部決定図では，部分構造を共有することで，複数の枝から入ってくることとなる．このため，全体の構造はもはや木ではない．部分構造として同じ構造が何度も現れる場合には，2 部決定木に比較してはるかに効率のよいデータ構造となる．

発想は単純であるが，BDD は非常に強力である．ただしいつでもうまく行くとは限らない．上記の「いくつかのパラメータに順番に割り当てていく」という部分がポイントである．うまい順番を見つけると，指数関数的にメモリ効率が向上することがあるが，うまい順番を効率よく見つける一般的な手法は（$P \neq NP$ の仮定の元では）存在しない．BDD の詳細については文献 [E 湊 15] を参照されたい．

　3.4.1 項でも紹介したように，展開図の列挙の研究では，BDD を用いた研究が最も進んでいる．こうした辺展開の列挙アルゴリズムの内部では，展開図は概ね次のようなデータ構造で管理されている．

1. 多面体の辺に 1 から順に番号を割り当てる．
2. 各辺に「切る/切らない」というパラメータを設定する．
3. それぞれの全域木の切る辺と切らない辺を，上記に基づく BDD で表現する．

この表現方法によって天文学的な数の辺展開の方法をコンパクトに管理できるのである．

　ひとたび上記の BDD による表現ができあがれば，あとは正しい辺展開になっているものを順番に出力して，重なりの有無と対称性のチェックを行えばよいのだが，これについては多面体ごとに個別の工夫が必要となるため，本書ではこのくらいで終わりにする．

9.3 与えられた多角形から折れる凸多面体を調べる方法

すでに述べた通り，一般に多角形とそこから折れる凸多面体との間の関係は，正4面体以外ではほとんどわかっていない．数学的な特徴づけがないのであれば，コンピュータで可能な折り方をすべて試してみる以外に有効な方法はなさそうである．とはいえ，ここでいう「すべて」とはどういう意味だろうか．例えば2.3.1項で考えた回転ベルトに見られるように，頂点になりうる点が無限にあるとコンピュータでも手に負えない．一般的な手法はわかっておらず，状況によって，いくつかの部分的な結果が知られている．そこでここでは現時点で知られている結果をいくつかまとめて紹介することにしよう．

与えられる多角形を P，折りたい多面体を Q とする．一般の多面体は，その形状は一意的に決まらない．例えば円錐の尖った先を中に押し込んでしまえば，違った立体を作ることができる．つまり多くの凸凹のある多面体の凸凹を一つひとつ反転させれば，いくらでもバリエーションを考えることができる．一方，凸多面体に限定すれば，定理6.2.3で簡単に紹介したように，幾何的な位置関係が決まれば，その形状も一意的に確定する．今の文脈でいえば，P から折れる凸多面体 Q があるとすれば，その形は一意的に決まる．こうした事情もあり，Q は凸多面体であると仮定しておくと便利である．以下では Q が凸多面体であるとしよう．

9.3.1 正4面体の場合

いま折りたい多面体 Q が正4面体だったとしよう（もともと本章で考えている問題である）．このときは定理2.3.2が使えるので，与えられた多角形 P がある種のp2タイリングになっているかどうかを考えればよい．いま考えている問題の場合，さらにいくつか使える条件がある．

まず今考えている P はJ17やJ84の辺展開図であった．したがって補題9.1.3が使える．多角形 P は等辺多角形で，凸でなく，そして Q の頂点はどれも P の単位長の辺の端点か中点である．そして面積の制約から，Q の1辺の長さはJ17の場合は2で，J84の場合は $\sqrt{3}$ である．どちらの場合も少し考えれば，Q の1辺は P 上の端点同士を結ぶ場合と，中点同士を結ぶ場合しかありえないことがわかる．あとは P 上の端点や中点ごとに，それが Q の

頂点であると仮定したときに，ここで羅列した条件に当てはまるように点が見つかるかどうかを順に調べていけばよい．

文献 [AHU16] では，P を「1/2 単位長ごとに方向転換する角度の列」で表現して，こうした検査を一つひとつ行っている．このように P が等辺 n 角形であった場合は，回転対称の中心になりうる点は $2n$ 個しかなく，今の場合の n はそれほど大きなものにはならないため，この繰り返しのコストはそれほど問題にならない．

また，今の場合はタイリングと言っても，大きさのわかっている 3 角格子において，(1) いま考えている回転対称の中心に格子点を合わせ，(2) 他の格子点が P の外周だけにちょうど載るという 2 つの条件を満たす必要がある．そこでこの 2 つの条件を満たすように P を配置して，あとは P の外周上の格子点がそれぞれ回転対称の中心になっているかどうかを確かめればよい．具体的なアルゴリズムの詳細はやや煩雑になるので省略するが，p2 タイリングになっていることは比較的素直な方法で調べることができる．これくらいのデータ規模であれば，実行時間も問題にならない程度のものである．

9.3.2　直方体の場合

次に折りたい多面体 Q が大きさ $a \times b \times c$ の直方体だったとしよう．P がポリオミノで，a, b, c がどれも整数で，P の格子に沿って折ることがわかっているときは，第 3 章の前半で示した通り，仮想的に貼りつけてみるというアルゴリズムが単純である．

a, b, c が整数であっても，面積の制約から P の格子に沿わないで折ることもある．その場合は 3.4.1 項で示した，双対グラフによるモデル化を行うのがよいだろう．この場合は幾何的な構造をもつ格子グラフで P を表し，これを Q から作った格子グラフに順に貼っていって，重なりやすき間ができないかどうかを調べる方法である．ここでいう幾何的な構造とは，各頂点が「上下左右」を区別しているという意味である．頂点間の距離は単位長で，方向の整合性がとれていれば，これで正しくチェックできる．直観的に言えば，正方格子状の金網を，別の金網で作った箱に重ね合わせるというイメージであろうか．これもモデル化さえわかれば，単純な方法である．逆に，こうした素朴な方法以外のアルゴリズムを構成するのは難しいように思われる．

さらに一般に，a, b, c が整数でない場合については，堀山らの研究 [HM16] が

ある．これは P が n 角形であり，さらにどの辺同士が糊付けされるかというところまで情報が与えられたときに，これが箱になるかどうかを $O((n+m)\log n)$ 時間で動作するアルゴリズムである．ここで突然現れたパラメータ m は，「Q 上の1辺が P によっていくつに分割されているか」という数の最大値である．例えば P が細長いリボン状の形をしていて，これがクルクルと巻き付いて Q を作るような展開図であった場合，n と比較して m がとても大きな値になることがある．このアルゴリズムは，計算幾何に対するさらなる知識が必要で，やや技巧的であるため，本書では省略する．

9.3.3 一般の凸多面体の場合

P が一般の多角形で，Q が一般の凸多面体の場合は，わかっていることはあまりない．しかし第1章の図1.2で紹介したとおり，立方体の展開図の1つであるラテンクロスと呼ばれる多角形からは，85通りの折り方で，23種類もの異なる凸多面体が折れるのであった [DO07]．これほど多くの折り方をどうやって見つけたのか，またそれがすべてであることをどうやって示したのか．最後にこの疑問を解いておこう．

まずこのラテンクロス P は，等辺多角形であり，凸ではない．したがって補題9.1.3が使えて，P から折れる凸多面体 Q の頂点は，どれも P の単位長の辺の端点か中点である．したがってこの14本の辺の上に，頂点になりうる点は28個ある．

仮にこの P から，ある凸多面体 Q が折れたとして，そこでは何が起こっているかを考えよう．Q は閉じた多面体なので，P のある辺は，他の辺と必ず接着されているはずである．この辺同士の対応をマッチングとよぼう．このとき，1/2単位長で考えなければならないことに注意する．つまり P は仮想的に28角形と考えることができて，このときはそれぞれの辺の長さはちょうど1/2である．そして Q の上では，この1/2長の辺のそれぞれが，マッチングの相手の辺と糊付けされる．具体的な例を図9.5に示す．図中の●が仮想的な頂点であり，それぞれの辺の長さは1/2となっている．この辺同士のマッチングが捻れていると，正しい立体にならない．直観的には，どこかの頂点から始めて，順に辺同士を接着していくことを考えればよい．このマッチングには，どこかで必ず隣り合う辺同士が対応付けられているところがある．図中，これを○で示した．ここが頂点となり，ここから順番に対応する辺

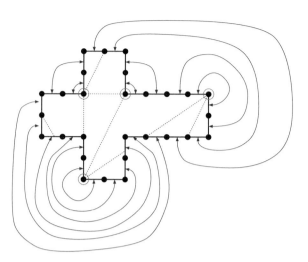

図 9.5　ラテンクロスから 4 面体を折るときの辺の接着

同士を糊付けしていくことを考えよう．するとこのとき，辺の順番が入れ替わると正しく立体を作ることができない．つまり，この辺同士の接着は，交差のない入れ子構造になっていなければならない．この接着の対応の様子を図中に矢印で示した．つまりこうした「交差しないマッチング」に基づく辺同士の糊付けが，P から立体 Q を作るときには必要となる．

一度マッチングが確定すると，P 上のそれぞれの頂点において，周囲に集まる紙の角度を足し合わせれば，Q の頂点がわかる．具体的には，角度が $360°$ になればそこは平坦であり，$360°$ 未満であれば，そこは Q 上での頂点となる．この例の場合，○のついた点が $360°$ 未満で頂点となる．具体的には 2 頂点での角度が $270°$ であり，他の 2 頂点での角度は $90°$ である．アレクサンドロフの定理より，凸多面体 Q の形状はこれで一意的に決まる．

なお，この例では P 上の 1 つの頂点が Q の 1 つの頂点を形作っているが，これは一般にはそうとは限らないことは注意しておこう．例えば図の P から普通の方法で立方体を折ると，一部の頂点は $90°$ の頂点が 3 つ集まって $270°$ という角度を作る．

ではこうしたマッチングはどうやって求めればよいだろうか．素朴に可能なマッチングをすべて列挙すると指数時間かかるが，動的計画法を使うと，$O(n^3)$ 時間で凸立体が作れる糊付けをすべて見つけ出すことができる．動的計画法はアルゴリズム理論の基本的な手法の 1 つで，強力な技法である．直観的には，限られた領域に対して局所的に計算をして，その結果を表にまとめ

て保持しておくというものだ．今の文脈でいえば，P の外周上の一連の頂点の列について，その部分の局所的な折りをすべて調べて，その区間で凸に折る方法を表の形で保持しておくというものだ．そして領域を1つずつ広げることで，表を少しずつ拡大していく．最後までたどり着けば，その表の中には本質的にすべての凸立体の折り方が保存されているはずである．この技法は定理 6.8.2 で体積最大の凸凹ピラミッドを計算した方法と同じである．動的計画方で糊付けの対応を計算する．具体的なアルゴリズムの詳細は文献 [DO07] を参照されたい．

さて，辺同士の対応が決まり，頂点の位置がわかった．これで立体 Q が完全にわかったといえるだろうか．答えは [No] である．具体的には P から Q を折るときの折り線（図中では点線で示した）がまだわからない．残念ながら，私たちにできるのはここまでである．この「折り線」を見つける一般的な方法はわかっていない．「ラテンクロスから 85 通りの折り方で，23 種類の異なる凸多面体が折れる」という結果を証明した著者らに聞いてみたところ，この最後のステップは「実際にやってみた」とのことであった．

ここまでの話を簡単にまとめると，以下のようになる．

- 与えられた多角形 P から多面体 Q を折るとき，辺の糊付けの対応は入れ子構造になる．このとき各頂点の周囲の角度が 360° 以下になるなら，Q は凸多面体になる．
- 糊付けの対応は，動的計画法で $O(n^3)$ 時間ですべて見つけ出すことができる．
- 上記の処理で，糊付けの方法と，Q の頂点はすべてわかる．
- しかし Q 上にできあがる辺，すなわち P の内部の折り線がどこに来るかを計算する一般的な手法は存在しない．

最後のステップがなんとも悩ましい問題である．第6章で考えたペタル折り問題では，Q を凸凹ピラミッドに限定し，「底の3角形分割」を見つけ出す問題に帰着して解いていることに注意しよう．このあたりは今後の研究が望まれる分野である．

未解決問題 9.3.1 多角形 P と，P の対応する辺同士の糊付けの対応関係が与えられたとき，できあがる凸多面体 Q の辺，つまり P の中の折り線を求める（より）一般的な手法を見つけよ．

10 折りの判定不可能性

　本書の最後を飾るのは，折り紙のモデル化の話である．「計算折り紙」という分野は頭に「計算」がついているだけあって，コンピュータを用いるのに向いた話が多い．端的には，離散的な構造をもつモデルが多い．平たく言えば，扱うデータは整数だけで十分なことが多く，計算誤差の問題などはあまり気にしなくてもよいことが多い．

　しかし実際の紙は離散的ではなく，連続的なもので，どこでも折れる（ように思える）．こうした連続量を扱う場合は，モデルを慎重に決める必要がある．紙はいくらでも大きく，紙の厚みは 0 で，いくらでも高い精度で折れると考えると，実はいろいろと不思議なことが起こる．

　例えば紙を半分に折ることを繰り返すと，2 枚，4 枚，8 枚，16 枚と増えていく．理想的なモデルではこれはいくらでも繰り返せるが，新聞紙を実際に折ってみると，10 回繰り返すこともできない．紙を 10 回繰り返して半分に折ると，その枚数は $2^{10} = 1024$ となり，新聞紙の厚みを仮に 0.1mm としても，ざっと 10cm の厚みになる．これはさすがに無理だろう．

　こうした物理的な理想化に伴う不自然さを別にしても，「いくらでも高い精度で」というところにも不思議な現象が隠れている．例えば大きさ 1×1 の折り紙が与えられて，「長さ $\sqrt{2}$ の線分を折り出せ」と言われたら，これは簡単である．対角線に沿って折ればよい．では「長さ $1/\pi$ で折れ」と言われたらどうだろう．円周率 $\pi = 3.14592\ldots$ は，小数点以下，無限に数が並んでいる．こうした長さを折り出すことはできるのだろうか？一般に「与えられた長さを折り出す問題」を考えたとき，これはどう扱えばよいのだろうか．

　この問題にある種の答えを与えるのが本章の目的である．理論計算機科学のかなり微妙な話であり，こうした話に馴染みがない読者には難しいかもしれないので，一見すると関係なさそうな，対角線論法とコンピュータの停止性判定問題の話を最初に紹介してから，折り紙の折り判定問題を紹介することにしよう．こうしたトピックに慣れている読者は最初から折り判定問題の

節に進んでもよいし，対角線論法と聞いただけで身震いする読者は，この章はあまり楽しめないかもしれない．

10.1 対角線論法

まずは対角線論法について簡単に説明しよう．これはカントールという数学者が「可算無限」と「非可算無限」という2つの無限を扱うために考案したテクニックで，背理法の一種であるが，次の節で示すように理論計算機科学の分野でも重要な役割を果たすテクニックである．まず無限個ある集合を2つ考えよう．例えば A と B とする．このとき，A や B に含まれる要素の個数を「濃度」と呼ぶ（これは無限個あるものを「個数」と呼ぶのはおかしいだろうということで導入された数学用語なので，あまりこだわらなくてよい）．ともかく，A と B の「大きさ」つまり「濃度」を比較するにはどうしたらよいだろう．カントールの秀逸なアイデアは，「1対1対応が存在すれば，これらの濃度は同じものと見なす」という，ある種の割り切りである．つまり，例えば次の集合はどれも濃度は等しい:

自然数: ここでは自然数 $N = \{0, 1, 2, \ldots\}$ としよう．0 を入れない流儀もあるが，著者は 0 を入れるのが好きである．

非負整数: $N^+ = \{1, 2, \ldots\}$ を非負整数の集合としよう．ここで $f_1 : N \to N^+$ を $f_1(x) = x + 1$ と定義すれば，自然な1対1対応ができあがる．つまり N と N^+ は濃度が等しいのである．N^+ のほうが1つ多いとか，そういうことはない．

偶数: $E = \{0, 2, 4, 6, 8, \ldots\}$ を非負の偶数の集合としよう．ここで $f_2 : N \to E$ を $f_2(x) = 2x$ と定義すれば，自然な1対1対応ができあがる．つまり N と E は濃度が等しいのであって，E は N の半分しかないとか，そういうことはない．

素数: $P = \{2, 3, 5, 7, 11, 13, \ldots\}$ を素数の集合としよう．ここで $f_3 : N^+ \to P$ を「$f_3(x) = p$ ただし p は x 番目の素数」と定義する．これも自然な1対1対応関数なので，N^+ と P は濃度が等しい．

最後の P について少し補足しておこう．まず素数は無限に存在する[1]．また，素数は小さい順に並べることができるので，「x 番目の素数」という用語は数学的な意味で厳密に定義できる．したがって f_3 はいわゆる "well-defined" な

[1] 背理法の例として，よく出てくるが，簡単に紹介しておこう．仮に素数が有限個しかないと仮定すると，「すべての素数を掛け合わせた数 +1」は，新たな素数となって矛盾するという背理法で示せる．

関数となる．こうした議論に馴染みがない読者は，違和感を覚えるかもしれない．特に関数 f_3 は，具体的にどうやって計算すればよいのか，示されていない．ここでは関数 f_3 の計算方法は問題ではない．そうした性質をもつ関数が確かに存在することが示せれば，それで十分なのである．

さて，こうして眺めてみると，自然に思いつく無限集合はどれも自然数と 1 対 1 対応を作ることができる．これは言いかえると，1 番目の要素，2 番目の要素，… と，「順番に並べることができる」ということと同値である．つまり順序がつけられる無限集合は，どれも自然数と同じ濃度なのである．これはある意味でとても自然な性質をもつ集合なので，**可算集合** (countable set) と呼ばれている[2]．これは「小さい方から数えられる」という意味である．

では「数えられない」あるいは「順番に並べられない」無限などというものが存在するのだろうか？　実は存在する．実数は数えられないのだ．ここでは簡単のために実数の中でも非常に限定された区間，具体的には $(0,1)$ に含まれる実数ですら可算ではないことを示そう．

定理 10.1.1　区間 $(0,1)$ に含まれる実数の集合を R とする．このとき，R は非可算集合である．

証明　R を可算集合だと仮定して矛盾を導く．R が可算集合だったとすると，可算の定義より，非負整数の集合 N^+ と 1 対 1 対応を与える関数 $f: N^+ \to R$ が存在する．つまり 1 番目の要素 r_1, 2 番目の要素 r_2, …, i 番目の要素 r_i, … と列挙することができる．ここで r_i は $(0,1)$ 区間に含まれる実数なので，次のように表すことができる．

$$r_i = 0.r_{i,1}r_{i,2}r_{i,3}\cdots r_{i,j}\cdots$$

ただしここでそれぞれの $r_{i,j}$ は r_i の小数点以下 j 桁目の数とする．つまり $r_{i,j} \in \{0, 1, 2, \ldots, 9\}$ である．

さてここで新たな数 x を次のように定義する：

$$x = 0.x_1 x_2 x_3 \cdots x_j \cdots$$

ただしここで，x_j は，$r_{j,j} = 3$ ならば $x_j = 5$ で，$r_{j,j} \neq 3$ ならば $x_j = 3$ と定義する（図 10.1）．

ここで定義より，数 x はそれぞれの j 桁目 x_j がきちんと定義されているので，実数である．したがって $x \in R$ である．ところでいま，R は可算であるという仮定をしていた．つまりある自然数 k が存在して，x は R の k 番目

[2] やや細かい話であるが，有限集合も可算集合とよぶ．有限集合は N と 1 対 1 対応の関数は作れないが，順番に並べることができるからである．

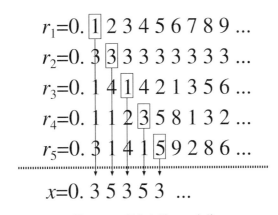

図 10.1 新たな数 x の定義

の要素である．さて，x の k 桁目の数を考えてみよう．これは x の定義から，$x_k = 3$ か $x_k = 5$ のどちらかである．ところが，$x_k = 3$ の場合は $r_{k,k} = 3$ となり，定義から $x_k = 5$ となるはずである．したがってこれは矛盾である．一方 $x_k = 5$ の場合は $r_{k,k} = 3$ であったはずなので，やはり $x_k = 3$ となり，矛盾である．

したがって R が可算集合であるという仮定は誤りである． □

この証明技法が特に対角線論法と呼ばれるのは，$r_{i,j}$ を平面上に並べて書いたとき，対角線に沿って現れる数から x を作り上げるという部分から来ている．対角線論法を初めて見た読者は，じっくりと考えてみてもらいたい（参考文献も参照されたい）．

10.2　停止性判定問題の判定不能性

ここでは，やや本書の内容から外れるが，対角線論法の 1 つの興味深い応用として停止性判定問題をとりあげよう．停止性判定問題の本質は，「コンピュータでも原理的に計算できない関数がある」という事実である．そう，コンピュータでも原理的に計算できない関数があるのだ．別の言い方をすれば，ある種の問題は，それを解くプログラムを原理的に作れないのである．本節では，そうした問題が存在することを証明する．停止性判定問題の不可能性を初めて聞いた人は「どうしてそんなことが数学的に証明できるのだろうか？」という意外性に驚くであろう．しかし証明を注意深く見れば，それは対角線

論法であり，論理そのものは（対角線論法を受け入れるならば）それほど難しくはない．しかし結果の意味するところは深い．

さて理論計算機科学分野では，計算モデルとしてチューリング機械がよく用いられるが，こうした計算モデルは 1940 年前後に相次いで独立に考案されたにも関わらず，どれも本質的に同じ計算能力を持つ．これはどんなプログラミング言語を用いても同じことである．例えば読者の好きなプログラミング言語を 1 つ決めてしまおう．ここでは著者の好みで C 言語としよう（以下を読めばわかるとおり，この言語はなんでもよい．C 言語を知っている必要すらない）．C 言語で書かれたプログラムは，ある決まったアルファベット，つまり英数字と記号で書かれていて，有限の長さを持つ．そしてこのアルファベットはコンピュータの中ではバイナリデータとして表現されている．平たくいえば，どんなプログラムも，0 と 1 が有限の長さ並んだ文字列で表現されているということである．以下，区別のため，プログラムそのものはアルファベット大文字で，それに与えるデータはアルファベット小文字で書くことにしよう．簡単のため，プログラム P にデータ x を与えたときの出力を $P(x)$ と書くことにする．例えば $P(x) = 1$ というのは，プログラム P にデータ x を与えたときに画面に 1 が出力されたという意味である．ここで重要なのが，$P(x)$ が無限ループになってしまって，出力を出さないという状況である．この特別な状況を $P(x) = \bot$ と書くことにしよう[3]．

こうした緩い枠組みでも十分で，どんなプログラミング言語も共通の計算能力の限界をもつ．さて準備は整った．ここで考える問題は次の「**停止性判定問題** (halting problem)」である：

入力： プログラム P とそれへの入力 x．
出力： プログラム P に入力 x を与えて実行したとき，$P(x)$ は有限ステップで停止するか？ 言いかえると，$P(x) \neq \bot$ か？

一見すると単純に見える停止性判定問題は，判定不能問題である．つまり，この問題にいつでも正しい解答を有限時間内に返してくれるプログラム Q は存在しない．

---

[3] 「$\bot$」という記号はボトム (bottom) と呼び，この業界ではこれを使うのが習慣である．著者も歴史的由来は知らない．

Column 8 万能デバッガは作れないのか？

プログラムを作ったことがある読者の中には，デバッガ (debugger) と呼ばれるソフトウェアを使ったことがある人もいるかもしれない．デバッガは，意図しない動きをするプログラムに対して，その内部の振舞いを解析するためのソフトウェアである．そういう意味で，自分のプログラムが停止するかどうかくらいは，デバッガに判定してもらいたいと思うだろう．上記の主張はそれが原理的に不可能であることを示している．つまり「どんなプログラムに対しても」「必ず停止性を判定してくれる」というソフトウェアは，（今から示すように）原理的に作ることができないのだ．とはいえ，現実の世界では，そこまで悲観する必要はない．例えば「だいたいのプログラムに対して」「ほとんど停止性を判定してくれる」ソフトウェアなら作ることができる．この守備範囲を広げられるかどうかは，デバッガの作者の腕次第だ．

本節では，対角線論法を用いてこれを証明しよう．そのための準備を1つ示しておこう：

補題 10.2.1　C言語のプログラムは可算無限個ある．

証明　プログラムを列挙する方法を1つ示せばよい．まず最初に，2つの文字列 P, P' の間に大小関係を導入する．例えば次の単純なルールでよい．

- P と P' で長さが違うときは，短い方が小さい．
- P と P' で長さが同じときは，辞書式に先に現れる方が小さい．

具体的にはアルファベット 0 と 1 に対して，有限長で空でない文字列は次の順で並ぶ．

0, 1, 00, 01, 10, 11, 000, 001, 010, 011, 100, 101, 110, 111, 0000, 0001, ...

さて上でも述べた通り，C言語で書かれたプログラム P は最終的に 0 と 1 からなる文字列 p としてコンピュータの内部に記録されている．したがって当然，上で示した 0 と 1 の文字列の中にいずれ現れるはずである．逆に見ると，上記の 0 と 1 の列は，前から順番に見るとC言語のプログラムの表現になっているものとなっていないものが混ざっている．このうち，C言語のプログラムの表現になっているものだけを抜き出して並べると，1番目のプログラ

ム，2番目のプログラムと順番に番号をつけることができる．これは取りも直さず，プログラムが可算であることを示している．また，人工的に無駄な記述を入れて引き伸ばせば，いくらでも長いプログラムを作ることができるので，C言語のプログラムは可算無限個ある． □

では本番に移ろう．

定理 10.2.2 停止性判定問題を解くC言語で書かれたプログラムは存在しない．

証明 背理法で証明しよう．停止性判定問題を解くプログラム Q が存在したとする．この Q は，C言語のプログラム P とそれへの入力 x が入力として与えられたとき，$P(x) = \bot$ なら0を出力し，$P(x) \neq \bot$ なら1を出力するとしてよい．つまり $P(x)$ がとにかく停止するときは，どんな出力が得られようと気にせず，とにかく1を出力する．形式的に書けば，P の表現を p とすれば，

$$Q(<p,x>) = 0 \quad P(x) = \bot \text{ のとき}$$
$$Q(<p,x>) = 1 \quad P(x) \neq \bot \text{ のとき}$$

と書ける．（ここで $<p,x>$ というのは，プログラム P を0と1の文字列にして，これを x とペアにして，全体として0と1の文字列として表現するという意味であるが，あまり気にしなくてよい．）

さて Q を記述するプログラムコードを見ると，0を出力する命令と1を出力する命令があるはずだ．この部分を少し書き換えて，新しいプログラム Q' を作る．入力は Q と同じく，C言語のプログラム P とそれへの入力 x だが，出力はちょっと違う．具体的には次の通りだ．

$$Q'(<p,x>) = 1 \quad P(x) = \bot \text{ のとき}$$
$$Q'(<p,x>) = \bot \quad P(x) \neq \bot \text{ のとき}$$

要するに0を出力する命令をすべて1を出力するように書き換えて，1を出力する命令をすべて無限ループで書き換える．どんなプログラミング言語でも無限ループは簡単に作れる．C言語も例外ではない．したがって，もし Q が存在するならば Q' も存在する．

さて，補題 10.2.1 より，C言語で書かれたプログラムは可算無限個ある．つまり $P_1, P_2, P_3 \ldots$ と列挙することができる．このときこれらのプログラムは文字列 $p_1, p_2, p_3 \ldots$ で表現されていて，$p_1 < p_2 < p_3 \cdots$ と並んでいる．こ

	p_1	p_2	p_3	p_4	p_5	p_6	...
P_1	0	0	0	0	0	0	
P_2	$\bot$	$\bot$	$\bot$	$\bot$	$\bot$	$\bot$	
P_3	0	1	0	1	0	1	
P_4	0	1	10	11	110	111	
P_5	ε	ε	ε	ε	ε	ε	
P_6	ε	$\bot$	ε	0	ε	1	
$\vdots$							

図 10.2 プログラム P_i とそのバイナリ表現 p_j と，計算結果の表．ϵ は何も出力せずに停止したことを，$\bot$ は無限ループになって止まらないことを示す．

こで任意の正整数 i, j に対して，$P_i(p_j)$ を考える．つまり i 番目のプログラム P_i に，j 番目のプログラム P_j の表現をデータとして与えたときの P_i の出力だ．この出力を表にしたものを図 10.2 に示す．この表には，C 言語で（有限長で）書かれたすべてのプログラムが現れている．したがって Q' もこの表のどこかに現れているはずだ．ここで $Q' = P_k$ だったとする．つまり Q' はこの表に k 番目に現れる．このとき $P_k(p_k)$ を考える．するとこれは Q' の構成より，$P_k(p_k) = \bot$ であるか $P_k(p_k) = 1$ であるかのどちらかである．ここで $P_k(p_k) = \bot$ だったとすると，$Q'(<p, x>)$ の定義より，このとき Q' は 1 を出力して停止するはずである．すなわち，$P_k(p_k) \neq \bot$ となる．一方，$P_k(p_k) = 1$ だったとすると，やはり $Q'(<p, x>)$ の定義より，このとき Q' は無限ループを実行しているはずであり，$P_k(p_k) = \bot$ となる．つまり $Q' = P_k$ と仮定すると，このプログラムに p_k を入力として与えたときの振舞い $P_k(p_k)$ は，値が確定しない．

これは矛盾であり，Q が存在するという仮定は誤りである．つまり停止性判定問題を解くプログラム Q は存在しない． □

最初はなんだか騙されたような気がするかもしれない．対角線論法はかなり凝った証明技法であり，慣れるまで時間がかかる．ともあれ，プログラムで計算できる関数は可算無限個しかなく，それ以外の関数を定義することができるということがわかった．実際にはここで考えている一般の関数は実数と同じ濃度を持つことがわかっている．つまり，関数は実数と同じ非可算無限個あり，そのうちの可算無限個だけがプログラムで計算できる関数であり，そして停止性判定問題は，この差の中に入り込んでいるわけである．

10.3 折り紙の折り判定問題の判定不能性

話を折り紙に戻すことにしよう．前節では，コンピュータのモデルとしてはチューリング機械，プログラミング言語の典型としてC言語を紹介した．こうした計算のモデルでは，「基本操作」が明確に定義されていることが重要である．なぜなら「計算」とは「基本操作」を特定の順序で実行するプロセスとして定義されるからである．こうした基本操作を有限回繰り返すという計算原理の制約のもとでは，可算無限種類の問題が解けるということも証明できるし，原理的に解けない問題があるということも証明できるということを学んだ．

折り紙も同様に，ある意味で計算のプラットフォームと見なすことができる．つまり私たちが折り紙をするときには，紙の上で定義されたなんらかの基本演算（例えば藤田の公準や羽鳥の操作など）を使って，折ることでなんらかの点を「計算」していると考えることができる．では「計算折り紙」というある種の計算メカニズムの計算能力はどの程度のものなのだろうか．本節では，この疑問に対するひととおりの解答を与える．具体的には，上記とよく似た構造の判定不能問題を紹介する．

これは対角線論法の単純な応用なので，証明のロジックそのものは対角線論法さえわかれば難しくはないどころか，むしろ単純である．しかし，結果の解釈や意義は，人それぞれであろう．つまりコンピュータのプログラムと同様，折り紙は可算無限種類の計算ができるともいえるし，あるいは逆に，原理的に折れ出せない点もあるともいえる．

解釈や意義はともかく，本題に戻ろう．本節では，ある種の妥当性のある計算折り紙のモデルにおいて，以下の「折り判定問題」が自然で単純な判定不能問題であることを証明する．

入力：折り紙とその上の4点 p, q, r, s.
出力：以下の2条件を満たす2本の直線 ℓ_1 と ℓ_2 が存在するかどうかを判定せよ．(1) 3点 p, q, r から有限回折ることで作れる．(2) 点 s で交差する．

大雑把に言えば，折り判定問題は，与えられた3点 p, q, r だけを基準に使って，有限回で別の点 s を折り目の交点として作れるかどうかを聞いているにすぎない．これは折り紙では極めて自然な問題であるが，判定不能なのである．ここではこの問題をより単純化し，以下の1次元版の折り判定問題を考

える.

入力: 線分とその上の 4 点 p, q, r, s.
出力: 3 点 p, q, r から始めて，有限回の折りで点 s に折り目をつけられるかどうかを判定せよ．

この単純化した問題でもやはり判定不能問題である．2 次元平面における折り判定問題は 1 次元版の折り判定問題を完全に含んでいるので，ここでは 1 次元版だけを扱う．

1 次元折り紙 (one-dimensional origami) P とは有限長で太さ 0 の線分である．一般性を失うことなく，P の長さは 1 で最初は区間 $[0,1]$ に置かれていると仮定しよう．P 上の任意の点は区間 $[0,1]$ のある実数で表現される．つまり 1 次元折り紙 P 上の任意の点 p はある実数座標値をもつ．この座標値を $P(p)$ と表現する．また，曖昧でないときは折り紙 P の折り状態も P と表記し，P の左端はいつでも座標 0 に合わせられると仮定する．このとき折り状態 P 上の p の座標値も $P(p)$ と書く．これらの座標値が実数であることに注意しよう．これは本質的である．

2 次元折り紙の上では，藤田の公準と羽鳥の操作を合わせた 7 種類の基本操作を考えることが多い（詳細は [DO07, 19 章] を参照のこと）．つまり折り紙の折りとは，これら 7 種類のうちの 1 つの操作を適用することであり，その結果，新しい線分を得て，この新しい線分とすでにある線分との間の交点が新しい点として生成される．1 次元折り紙では，可能な操作は以下の通り単純化される．

1. P 上にすでにある点 p に対する $P(p)$ を固定し，そこを中心に何枚かの紙の層を折り畳む．この操作によって $P(p)$ と重なっていた紙に新しい点が生成される．
2. P 上にすでにある点 p と p' が重なるように折る．この操作によって，$P(p)$ と $P(p')$ の中点に新たな点が生成される．

新しい点を生成するには，この操作しか許さないものとする．

上記の操作についてもう少し詳しく考えてみる．1 次元版の折り判定問題では，4 個の実数点 p, q, r, s が与えられている．以下では一般性を失うことなく，$P(p) = 0, P(q) = 1, 0 < P(r) < 1, 0 < P(s) < 1$ と仮定する．また p, q, r をスタート点，s をゴール点と呼ぶ．本問題で許されている折り操作は，スタート点と，そこから生成される点に対する操作である．つまり s を折り操作の

対象として使用することはできない．折り判定問題のゴールは，折り状態 P の上で $P(r') = P(s)$ が成立するような点 r' を有限回の操作で生成することである．新しい実数点 r' が得られたときには，$P(r') = P(s)$ という比較が無限の精度で行えることに注意する．（比較が失敗した場合は，$P(r') < P(s)$ か $P(r') > P(s)$ という結果が返ってくる．）つまりこのモデルでは，2つの実数点を無限の精度で（定数時間で）比較できると仮定している．以下，スタート点から生成される実数点を折り可能点と呼ぶ．

まず折り可能点の個数に関する定理を示す．

定理 10.3.1 1次元の紙 P 上の3個のスタート点 p, q, r の座標を $P(p) = 0$, $P(q) = 1$, $0 < P(r) < 1$ とする．このとき折り可能点の個数は可算無限である．

証明 集合 $S_0 = \{p, q, r\}$ と $i > 0$ に対して集合 S_i を以下で定義する：S_i が点 t を含む必要十分条件は，(1) t はスタート点から i 回の折り操作によって折ることができ，かつ (2) $t \notin \cup_{0 \leq j < i} S_j$ である．つまり S_i はちょうど i 回の折り操作によって初めて折ることができる点の集合である．ここで任意の定数 i に対して，定数種類の折り操作を i 回行ったあとの P の折り状態は定数個である．したがって $|S_i|$ も定数個である．それぞれの S_i が含む点の個数は可算個なので，これを自然数 i に対してすべて加えた折り可能点の個数も可算無限個となる． □

定理 10.1.1 でも示した通り，実数の集合は可算ではない．したがって，定理 10.3.1 より，ひとたびスタート点が与えられたら，そこから有限回の操作では折ることのできない点が存在することがわかる．この事実を利用すると，以下の判定不能性を示すことができる．

定理 10.3.2 折り判定問題はたとえ1次元折り紙モデルであっても判定不能である．

証明 矛盾を導くために，折り判定問題を解くアルゴリズム A が存在すると仮定する．つまり A は，あらゆる入力 p, q, r, s に対して，いつでも有限時間内に "Yes" または "No" を出力する．ここで A はコンピュータの上のあるプログラミング言語で記述されていると考えてよい．ここでは簡単のため，再び C 言語で書いてあるとしよう．アルゴリズム A を実現する C 言語のプログラム $\mathcal{A}$ を1つ固定すると，このプログラムの実行時間を返す関数 $t_\mathcal{A}(p, q, r, s)$ を定義することができる．つまり任意の4個の実数 p, q, r, s に対し，プログ

ラム $\mathcal{A}$ に入力 (p,q,r,s) を与えたとき，"Yes" または "No" を返すまでに実行するステップ数が $t_\mathcal{A}(p,q,r,s)$ である．仮定により，$t_\mathcal{A}(p,q,r,s)$ は条件を満たすどんな実数に対しても有限である．

ここでスタート点 p,q,r を $p=0, q=1, r=1/\sqrt{2}$ と固定する．そして実数点 s の集合 T_i を $T_i = \{s \mid t_\mathcal{A}(p,q,r,s) = i\}$ で定義する．つまり T_i は i ステップで判定することのできる実数点の集合である．ここで $|T_i|$ が可算であることを示す．まず T_i が 2 種類の点を含むことに注意する．T_i のうち，$\mathcal{A}$ が "Yes" と答える点の集合を Y_i とし，"No" と答える点の集合を N_i とする．ここで定義より，$\mathcal{A}$ が点 s に対して i ステップ目で "Yes" と答えるのは，$s' \in Y_{i'}$ を満たす s' と $i' < i$ が存在し，i ステップ目で s' を s に重ねたときである．したがって明らかに Y_i は可算集合（しかも有限集合）である．あとは N_i も可算であることを示せばよい．もし N_i が非可算無限個の点を含むのであれば，どこかに内部の点がすべて N_i に含まれるような開区間 (a,b) が存在する．（さもなくばすべての N_i の点は孤立してして，小さい順に番号がつけられるので可算となる．）ここで $a' = p = 0, b' = q = 1$ とおくと，$0 = a' < a < b < b' = 1$ で，しかも a' と b' はどちらも折れる点である．

さて a' と b' を重ねて折って，新しい点 $c(=1/2)$ を生成する．もし $a < c < b$ ならば，c は "Yes" の例なので矛盾である．したがって $a' < c \le a < b < b'$ または $a' < a < b \le c < b'$ である．前者の場合は c を新たな a' とし，後者の場合は c を新たな b' とする．このプロセスを繰り返すと，有限回（正確には $O(\log_2(1/(b-a)))$ 回）の操作の後に，必ず (a,b) の区間の内部に新しい折り目をつけることができる．しかしこれは開区間 (a,b) の内部の点がすべて N_i に含まれるという仮定に矛盾する．したがって N_i も可算個の点しか含むことができない．よって $|T_i|$ は可算であり，任意の正整数 j に対して $\cup_{0 \le j \le i} T_j$ も可算である．以上より，有限時間内で $\mathcal{A}$ によって判定される点の集合の濃度は可算であることがわかる．可算集合であることから，$\mathcal{A}$ によって判定される点集合は，$s_1 < s_2 < s_3 < \ldots$ と順序をつけることができる．

ここで対角線論法を使って，判定不能な実数点 s を構成する．1 次元折り紙 P は区間 $[0,1]$ なので，$s_1, s_2, \ldots$ は，

$$P(s_1) = 0.s_{1,1}s_{1,2}s_{1,3}\ldots$$
$$P(s_2) = 0.s_{2,1}s_{2,2}s_{2,3}\ldots$$
$$\ldots$$

$$P(s_k) = 0.s_{k,1}s_{k,2}s_{k,3}\ldots$$

$$\ldots$$

と列挙することができる．ただしここで $P(s_k)$ の小数点以下 ℓ 桁目の値を $s_{k,\ell}$ とする．そこで $d_k = s_{k,k} + 1 \pmod{10}$ として $P(s) = 0.d_1 d_2 d_3 \ldots$ となる s を定義すると，s は 1 次元折り紙 P 上の実数点でありながら，定理 10.1.1 の証明と同様，T_i のどこにも現れることはない．したがってこの s に対しては $t_\mathcal{A}(p,q,r,s)$ は有限ではない．つまりこの p,q,r,s に対してはアルゴリズム $\mathcal{A}$ を実現するプログラム $\mathcal{A}$ は停止しない．これは $\mathcal{A}$ が有限時間で折り判定問題を解くという仮定に矛盾する．したがって折り判定問題は，1 次元折り紙の上であっても判定不能である． □

　本節では，ごく自然に定義される折り紙モデルの上で，単純な判定問題が判定不能となることを証明した．これは「有限個の点に有限回の操作を加えるだけでは可算無限個の点しか作れないこと」と，「折り紙などの連続した領域や区間には非可算無限個の点が存在すること」の離齬によるものである．この結果には，方向の異なる 2 つの発展の方向性が考えられる．

　1 つは「無限精度の実数など現実的なモデルでない」と考えて，「誤差」を許すモデルを構築することである．つまり与えられた点 s が判定不能であっても，そのごく近傍に折ることのできる点があればそれでよしとする．例えば 1 次元折り紙における定理 10.3.2 の点 c を使った議論をそのまま使えば，「任意に与えられた誤差 $\epsilon > 0$ と点 s に対して，有限回で $[s-\epsilon, s+\epsilon]$ の内部に折り目をつける」といったモデルは簡単に作ることができる．これは比較的現実的なモデルであると考えられる．今後の研究課題としては，与えられた点に近い点を折るための効率のよいアルゴリズムの研究などが考えられる．折りの手順を少なくしたり，余分な折り目を少なくすることが目標となるだろう．

　もう 1 つは本章の結果を踏まえた上で「理論的な折り紙モデルによる計算」を深めることである．例えばチューリング機械の停止性判定問題にしても，理論的には万能デバッガが作れないという結論を出すことはできるが，だからといってチューリング機械の計算能力が弱くて役に立たないということを意味するわけではない．実際，チューリング機械モデルの上では，計算量の理論やアルゴリズム理論が発展し，さまざまな結果が得られている．同様に，

折り紙による計算が可算無限の点にしか到達できないとしても，折り紙による計算モデルの能力が低いということを意味するわけではない．例えば藤田の公準や羽鳥の操作を使うと，4次方程式を解くことと同等の計算能力があることが知られている．こうした「基本演算」をアルゴリズム的に組み合わせて計算したときの計算能力については，知られていることはほとんどない．従来のコンピュータとはまったく異なる「基本演算」を持つ「折り紙計算モデル」を考えると，興味深い結果が得られるかもしれない．

11 演習問題の解答

本章では，演習問題の解答を示そう．

演習問題 2.1.1 の解答：正 4 面体の辺の長さを単位長とする．まず正 4 面体の 2 種類の辺展開図を考えてみよう．系 2.1.2 より，どちらも 3 辺を切ることになるので，カットする線の長さは 3 である．これをもっと縮めることはできるだろうか？少し考えると，正 4 面体のねじれの位置にある 2 辺を切り，平坦にしてから上下をつなぐ垂線で切れば，斜めになっていない分だけ得をするので，少し短くなる．計算すると $2 + \frac{\sqrt{3}}{2} = 2.866\ldots$ となる（図 11.1(1-2)）．この図 11.1(1) のカットと図 11.1(2) のカットを併せて考えると，2 つのカットの交点を図 11.1(3) のように内側に寄せた方が短くなることがわかる．では，どこまで短くなるだろうか．

議論のために図 11.1(3) のように頂点に名前をつけよう．正 4 面体の頂点が a, b, c, d で，カットの交点が p, q で，直線 pq と直線 ac の交点を r とする．対称性を考えると，r は辺 ac の中点となる．ここで，点 a, b, c, d, p, q から導出される木は，4 点 $abcd$ をつなぐ，辺の長さ最小の木としたいのであった．これは計算幾何の分野では**シュタイナー木** (Steiner tree) と呼ばれる木である．図 11.1(3) のままではわかりにくいが，図 11.1(4) のように展開図で描けば，すぐに理解できるとおり，これは正 3 角形 2 枚からなるダイヤモンド型の 4 点をつなぐシュタイナー木である．シュタイナー木については，よく研究されているが，特に点 p や点 q のように追加した頂点（これを**シュタイナー点** (Steiner point) と呼ぶ）においては，3 本の辺の間がどれも等角，つまりすべて 120° となることが知られている．逆に，この角度が一定であるとすると，点 p や点 q はそれぞれ，ある円弧 ab と円弧 cd の上を動く点でなければならない．つまり，円弧 ab や円弧 cd は，円周角が 120° となる円弧で，点 p や q は，この上に載る点である．

ここから先も初等的に議論を進めて，座標を計算することもできるが，計

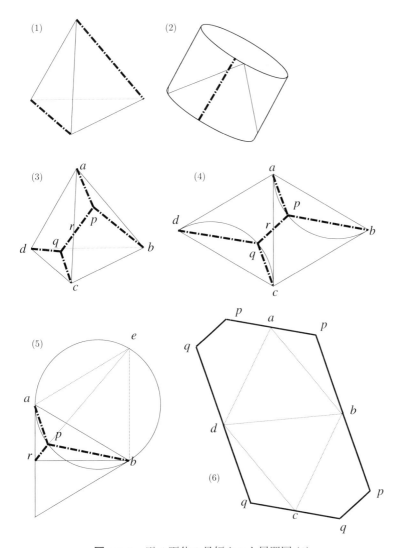

図 11.1　正 4 面体の最短カット展開図 (1)

算そのものは，かなり大変である．そこで**トリチェリの作図法** (Torricelli's method) と呼ばれる方法を使って簡単に計算しよう．この作図法とは次のとおりである：

定理 11.0.1（トリチェリの作図法）　鋭角 3 角形 $P_1 P_2 P_3$ に対して，$P_1 P_2 X$ が正 3 角形となる代替点 X を置く．このとき，3 点 $P_1 P_2 X$ を通る円と直線 $X P_3$ の交点がシュタイナー点 S で，しかも $|P_1 S| + |P_2 S| + |P_3 S| = |P_3 X|$

である.

本書ではこの定理の詳細には立ち入らない. ともあれ, 図 11.1(4) において, 3 角形 abr に注目し, abe が正 3 角形となる点 e を置く. そして 3 点 abe を通る円を描くと, この円と直線 er が交差する点が求めるシュタイナー点 p である. またこのとき, この部分でカットする辺の長さの合計は $|rp|+|ap|+|bp|=|er|=\sqrt{|br|^2+|eb|^2}=\sqrt{(\frac{\sqrt{3}}{2})^2+1^2}=\frac{\sqrt{7}}{2}$ である. したがってカットする長さ全体は, $\sqrt{7}=2.645...$ となる. これが求める最小値である.

実際に切り広げた様子を図 11.1(6) に示す. どの角も角度は 120° であるが, 正 6 角形とはほど遠い最適解が得られた. これを平面上に敷き詰めた様子を図 11.2 に示す. 正 4 面体を大量に作る場合は, このパターンを使えば, カッターの摩耗が最も少ないことが理論的に保証できる.

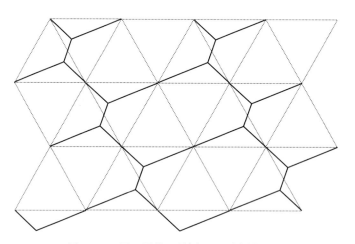

図 11.2 正 4 面体の最短カット展開図 (2)

正 4 面体の場合は, 途中までは, なかなか美しい議論ができた. 最後は, トリチェリの定理を使わずに愚直に計算してもできるが, その場合は計算がかなり大変である. いずれにせよ, 最適解は印象的な展開図であった. 現時点で, これ以外の正多面体の場合は, 最適解は求められているものの, あまり良い解法は知られていない. そもそも, 一般の正多面体の最短カットの展開図に関する論文は文献 [ACNR2011] であり, この結果が 2011 年という新しさであることに驚きを禁じえない.

この論文 [ACNR2011] の基本的なアイデアは，特定の正多面体の最短カットを求めるために，まずは可能な展開図を場合分けして考えて，それぞれの展開図の上でシュタイナー木を構成し，それらの長さを比較して最短のものを求めている．もう少し言えば，まずは展開図をある程度列挙し，次にそれぞれの展開図の上でシュタイナー木を具体的に計算し，その中で最も小さい値を出したものを最適解としている．つまり 3 次元立体の問題を複数の 2 次元の問題に直して，それぞれ別々に解いて，最後に比較している．もちろんこれで正解は求められているものの，アルゴリズム的な観点から見ると，あまり効率がよい方法ではない．以前，この論文 [ACNR2011] の著者の秋山仁氏と話したところでは，彼自身も，もっとスマートな解法があってもよいと考えているようであった．著者も同感である．この問題が，最近まで正多面体に対してですら解かれていなかったことを考えると，それ以外の立体に対して通用する一般的な解法は，まだ研究されていないと思われる．

未解決問題 11.0.1 一般の立体に対して，最短カットの展開図を求める効率のよいアルゴリズムを考えよ．特に 2 段構えの場合分けを回避して，3 次元立体の表面上で，直接頂点のシュタイナー木を求める方法はないだろうか．

演習問題 2.2.1 の解答： 正多面体が 5 種類しかないことは，次のように証明できる．まず，すべての面が合同な正多角形であることから，単位となる正多角形は 6 角形以上になってはいけない．6 角形の場合は 3 枚以上を 1 点に集めると平面になるし，7 角形以上だと頂点の角度が 360° を超えてしまう．したがって，正多面体の面は，正 3 角形，正方形，正 5 角形のいずれかとなる．まず正 5 角形の場合を考えよう．各頂点には 3 つ以上の正多角形が集まらなければならないが，正 5 角形の場合は 4 つ以上集まると 360° を超えてしまうので，ちょうど 3 つ集まった場合だけが正多面体として成立する．こうして正 12 面体が得られる．正方形についても同様の議論ができて，立方体が得られる．正 3 角形の場合は，1 つの頂点に 3 つ，4 つ，5 つとそれぞれ集めることができる．そしてこれら 3 通りの場合について，正 4 面体，正 8 面体，正 20 面体が得られる．これで 5 種類すべての正多面体が得られた．これまでの議論により，これ以外の可能な組合せは存在しない．よって正多面体はちょうど 5 種類ある．

演習問題 2.2.2 の解答： まず立方体の双対を考える (図 11.3(1))．立方体

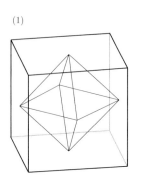 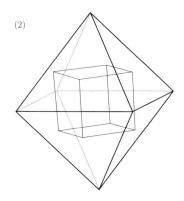

図 11.3 立方体と正 8 面体の双対関係

のそれぞれの正方形の中心に頂点を配置し，それらの頂点に対応する正方形同士が立方体の辺を共有しているとき，対応する頂点を辺で結ぶ．すると立方体に内接する形で正 8 面体が浮かび上がってくる．辺同士が 1 対 1 対応しているので，どちらも辺の数は 12 本である．また，立方体の面の数 6 は，正 8 面体の頂点の数 6 と対応している．同様に正 8 面体の双対を考えよう（図 11.3(2)）．辺の数は当然どちらも 12 本ずつである．また，正 8 面体の面の数 8 と，立方体の頂点の数 8 が対応していることがすぐにわかる．正 12 面体と正 20 面体は，やや想像が難しいが，これと同様に互いに双対であることがわかる．また正 4 面体について同じことをすると，正 4 面体は自分自身の双対であることがわかる．

演習問題 2.3.1 の解答： それぞれ，どこが糊付けされるのか，一見するとわからないかもしれない．ここでは解答だけを示すので，納得できない場合は実作してみてもらいたい．まず図 2.8(a) で作れる 4 単面体の 1 つの 3 角形は 2 等辺 3 角形で，元の正 8 面体の正 3 角形の 1 辺の長さを 1 とすれば，辺の長さは $\sqrt{3} : \sqrt{7}/2 : \sqrt{7}/2$ つまりおよそ $1.73 : 1.32 : 1.32$ である．図 2.8(c) の 4 単面体の辺の長さは，同じく元の正 20 面体の正 3 角形の 1 辺の長さを 1 とすれば，$2 : 2.5 : \sqrt{21}/2$ つまりおよそ $2 : 2.5 : 2.29$ である．図 2.8(b) の直方体の大きさは，元の正 4 面体の 1 辺の長さを 1 とすれば，

$$\frac{1}{2} \times \frac{1}{2} \times \frac{2\sqrt{3}-1}{4}$$

つまりおよそ $0.5 : 0.5 : 0.62$ である．

演習問題 2.3.2 の解答： これはぜひ，一度は試してもらいたい．目分量で正 4 面体などを狙ってみても，なかなかうまくいかないことが実感できるだろう．

演習問題 3.4.1 の解答： これもぜひ，図 3.20 の展開図を実際に組み立ててみてもらいたい．実は $\sqrt{5} \times \sqrt{5} \times \sqrt{5}$ の 2 通りの組み立て方は，意外と簡単に見つかる．自然に折ればそうなってしまうかのように折ることができる．一方，$1 \times 1 \times 7$ の直方体と，$1 \times 3 \times 3$ の直方体は，折り方を見つけるのが非常に難しく，まるっきりのパズルである．コンピュータによる探索でなければ，まず見つけられないと実感するだろう．

演習問題 3.6.1 の解答： すべての面が長方形や正方形であるにも関わらず，2 つの面の間の角度がどれも直交していない立体は，存在するのだろうか．想像しがたいかもしれないが，こうした立体は存在する（図 11.4）．

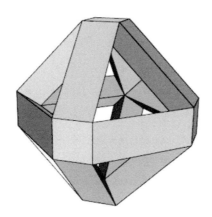

図 11.4 すべての面が長方形であるにも関わらず，面同士の間の角度が直角でない立体の例．

図をよく見れば納得できるだろう．これは正 8 面体の骨格に肉付けをした立体である．正 8 面体のそれぞれの辺を 3 角柱で置き換えて，頂点を 4 角錐で置き換えれば構成できる．この立体は 2002 年に文献 [BCD+02] で示されたものである．正確な寸法は計算が難しいが，紙による実作は簡単である．まず 12 本の三角柱の，内側の面 2 枚をそれぞれ用意する．これは適当な長方形を紙で 12 枚作り，半分に折って用意すればよい．これらをすべて図のように

テープで留めると正 8 面体の構造が確定する．残った外側の長方形と，6 枚の正方形のフタは，現物合わせで作って貼ればよい．

演習問題 5.1.1 の解答： 具体的な例として $n = 3$ の場合 MVM を考えてみよう．このとき長さ 6 のじゃばらもどきのパターン $MVMMVM$ が得られる．これは図 11.5(1) のように，2 つのフラップを中央に向けて折り畳むこととなる．このフラップに図 11.5(1) のように中央に近い方から順番に名前をつける．具体的には左側に現れるものに l_1, l_2，右側に現れるものに r_1, r_2 と番号をつける．これを折り畳んだあと，フラップを上から見ると，折り畳み方を一意的に表現することができる．例えば図 11.5(2) は上から $r_1 r_2 l_1 l_2$ で，図 11.5(3) は上から $r_1 l_1 r_2 l_2$ といった具合いである．この文字列は，r や l の間では順序は崩れないが，r と l との順番は好きに入れ換えることができる．これは，4 つのフラップから 2 つのフラップを選ぶ組合せの数と等しい．今の場合は $\binom{4}{2} = \frac{4 \cdot 3}{2 \cdot 1} = 6$ となり，可能な折り畳みの数は 6 通りである．これを一般化すると，$(n+1)$ 個のフラップから $(n+1)/2$ 個のフラップを選ぶ組合せの数となり，

$$\binom{n+1}{\frac{n+1}{2}}$$

である．$\binom{n}{k} > \left(\frac{n}{k}\right)^k$ という下界を用いると，これは $\sqrt{2}^{n+1}$ で下から抑えることができる指数関数となる．

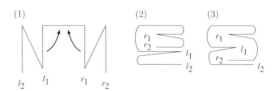

図 11.5　じゃばらもどきのパターンの折り畳み方

演習問題 5.3.1 の解答： まず M^n というパターンを考えよう．これは試してみるとすぐわかるが，n 通りの折り畳み方がある．$(MV)^{n-1}MM$ というパターンも実際に試すのが一番簡単だ．そうすれば $n+1$ 通りの折り畳み方があることがわかるだろう．こうしたパターンはじゃばら折りに次いで折り畳み方が少ないように見える．演習問題 5.1.1 と併せて考えると，こちらのほ

> # Column 9
>
> ## 組合せの数の近似
>
> 組合せの数については，さまざまな近似が知られているが，次の式はとても重宝する：任意の自然数 $n > k > 0$ について次が成立する．
>
> $$\left(\frac{n}{k}\right)^k \leq \binom{n}{k} \leq \left(\frac{en}{k}\right)^k$$
>
> ここで e は自然対数の底で，$e = 2.718\ldots$ である．もう少し詳しい値を知りたいときは，次のスターリングの近似式 (Stirling's formula) を使うとよい．
>
> $$n! = \sqrt{2\pi n}\left(\frac{n}{e}\right)^n$$
>
> 逆に $n! \sim n^n$ という大雑把な近似が有用であることも多い．

うが「じゃばら折りに近い折り方」と言えるかもしれない．しかしこれは感覚的なものであり，さらなる研究が必要である．

未解決問題 11.0.2 可能な折り畳みの方法が少ない「じゃばら折りに近い折り方」とはどのようなものだろうか．

演習問題 5.4.1 の解答： 人によっては不思議に感じるだろうが，2つの折り目の間隔は1cm となる．この問題が容易に解けた人は，次の問題をまずは頭の中で答を予想してから試してもらいたい：今度は図5.7(a) のように紙テープを $a$cm ずらして折り，そして図5.7(b) のように紙テープを逆に $b$cm ずらして折る．2つの折り目の間隔は何 cm だろうか．予想は的中するだろうか．

演習問題 9.1.1 の解答： 正方形の部分に注目すれば，図 11.6 のような p2 タイリングが見つかる．どこが回転対称の中心になっているかを見極めたら，それらを結んで3角形を作る．あとはそれを繰り返せば，求めるタイリングが見つかる．これを切って折れば理屈の上では4単面体になるはずだが，それを想像するのはなかなか難しい．しかし実際に切って折ってみれば，簡単に確認できる．

230 | 11 演習問題の解答

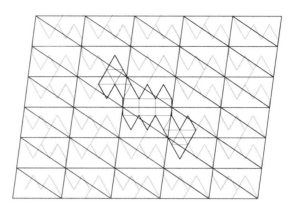

図 **11.6** J89 の辺展開図で作る p2 タイリングと，対応する 4 単面体の展開図

参考文献

　本書の底流にある，折り紙の数理全体を通じた文献と言えば，以下の 4 冊がお勧めである．

全般を通じた参考文献

[DO07] E. D. Demaine and J. O'Rourke. *Geometric Folding Algorithms: Linkages, Origami, Polyhedra*. Cambridge University Press, 2007. 邦訳：上原隆平訳，『幾何的な折りアルゴリズム』，近代科学社，2009（補足 URL：http://www.jaist.ac.jp/~uehara/gfalop）．

[OR11] J. O'Rourke. *How to Fold It: The Mathematics of Linkage, Origami, and Polyhedra*. Cambridge University Press, 2011. 邦訳：上原隆平訳，『折り紙のすうり』，近代科学社，2012（補足 URL：http://www.jaist.ac.jp/~uehara/howtofoldit）．

[Hull13] Thomas Hull. *Project Origami: Activities for Exploring Mathematics*. Routledge, 2013. 邦訳：羽鳥公士郎訳，『ドクター・ハルの折り紙数学教室』，日本評論社，2015．

[OR12] 日本応用数理学会監修，野島武敏・萩原一郎 編，『折り紙の数理とその応用』，共立出版，2012．

　また，折り紙のサイエンスに関する国際会議 OSME が数年に一度，開催されているが，この会議の会議録は 3 回目以降，一般の書籍として販売されていて，3 回目の会議 3OSME の一部の論文については，邦訳も出ている．また，6 回目の会議 6OSME の数学系の論文の邦訳も，本書執筆時点で進められている．こうした書籍は論文集なので，やや敷居が高く感じるかもしれないが，本書と関連の深い論文もあり，「折り紙のサイエンス，数学，教育」と銘打っているだけあって，内容もバラエティに富んでいて，楽しめる．以下に市販されている書籍の情報を載せておこう．この会議は年々盛況になり，会議録の厚みも増し，2015 年に開催された 6OSME の会議録は，ついに 2 冊組となった．

国際会議「折り紙の科学・数学・教育」の会議録

[3OSME]   Origami^3: *Third International Meeting of Origami Science, Mathematics, and Education.* Tom Hull (Editor), A K Peters, 2002. 邦訳：川崎敏和監訳,『折り紙の数理と科学』, 森北出版, 2005.

[4OSME]   Origami^4: *Fourth International Meeting of Origami Science, Mathematics, and Education.* Robert J. Lang (Editor), A K Peters, 2009.

[5OSME]   Origami^5: *Fifth International Meeting of Origami Science, Mathematics, and Education.* Patsy Wnag-Iverson, Robert J. Lang, Mark Yim (Editor), A K Peters, 2011.

[6OSME1]   Origami^6: *Mathematics.* Koryo Miura, Toshikazu Kawasaki, Tomohiro Tachi, Ryuhei Uehara, Robert J. Lang, and Patsy Wnag-Iverson (Editor), AMS, January 2016.

[6OSME2]   Origami^6: *Technology, Art, Education.* Koryo Miura, Toshikazu Kawasaki, Tomohiro Tachi, Ryuhei Uehara, Robert J. Lang, and Patsy Wnag-Iverson (Editor), AMS, January 2016.

　本書は，計算折り紙という新たな研究のフロンティアについて，主に著者が近年書いた論文のトピックを中心に換骨奪胎してまとめ直したものである．そのため本文中で，元になった論文そのものや，関連する解説論文，あるいはその後の発展した内容を含む論文を参照していない場所が何箇所かある．そこで，それぞれの章ごとに，章の中では参照しなかったが，重要な関連文献をまとめておくことにしよう．本書で省略されている部分は，対応する論文の中に詳細が書かれているので，興味のある読者は調べてみてもらいたい．

3 章に関する文献

[U08]   上原隆平, 複数の箱を作ることができる展開図, URL：`http://www.jaist.ac.jp/~uehara/etc/origami/nets/index.html`. 2008 年当時のやや古い結果がまとめてある．

[XHSU17]   Dawei Xu, Takashi Horiyama, Toshihiro Shirakawa, and Ryuhei Uehara. Common Developments of Three Incongruent Boxes of Area 30, *COMPUTATIONAL GEOMETRY: Theory and Applications*, Vol. 64, pp. 1-17, August 2017. DOI:10.1016/j.comgeo.2017.03.001

[XHSU15]   Dawei Xu, Takashi Horiyama, Toshihiro Shirakawa and Ryuhei Uehara. Common Developments of Three Incongruent Boxes of Area 30, *The 12th Annual Conference on Theory and Applications of Models of Computation (TAMC 2015)*, Lecture Notes in Computer Science Vol. 9076, pp. 236-247, 2015/05/18-2015/05/20, Singapore. (JAIST Repository: `http://hdl.handle.net/10119/13757`)

[U16]　　　　　Ryuhei Uehara. A Survey and Recent Results about Common Developments of Two or More Boxes, ORIGAMI[6]: *Mathematics*, pp. 77-84, AMS, January 2016.

[上 12]　　　　上原隆平，3 通りの箱が折れる展開図,『数学セミナー』, pp. 8-13, 2012 年 11 月号.（一般向けの解説記事）

[SU13]　　　　Toshihiro Shirakawa and Ryuhei Uehara. Common Developments of Three Incongruent Orthogonal Boxes, *International Journal of Computational Geometry and Applications*, Vol. 23, No. 1, pp. 65-71, 2013. DOI:10.1142/S0218195913500040.

[SU12]　　　　Toshihiro Shirakawa and Ryuhei Uehara. Common Developments of Three Different Orthogonal Boxes, *The 24th Canadian Conference on Computational Geometry (CCCG 2012)*, pp. 19-23, 2012/8/8-10, PEI, Canada.

[三上 11]　　　三谷純・上原隆平，2 種類の箱を折れる展開図に関する研究,『折り紙の科学』, Vol.1, No.1, pp.3-18, 2011.

[ADDMRU11]　Zachary Abel, Erik Demaine, Martin Demaine, Hiroaki Matsui, Günter Rote and Ryuhei Uehara. Common Developments of Several Different Orthogonal Boxes, *The 23rd Canadian Conference on Computational Geometry (CCCG' 11)*, pp. 77-82, 2011/8/10-12, Toronto, Canada. (JAIST Repository: http://hdl.handle.net/10119/10308)

[MU13]　　　　Jun Mitani and Ryuhei Uehara. Polygons Folding to Plural Incongruent Orthogonal Boxes, *Canadian Conference on Computational Geometry (CCCG 2008)*, pp. 39-42, 2008/8/13.

4 章に関する文献

[SHU11]　　　Toshihiro Shirakawa, Takashi Horiyama, and Ryuhei Uehara. On Common Unfolding of a Regular Tetrahedron and a Cube, *Japan Conference on Discrete and Computational Geometry (JCDCG 2011)*, 2011/11/28-29, Tokyo, Japan.

[白堀上 15]　　正 4 面体と立方体の共通の展開図に関する研究 (On Common Unfolding of a Regular Tetrahedron and a Cube), 白川俊博・堀山貴史・上原隆平,『折り紙の科学』, Vol.4, No.1, pp.45-54, 2015.

5 章に関する文献

[U10a]　　　　Ryuhei Uehara. On Stretch Minimization Problem on Unit Strip Paper, *22nd Canadian Conference on Computational Geometry (CCCG 2010)*, pp. 223-226, 2010/8/9-11.

[U10b]　　　　Ryuhei Uehara. Stretch Minimization Problem of a Strip Paper, *5th*

[CDDILU09] と続き...

International Conference on Origami in Science, Mathematics and Education (5OSME), 2010/7/13-17.

[CDDILU09] Jean Cardinal, Erik Demaine, Martin Demaine, Shinji Imahori, Stefan Langerman and Ryuhei Uehara. Algorithmic Folding Complexity, *20th International Symposium on Algorithms and Computation (ISAAC 2009)*, Lecture Notes in Computer Science Vol. 5868, pp. 452-461, 2009/12/16.

[DEHILUU16] Erik D. Demaine, David Eppstein, Adam Hesterberg, Hiro Ito, Anna Lubiw, Ryuhei Uehara, and Yushi Uno. Folding a Paper Strip to Minimize Thickness, Journal of Discrete Algorithms, Vol. 36, pp. 18-26, January, 2016. DOI:10.1016/j.jda.2015.09.003 （本書の結果の発展した結果が載っている．以下の国際会議版なら，無料でアクセスできる：Erik D. Demaine, David Eppstein, Adam Hesterberg, Hiro Ito, Anna Lubiw, Ryuhei Uehara and Yushi Uno. Folding a Paper Strip to Minimize Thickness, *The 9th Workshop on Algorithms and Computation (WALCOM 2015)*, Lecture Notes in Computer Science Vol. 8973, pp. 113-124, 2015/02/26-2015/02/28, Dhaka, Bangladesh. (JAIST Repository: http://hdl.handle.net/10119/13762))

[CDDIIKLUU11] Jean Cardinal, Erik D. Demaine, Martin L. Demaine, Shinji Imahori, Tsuyoshi Ito, Masashi Kiyomi, Stefan Langerman, Ryuhei Uehara, and Takeaki Uno. Algorithmic Folding Complexity, *Graphs and Combinatorics*, Vol. 27, pp. 341-351, 2011. DOI:10.1007/s00373-011-1019-0

[U11a] Ryuhei Uehara. Stamp foldings with a given mountain-valley assignment, ORIGAMI[5], pp. 585-597, CRC Press, 2011.

[USUIO12] Takuya Umesato, Toshiki Saitoh, Ryuhei Uehara, Hiro Ito, and Yoshio Okamoto. Complexity of the stamp folding problem, *Theoretical Computer Science*, Vol. 497, pp. 13-19, 2012. DOI:10.1016/j.tcs.2012.08.006

6章に関する文献

[ADDISU14] Zachary Abel, Erik D. Demaine, Martin Demaine, Hiro Ito, Jack Snoeyink and Ryuhei Uehara. Bumpy Pyramid Folding, *The 26th Canadian Conference on Computational Geometry (CCCG 2014)*, pp. 258-266, 2014/08/11-2014/08/13, Halifax, Canada. (JAIST Repository: http://hdl.handle.net/10119/14769)

7 章に関する文献

[DDU13]　　Erik D. Demaine, Martin Demaine and Ryuhei Uehara. Zipper Unfoldability of Domes and Prismoids, *The 25th Canadian Conference on Computational Geometry (CCCG 2013)*, pp. 43-48, 2013/08/08-2013/08/10, Waterloo, Canada. (JAIST Repository: http://hdl.handle.net/10119/11621)

[ADL+2008]　G. Aloupis, E. D. Demaine, S. Langerman, P. Morin, J. O'Rourke, I. Streinu, G. Toussaint, Edge-unfolding nested polyhedral bands, Computational Geometry 39 (2008) 30–42.

[Alo2005]　　G. Aloupis, Reconfigurations of Polygonal Structure, Ph.D. thesis, School of Computer Science, McGill University (January 2005).

8 章に関する文献

[ABDDEHIKLU17]　Zach Abel, Brad Ballinger, Erik D. Demaine, Martin L. Demaine, Jeff Erickson, Adam Hesterberg, Hiro Ito, Irina Kostitsyna, Jayson Lynch, and Ryuhei Uehara. Unfolding and Dissection of Multiple Cubes, Tetrahedra, and Doubly Covered Squares, *Journal of Information Processing*, Vol.25, pp. 610-615, August 2017. （以下の国際会議版なら，無料でアクセスできる：Zachary Abel, Brand Ballinger, Erik D. Demaine, Martin L. Demaine, Jeff Erickson, Adam Hesterberg, Hiro Ito, Irina Kostitsyana, Jayson Lynch, and Ryuhei Uehara. Unfolding and Dissection of Multiple Cubes, $JCDCG^3$, 2016/09/02-2016/09/04, Tokyo, Japan. (JAIST Repository: http://hdl.handle.net/10119/14768)）

[XHU17]　　Dawei Xu, Takashi Horiyama, and Ryuhei Uehara. Rep-cubes: Unfolding and Dissection of Cubes, *The 29th Canadian Conference on Computational Geometry (CCCG 2017)*, pp. 62-67, 2017/07/26-2016/07/28, Ottawa, Canada.

[Tor92]　　Pieter Torbijn. Cubic Hexomino Cubes. *Cubism for Fun*, pp. 18-20, Vol. 30, 1992. この文献では「11 種類の辺展開図でいくつかの立方体をカバーする」という文脈での研究が行われていて，本書の記法で言えば，次数 2 の正則なレプ・キューブが 3 個，次数 4 の正則なレプ・キューブが 2 個，次数 5 の正則なレプ・キューブが 4 個，次数 8 の正則なレプ・キューブが 1 個，次数 9 の正則なレプ・キューブが 1 個，次数 10 の正則なレプ・キューブが 2 個挙げられている．

[Tor02]　　Pieter Torbijn. Covering a Cube with Congruent Polyominoes. *Cubism for Fun*, pp. 18-20, Vol. 58, 2002. この文献では「同型のポリオミノで立方体をカバーする」という文脈で，本書の記法で言えば次数 5 の一様なレプ・キューブが 6 個挙げられている．

[Tor02b]　　　Pieter Torbijn. Covering a Cube with Congruent Polyominoes (2). *Cubism for Fun*, p. 14, Vol. 59, 2002. この文献では上記の続きで，次数 5 の一様なレプ・キューブがもう 1 つ挙げられている．

[Tor03]　　　Pieter Torbijn. Covering a Cube with Congruent Polyominoes (3). *Cubism for Fun*, pp. 12-16, Vol. 61, 2003. この文献では上記の続きで，次数 5 の一様なレプ・キューブと，次数 10 の一様なレプ・キューブが網羅的に調べられた表が掲載されている．

9 章に関する文献

[AHU15]　　　Yoshiaki Araki, Takashi Horiyama and Ryuhei Uehara. Common Unfolding of Regular Tetrahedron and Johnson-Zalgaller Solid, *The 9th Workshop on Algorithms and Computation (WALCOM 2015)*, Lecture Notes in Computer Science Vol. 8973, pp. 294-305, 2015/02/26-2015/02/28, Dhaka, Bangladesh. (JAIST Repository: `http://hdl.handle.net/10119/13803`) （こちらは国際会議版である）

[AHU16]　　　Yoshiaki Araki, Takashi Horiyama, and Ryuhei Uehara. Common Unfolding of Regular Tetrahedron and Johnson-Zalgaller Solid, *Journal of Graph Algorithms and Applications*, Vol.20, no.1, pp.101-114, February, 2016. `DOI:10.7155/jgaa.00386`, (JAIST Repository: `http://hdl.handle.net/10119/13712`) （こちらはジャーナル版で，アルゴリズムの一部が高速化された．上原の実測では，国際会議版のアルゴリズムでは 10 時間以上かかった計算が，ジャーナル版のアルゴリズムでは 1 秒未満に短縮された）

10 章に関する文献

[U11b]　　　上原隆平，折り紙における判定不能問題, 『折り紙の科学』, Vol.1, No.1, pp.42-47, 2011.

上記以外の参考文献は次の通りである．

その他の参考文献

[ABD+04]　　　Esther M. Arkin, Michael A. Bender, Erik D. Demaine, Martin L. Demaine, Joseph S. B. Mitchell, Saurabh Sethia, and Steven S. Skiena. When can you fold a map? *Comput. Geom. Theory Appl.*, 29(1):23–46, 2004.

[AGSS89]　　　A. Aggarwal, L. J. Guibas, J. Saxe, and P. W. Shor. A Linear-Time Algorithm for Computing the Voronoi Diagram of a Convex Polygon. *Discrete Computational Geometry*, 4(1):591–604, 1989.

[Aki07]　　　　Jin. Akiyama. Tile-Makers and Semi-Tile-Makers. *American Mathematical Monthly*, 114:602–609, August-September 2007.

[ACNR2011]　　Jin Akiyama, Xin Chen, Gisaku Nakamura, and Mari-Jo Ruiz. Minimum Perimeter Develoments of the Platonic Solids, *Thai Journal of Mathematics*, 9(3), pp. 461–487, 2011. (www.math.science.cmu.ac.th/thaijournal)

[AKL$^+$11]　　Jin Akiyama, Takayasu Kuwata, Stefan Langerman, Kenji Okawa, Ikuro Sato, and Geoffrey C. Shephard. Determination of All Tessellation Polyhedra with Regular Polygonal Faces. In *Computational Geometry, Graphs and Applications (CGGA 2010)*, pages 1–11. Lecture Notes in Computer Science Vol. 7033, Springer-Verlag, 2011.

[AN07]　　　　Jin. Akiyama and Chie. Nara. Developments of Polyhedra Using Oblique Coordinates. *J. Indonesia. Math. Soc.*, 13(1):99–114, 2007.

[AT08]　　　　Tetsuo. Asano and Hiroshi. Tanaka. Constant-Working Space Algorithm for Connected Components Labeling. In *IEICE Technical Report*, volume COMP2008-1, pages 1–8, 2008.

[Aur87]　　　　F. Aurenhammer. Power Diagrams: Properties, Algorithms and Applications. *SIAM J. Comput.*, 16:78–96, 1987.

[BCD$^+$99]　　T. Biedl, T. Chan, E. Demaine, M. Demaine, A. Lubiw, J. I. Munro, and J. Shallit. Notes from the University of Waterloo Algorithmic Problem Session. September 8 1999.

[BCD$^+$02]　　T. Biedl, T.M. Chan, E.D. Demaine, M.L. Demaine, P. Nijjar, R. Uehara, and M.-W. Wang. Tighter Bounds on the Genus of Nonorthogonal Polyhedra Built from Rectangles. In *Proc. 14th Canadian Conference on Computational Geometry (CCCG 2002)*, pages 105–108, 2002.

[BI08]　　　　Alexander I. Bobenko and Ivan Izmestiev. Alexandrov's theorem, weighted Delaunay triangulations, and mixed volumes. arXiv:math.DG/0609447, February 2008.

[Daw17]　　　Xu Dawei. *Research on Developments of Polycubes*. PhD thesis, Japan Advanced Institute of Science and Technology, 2017.

[BCKO10]　　Mark de Berg, Otfried Cheong, Marc van Kreveld, and Mark Overmars. *Computational Geometry: Algorithms and Applications*. Springer, 2010. 邦訳：浅野哲夫訳,『コンピュータ・ジオメトリ─計算幾何学：アルゴリズムと応用』, 近代科学社, 2010.

[DDL$^+$10]　　Erik D. Demaine, Martin L. Demaine, Anna Lubiw, Arlo Shallit, and Jonah L. Shallit. Zipper Unfoldings of Polyhedral Complexes. In *CCCG 2010*, pages 219–222, 2010.

[Die96]　　　　R. Diestel. *Graph Theory*. Springer, 1996.

[E 湊 15]　　ERATO 湊離散構造処理系プロジェクト (著) and 湊真一 (編集). 超高速グラフ列挙アルゴリズム—〈フカシギの数え方〉が拓く，組合せ問題への新アプローチ. 森北出版, 2015.

[Gar67]　　Margin Gardner. Mathematical Games. *Scientific American*, 216, 3 (March 1967), pp. 124–125, 216, 4 (April 1967), pp. 118–120, 217, 1 (July 1967), p. 115, 1967.

[Gar08]　　Martin Gardner. *Hexalfexagons, Probability Paradoxes, and the Tower of Hanoi: Martin Gardner's First Book of Mathematical Puzzles and Games*. Cambridge, 2008. 邦訳：岩沢宏和・上原隆平訳,『ガードナーの数学パズル・ゲーム』, 日本評論社, 2015.

[Gar14]　　Martin Gardner. *Knots and Borromean Rings, Rep-Tiles, and Eight Queens: Martin Gardner's Unexpected Hanging*. Cambridge, 2014. 邦訳：岩沢宏和・上原隆平訳,『ガードナーの予期せぬ絞首刑』, 日本評論社, 2017.

[GJ79]　　M.R. Garey and D.S. Johnson. *Computers and Intractability — A Guide to the Theory of NP-Completeness*. Freeman, 1979.

[Gol94]　　Solomon W. Golomb. *Polyominoes*. Princeton University Press, 1994. 邦訳：川辺治之訳,『箱詰めパズル ポリオミノの宇宙』, 日本評論社, 2014.

[HM16]　　T. Horiyama and K. Mizunashi. Folding Orthogonal Polygons into Rectangular Boxes. In *19th Korea-Japan Joint Workshop on Algorithms and Computation*, 2016.

[HS11]　　Takashi Horiyama and Wataru Shoji. Edge Unfoldings of Platonic Solids Never Overlap. In *CCCG 2011*, pages 65–70, 2011.

[HS13]　　Takashi Horiyama and Wataru Shoji. The Number of Different Unfoldings of Polyhedra. In *ISAAC 2013*, pages 623–633. Lecture Notes in Computer Science Vol. 8283, Springer-Verlag, 2013.

[KPD09]　　Daniel Kane, Gregory N. Price, and Erik D. Demaine. A pseudopolynomial algorithm for Alexandrov's Theorem. In *11th Algorithms and Data Structures Symposium (WADS 2009)*, pages 435–446. Lecture Notes in Computer Science Vol. 5664, Springer-Verlag, 2009.

[KRU07]　　M. Kano, M.-J. P. Ruiz, and J. Urrutia. Jin Akiyama: A Friend and His Mathematics. *Graphs and Combinatorics*, 23[Suppl]:1–39, 2007.

[LO96]　　A. Lubiw and J. O'Rourke. When Can a Polygon Fold to a Polytope? Technical Report Technical Report 048, Department of Computer Science, Smith College, 1996.

[Sab98]　　I. Kh. Sabitov. The Volume as a Metric Invariant of Polyhedra. *Discrete and Computational Geometry*, 20:405–425, 1998.

[Ser00]　　Raymond Seroul. *Programming for Mathematicians*. Springer, 2000.

[Sta97]　　　R. P. Stanley. *Enumerative Combinatorics*, volume I. Cambridge, 1997.

[ZL77]　　　Jacob Ziv and Abraham Lempel. A Universal Algorithm for Sequential Data Compression. *IEEE Transactions on Information Theory*, 23(3):337–343, 1977.

[ZL78]　　　Jacob Ziv and Abraham Lempel. Compression of Individual Sequences via Variable-Rate Coding. *IEEE Transactions on Information Theory*, 24(5):530–536, 1978.

[結07]　　　結城浩,『数学ガール』, 数学ガールシリーズ 1. SB クリエイティブ, 2007.

[伏安中10]　伏見康治, 安野光雅, 中村義作,『美の幾何学–天のたくらみ, 人のたくみ』, ハヤカワ文庫, 2010.

おわりに

　折り紙サイエンスの研究は，日本だけではなく，欧米でも活発に行われ，本書で最初に述べたとおり，大規模な国際会議も開かれるようになっている．むしろ日本では，その裾野の広がりのわりには，こうした研究の層は，まだまだ薄いと言わざるをえない．2006 年の 4 回目の国際会議のあと，日本での折り紙サイエンス研究を発展させるため，国内でも研究会を定期的に開催しようと日本折り紙学会が呼びかけ，半年に 1 回，「折り紙の科学・数学・教育研究会」が開催されるようになった．この会議もいまや 20 回を超え，順調に発展を続けている．

　さて 2008 年 6 月 22 日，第 4 回の「折り紙の科学・数学・教育研究会」が開催された．この懇親会でのこと，川崎ローズの作者としても有名な川崎敏和氏が，著者に次のようなことを言った：彼にとって，折り紙は折れるかどうかが関心の的なのであって，ひとたび折れるとわかれば，その折り方などは，言わばどうでもよいことだとのことであった．著者はこの考え方には同意できなかった．最終的な出来上がりが同じだとしても，巧拙もあれば，効率の良し悪しもある．特に折る回数は，折り方にかなり依存した話であり，そこには面白さが隠れているのではなかろうか．

　ある暑い夏の夜，著者は，そのあたりのことをぼんやりと思うともなく思いながら，紙を折ったり開いたりしていた．そしてふと思いついたのが，「1 次元の折り紙に等間隔で折り目を入れる」という問題である．これは，折れることは当たり前である．しかし，うまく重ねて折れば，効率の良い折りアルゴリズムを見いだせるのではなかろうか．その後，計算幾何学の国際会議で未解決問題として紹介したり，自分でもいろいろとアルゴリズムを考えているうちに，本書で示したとおり多くの結果を得た．

　こうして考えてみると，国内でのあの研究会と，川崎氏のあの一言がなければ，本書の第 III 部は存在しなかったと言っても過言ではない．研究会を主催してくれている日本折り紙学会と，川崎氏には深く感謝している次第である．また，この「関心の違い」そのものが，著者にとってはとても興味深いテーマである．元もと，川崎氏は数学者であり，著者は理論計算機科学，特にアルゴリズムの研究者である．数学者は解の有無に興味があり，アルゴリ

ズムの研究者は，その解の求め方に興味がある．こうしたバックグラウンドの違いが，研究の内容や方向性に色濃く現れているところが面白い．

　折り紙は応用範囲も広く，さまざまな方向性の研究が考えられる．取り組む人のバックグラウンドや興味の対象によって，まだまだ多くの切り口があり，そこには興味深い研究テーマが隠れているのではないだろうか．

　今後の研究の発展が楽しみな分野であり，本書がその一助となってくれることを願う．

　参考文献のあちこちで顔を出す Erik D. Demaine 氏と Martin L. Demaine 氏は，アメリカのボストンにあるマサチューセッツ工科大学 (MIT) の名物親子研究者である．興味の引き出しが多く，折り紙に対して，さまざまなアプローチで研究を行っている．そして彼らの守備範囲は「研究」にとどまらず，「アート」にまで広がっている．もともと Martin はガラス作家であり，息子の Erik に引っ張られる形で数学の研究も行っている．2人の考え出すアイデアは本当にカラフルで，多才かつ多彩というべきであろう．ガラスと折り紙を一体化させた彼らの「アート作品」は，ニューヨークやワシントン D.C. の美術館にも所蔵・展示されている．著者は，彼らの作品をいくつか保有しており，本書の刊行にあたって，その1つの写真を表紙に使わせてもらうことにした．快く許してくれた Erik と Martin に感謝している．

英語和訳対応表

algorithm → アルゴリズム
almost regular tetrahedron → ほぼ正4面体
apex vertex → 頭頂点
Archmedean antiprism → アルキメデスの反角柱
Archmedean prism → アルキメデスの角柱
base → 底
BDD →BDD
Binary Decision Diagram → 二部決定木
bottom → ボトム
Breadth First Search (BFS) → 幅優先探索
bumpy pyramid → 凸凹ピラミッド
coputational complexity → 計算量
countable set → 可算集合
counting argumnt → 数え上げ法
crease width → 折り目幅
debugger → デバッガ
development/net → 展開図
dome → ドーム
double packable solid → ダブル充填図形
doubly covered rectangle → 二重被覆長方形
doubly-covered square → 二重被覆正方形
Dragon curve → ドラゴン・カーブ
dual → 双対
Dynamic Programming → 動的計画法
ear → 耳
equivalent → 同値
Fibonatti number → フィボナッチ数
fixed point → 不動点
folding → 折り
folding complexity → 折り計算量
general triangular grid → 一般3角格子
halting problem → 停止性判定問題
Hamilton path → ハミルトン路
Hamiltonian unfolding → ハミルトン展開
initial state → 初期状態
nested prismoid → 入れ子角錐台
one-dimensional origami →1次元折り紙
orthogonal polyhedra → 直行多面体
p2 tiling →p2 タイリング
partial net → 部分展開図
petal folding problem → ペタル折り問題
petal polygon → ペタル多角形

petal pyramid folding problem → ペタルピラミッド折り問題
Plato solid → プラトン立体
polyomino → ポリオミノ
power diagram → パワーダイアグラム
prismatoid → 擬角柱
prismoid → 角錐台
Pythagorean triple → ピタゴラス数
regular → 正則
regular grid → 正方格子
regular polyheda → 正多面体
regular triangular grid →3角格子
regular-faced convex polyhedron → 整凸面多面体
rep-cube → レプ・キューブ
rep-tile → レプ・タイル
rhombic dodecahedron → 菱形12面体
rolling belt → 回転ベルト
rotation center → 回転中心
semi-regular polyhedron → 半正多面体
simple folding model → 単純折りモデル
site → 母点
space complexity → 領域計算量
spanning tree → 全域木
stamp folding → 切手折り問題
Steiner point → シュタイナー点
Steiner tree → シュタイナー木
Stirling's formula → スターリングの近似式
tetramonohedron →4単面体
tiling → タイリング
time complexity → 時間計算量
Torricelli's method → トリチェリの作図法
touch → 接触
trace → 軌跡
tree → 木
triangulation →3角形分割
truncated icosahedron → 切頂20面体
uniform → 一様
visibility → 可視性
volcano unfolding → 火山展開
Voronoi diagram → ボロノイ図
Voronoi edge → ボロノイ辺
Voronoi node → ボロノイ頂点

索 引

【数字・欧文】
1 次元折り紙 (one-dimensional origami), 217
3 角形分割 (triangulation), 134
3 角格子 (regular triangular grid), 18
4 単面体 (tetramonohedron), 18

BDD, 201

p2 タイリング (p2 tiling), 18

【あ】
アルキメデスの角柱 (Archmedean prism), 63
アルキメデスの反角柱 (Archmedean antiprism), 63
アルゴリズム (algorithm), 80

一様 (uniform), 164
一般 3 角格子 (general triangular grid), 18
入れ子角錐台 (nested prismoid), 162

折り (folding), 1
折り計算量 (folding complexity), 81
折り目幅 (crease width), 81

【か】
回転中心 (rotation center), 18
回転ベルト (rolling belt), 23
角錐台 (prismoid), 153
可算集合 (countable set), 210
火山展開 (volcano unfolding), 153
可視性 (visibility), 88
数え上げ法 (counting argumnt), 100

木 (tree), 12
擬角柱 (prismatoid), 153
軌跡 (trace), 138
切手折り問題 (stamp folding), 91

計算量 (coputational complexity), 80

【さ】
時間計算量 (time complexity), 80
シュタイナー木 (Steiner tree), 222
シュタイナー点 (Steiner point), 222
初期状態 (initial state), 86

スターリングの近似式 (Stirling's formula), 229

正則 (regular), 164
正多面体 (regular polyheda), 14
整凸面多面体 (regular-faced convex polyhedron), 62
正方格子 (regular grid), 18
接触 (touch), 30
切頂 20 面体 (truncated icosahedron), 63
全域木 (spanning tree), 12

双対 (dual), 15, 134
底 (base), 131

【た】
タイリング (tiling), 17
ダブル充填図形 (double packable solid), 41
単純折りモデル (simple folding model), 86

直交多面体 (orthogonal polyhedra), 42

停止性判定問題 (halting problem), 212
凸凹ピラミッド (bumpy pyramid), 131
デバッガ (debugger), 213
展開図 (development/net), 9

同値 (equivalent), 18
頭頂点 (apex vertex), 131
動的計画法 (Dynamic Programming), 150
ドーム (dome), 153
ドラゴン・カーブ (Dragon curve), 101
トリチェリの作図法 (Torricelli's method), 223

【な】
二重被覆正方形 (doubly-covered square), 189
二重被覆長方形 (doubly covered rectangle), 23
二部決定木 (Binary Decision Diagram), 50

【は】
幅優先探索 (Breadth First Search (BFS)), 38
ハミルトン展開 (Hamiltonian unfolding), 153, 154
ハミルトン路 (Hamilton path), 154
パワーダイアグラム (power diagram), 136
半正多面体 (semi-regular polyhedron), 62

菱形 12 面体 (rhombic dodecahedron), 155
ピタゴラス数 (Pythagorean triple), 179

フィボナッチ数 (Fibonatti number), 100
不動点 (fixed point), 73
部分展開図 (partial net), 38
プラトン立体 (Plato solid), 14

ペタル折り問題 (petal folding problem), 131
ペタル多角形 (petal polygon), 130
ペタルピラミッド折り問題 (petal pyramid folding problem), 131

母点 (site), 135
ボトム (bottom), 212
ほぼ正 4 面体 (almost regular tetrahedron), 73
ポリオミノ (polyomino), 28
ボロノイ図 (Voronoi diagram), 135
ボロノイ頂点 (Voronoi node), 136
ボロノイ辺 (Voronoi edge), 136

【ま】
耳 (ear), 135

【ら】
領域計算量 (space complexity), 80

レプ・キューブ (rep-cube), 164
レプ・タイル (rep-tile), 164

著者紹介

上原　隆平 （うえはら　りゅうへい）

1991 年 電気通信大学大学院電気通信学研究科博士前期課程情報工学専攻修了
同　　年 株式会社キヤノン情報システム研究所研究員
1993 年 東京女子大学情報処理センター助手
1998 年 博士（理学）を電気通信大学にて取得（論文博士）
同　　年 駒澤大学文学部自然科学教室講師
2001 年 駒澤大学文学部自然科学教室助教授
2004 年 北陸先端科学技術大学院大学情報科学研究科助教授
2007 年 北陸先端科学技術大学院大学情報科学研究科准教授
2011 年 北陸先端科学技術大学院大学情報科学研究科教授
2016 年 北陸先端科学技術大学院大学先端科学技術研究科情報科学系教授（現在に至る）
その他
1998 年 東京工業大学情報理工学研究科非常勤講師
1999 年 一橋大学非常勤講師
2001 年 University of Waterloo（カナダ）にて客員研究員（2 年間）
2005 年 ETH Zürich（スイス）にて客員研究員（1 ヶ月間）
2005 年 Massachusetts Institute of Technology（アメリカ）にて客員研究員（1 ヶ月間）
2012 年 Simon Fraser University（カナダ）にて客員研究員（3 ヶ月間）
2012 年 Massachusetts Institute of Technology（アメリカ）にて客員研究員（6 ヶ月間）
2013 年 Universitat Politècnica de Catalunya（スペイン）にて客員研究員（1 ヶ月間）
2013 年 Université Libre de Bruxelles（ベルギー）にて客員研究員（2 ヶ月間）
専門分野：理論計算機科学

主な著書・翻訳書

『幾何学的な折りアルゴリズム－リンケージ，折り紙，多面体』（訳，近代科学社，2009 年），『ゲームとパズルの計算量』（訳，近代科学社，2011 年），『折り紙のすうり：リンケージ・折り紙・多面体の数学』（訳，近代科学社，2012 年），『はじめてのアルゴリズム』（近代科学社，2013 年），『ガードナーの数学パズル・ゲーム』（共訳，日本評論社，2015 年），『ガードナーの数学娯楽』（共訳，日本評論社，2017 年），『ガードナーの新・数学娯楽』（共訳，日本評論社，2017 年），『ガードナーの予期せぬ絞首刑』（共訳，日本評論社，2017 年）

計算折り紙入門
―あたらしい計算幾何学の世界

ⓒ 2018 Ryuhei Uehara
Printed in Japan

| 2018 年 6 月 30 日 | 初版第 1 刷発行 |
| 2019 年 9 月 30 日 | 初版第 2 刷発行 |

著 者　　上 原 隆 平

発行者　　井 芹 昌 信

発行所　　株式会社 近代科学社

〒 162-0843　東京都新宿区市谷田町 2-7-15
電 話 03-3260-6161　振 替 00160-5-7625
https://www.kindaikagaku.co.jp

藤原印刷　　　ISBN978-4-7649-0567-2

定価はカバーに表示してあります．